T0129887

Hirnpotentiale

Heiko J. Luhmann

Hirnpotentiale

Die neuronalen Grundlagen von
Bewusstsein und freiem Willen

 Springer

Heiko J. Luhmann
Institute of Physiology
University Medical Center Mainz
Mainz, Rheinland-Pfalz, Deutschland

ISBN 978-3-662-60577-6   ISBN 978-3-662-60578-3   (eBook)
https://doi.org/10.1007/978-3-662-60578-3

Die Deutsche Nationalbibliothek verzeichnet diese Publikation in der Deutschen Nationalbibliografie; detaillierte bibliografische Daten sind im Internet über http://dnb.d-nb.de abrufbar.

Das Cover zeigt im oberen Teil eine schematische EEG-Ableitung und im unteren Teil ein farbcodiertes Bild großer Nervenfaserbündel im menschlichen Gehirn. Das untere Bild basiert auf Messungen mittels Diffusions-Tensor-Bildgebung und wurde freundlicherweise von Dr. Nabin Koirala (Sektion Bewegungsstörungen und Neurostimulation, Klinik für Neurologie, Universitätsmedizin Mainz; zurzeit an der Yale Universität, USA) zur Verfügung gestellt.

Haftungsausschluss: Der Autor übernimmt keinerlei Gewähr für die im Buch mittels QR-Code verknüpften Websites. Der Autor erklärt hiermit ausdrücklich, dass zum Zeitpunkt der Linksetzung keine illegalen Inhalte auf den bereitgestellten Websites erkennbar waren. Auf die aktuelle und zukünftige Gestaltung, die Inhalte oder die Urheberschaft der verknüpften Websites hat der Autor keinerlei Einfluss. Für illegale, fehlerhafte oder unvollständige Inhalte und insbesondere für Schäden, die aus der Nutzung oder Nichtnutzung solcherart dargebotener Informationen entstehen, haftet allein der Anbieter der Website. Der Autor ist bestrebt, die Urheberrechte der verwendeten Bilder, Graphiken, Websites und Texte zu beachten oder auf lizenzfreie Graphiken und Bilder zurückzugreifen.

Planung: Stephanie Preuß
Springer ist ein Imprint der eingetragenen Gesellschaft Springer-Verlag GmbH, DE und ist ein Teil von Springer Nature.
Die Anschrift der Gesellschaft ist: Heidelberger Platz 3, 14197 Berlin, Germany

Danksagung

Ich danke Bettina Saglio und Stephanie Preuss von Springer Spektrum für die unkomplizierte und ausgezeichnete Zusammenarbeit bei der Planung und Realisierung dieses Buchprojekts. Maren Klingelhöfer danke ich für die professionelle und sehr sorgfältige Korrektur des Textes und der Abbildungen und für kritische Anmerkungen. Meinen Kolleginnen und Kollegen an der Johannes Gutenberg-Universität Mainz und an der Universitätsmedizin Mainz danke ich für viele spannende wissenschaftliche Diskussionen. Insbesondere möchte ich der Deutschen Forschungsgemeinschaft und damit den Steuerzahlenden danken, die meine Forschung nun schon seit über 30 Jahren unterstützen. Danken möchte ich auch all den Kolleginnen und Kollegen in den fachnahen und fachfernen Wissenschaftsdisziplinen, die mich begeistert haben und von denen ich sehr viel lernen durfte. Meiner Familie danke ich für ..., Ihr wisst schon!

Inhaltsverzeichnis

1

Prolog

„Wir sind unser Gehirn", Titel des Buches von Dick Swaab, niederländischer Hirnforscher (Swaab 2011).

„Ich ist nicht Gehirn", Titel des Buches von Markus Gabriel, Bonner Philosoph (Gabriel 2015).

„Der freie Wille ist eine Illusion", Gerhard Roth, Bremer Neurobiologe und Philosoph, Der Tagesspiegel, 23.10.2002.

„Die Hirnforschung hat aus eigenen Mitteln nichts Relevantes zum philosophischen Freiheitsproblem beizutragen", Geert Keil, Berliner Philosoph (Keil 2018).

„… die Philosophie ist tot. Sie hat mit den neueren Entwicklungen in der Naturwissenschaft, vor allem in der Physik, nicht Schritt gehalten. Jetzt sind es die Naturwissenschaftler, die mit ihren Entdeckungen die Suche nach Erkenntnis voranbringen", Stephen Hawking, britischer Astrophysiker (Hawking 2010).

Diese sehr kleine Auswahl von Buchtiteln und Zitaten spiegelt recht gut die derzeitige Stimmungslage in den heftigen Diskussionen um die Fragen „Was ist Bewusstsein?" und „Haben wir einen freien Willen?" wieder. Insbesondere die westliche Philosophie mit ihren Jahrtausende alten Denktraditionen und die Neurowissenschaften, gewissermaßen die *new kids on the*

© Springer-Verlag GmbH Deutschland, ein Teil von Springer Nature 2020
H. J. Luhmann, *Hirnpotentiale,* https://doi.org/10.1007/978-3-662-60578-3_1

block, sind hier heftig aneinandergeraten. Dieser Streit wird sogar als „der neue Kampfplatz der Metaphysik" bezeichnet (Falkenburg 2012).

Tatsächlich fordern Philosophen die forschen Hirnforscher auf, zunächst Immanuel Kant zu lesen und ihn auch zu verstehen, bevor sie sich anmaßen, über Themen wie Bewusstsein und freier Wille zu sprechen. Der Bonner Philosoph Markus Gabriel schreibt beispielsweise über den Hirnforscher und Nobelpreisträger Eric Kandel: „Was Kandel hier über Kant schreibt, ist so, als ob ein Philosoph über Chemie schreiben würde und dabei H_2O und CO_2 verwechselte, weil beide doch so ähnlich aussehen" (Gabriel 2015). Als Neurowissenschaftler ist man geneigt zu entgegnen, dass Philosophen sich zunächst mit der Aktivierungskinetik des niederschwelligen, spannungsabhängigen, T-Typ-Calciumstroms in Schaltneuronen von spezifischen Thalamuskernen beschäftigen müssen, bevor sie sich zum Thema Bewusstsein äußern. Schließlich wissen wir seit mehr als drei Jahrzehnten, dass die biophysikalischen Eigenschaften genau dieses Typs Calciumstroms in genau diesen Nervenzellen beim Tiefschlaf (Crunelli et al. 2014) und bei der Absence-Epilepsie (Chen et al. 2014) eine zentrale Rolle spielen, und diese beiden Prozesse sind bekanntermaßen durch den temporären Verlust von Bewusstsein gekennzeichnet. Es ist also sehr einfach, Kollegen anderer Fachdisziplinen oder wissenschaftlichen „Laien" Unwissenheit vorzuwerfen.

In meinem Buch möchte ich den „Kampfplatz der Metaphysik" gar nicht erst betreten, denn derartige Scharmützel schaden nur den vielen exzellent arbeitenden Geistes-, Natur- und Neurowissenschaftlern. Ich möchte in diesem Buch schwierige neurowissenschaftliche Sachverhalte allgemeinverständlich und auf der Grundlage des aktuellen Kenntnisstandes wissenschaftlich korrekt beschreiben. Dabei wird der Leser feststellen, dass so manche hitzig geführte Debatte auf Experimenten beruht, die einer kritischen Analyse nicht standhalten. Es ist auch an der Zeit, nicht nur über Experimente zu streiten, die vor vier Jahrzehnten durchgeführt wurden, sondern die wissenschaftlichen Erkenntnisse der letzten Dekade zur Kenntnis zu nehmen. Dabei wird auch klar werden, dass wir verbal abrüsten sollten und den „Kampfplatz der Metaphysik" guten Wissens und erhobenen Hauptes verlassen können. Das gilt für Neurowissenschaftler genauso wie für Philosophen.

Es gibt noch ein weiteres Problem, sowohl zwischen als auch innerhalb der einzelnen Wissenschaftsdisziplinen. In Tausenden Artikeln und unzähligen Büchern werden die Themen Ich, Bewusstsein, Geist, Selbst, freier Wille etc. behandelt, aber nur sehr selten werden diese Begriffe überhaupt klar definiert. Das führt zu vermeidbaren Missverständnissen und häufig zu einem heillosen Durcheinander in den wissenschaftlichen Debatten.

In diesem Buch werden nicht nur die zentralen Themen Bewusstsein und freier Wille behandelt, sondern auch viele teilweise provozierende Fragen gestellt:

- Warum gibt es überhaupt Gehirne?
- Wie kommt die Welt in den Kopf?
- Wie funktioniert der neuronale Code?
- Gilt die Aussage „Ich bin meine Schilddrüse!"?
- Wie entsteht und wann verschwindet Bewusstsein?
- Haben neugeborene Babys ein Bewusstsein?
- Verfügen Mäuse, Fische und Kraken über ein Bewusstsein?
- Benötigen wir einen Bewusstseinsquotienten?
- Haben wir einen freien Willen?
- Ist das Gehirn eine Prädiktionsmaschine?
- Können wir mit Hilfe eines Hirn-Computer-Interfaces unsere Hirnleistungen verbessern?
- Können Roboter über ein Bewusstsein und einen freien Willen verfügen?

Bei der Diskussion dieser Fragen ist auch der Leser gefragt, denn er soll sich ein eigenes Bild machen und die Aussagen in diesem Buch kritisch hinterfragen. Aus diesem Grund sind im Buch sehr viele Hinweise auf weiterführende Literatur, wie Übersichtsarbeiten und gelegentlich auch Originalarbeiten, zu finden. Da in den Wissenschaften englisch kommuniziert wird, sind viele dieser Publikationen in englischer Sprache verfasst. Nach Möglichkeit werden Hinweise auf die sogenannte Originalliteratur vermieden, da diese Publikationen sehr fachspezifisch und für den Nichtfachmann bzw. die Nichtfachfrau wenig verständlich sind. Stattdessen werden im Buch überwiegend aktuelle Übersichtsartikel *(review articles)* zu einem spezifischen Thema zitiert. Interessierte Leser können anhand dieser Übersichtsartikel einen Überblick über die relevante Originalliteratur erhalten und ggf. so tiefer in die Materie eintauchen. Die weit überwiegende Mehrzahl der im Buch zitierten Artikel wurden in internationalen Zeitschriften publiziert, deren Herausgeber und Verlage bei eingereichten Manuskripten einen strengen Begutachtungsprozess *(peer review* durch unabhängige Gutachter) und damit eine Qualitätssicherung garantieren. Fake-Science-Publikationen in fraglichen Zeitschriften werden hier nicht genutzt! Zudem gibt es eine Vielzahl von Hinweisen auf Internetseiten und -videos, die ebenfalls von renommierten Wissenschaftsorganisationen oder Wissenschaftlern stammen. Einen guten Einstieg in die zentralen Themen dieses Buches bietet die Internetseite https://www.dasgehirn.info/ der Neurowissenschaftlichen Gesellschaft und die Seite https://open-mind.net/ des Open-MIND-Projektes.

dasgehirn   open-mind   pubmed

Im Literaturverzeichnis sind alle im Buch zitierten Publikationen gelistet. Videos und nützliche Informationsquellen wurden im Text mittels QR-Code verlinkt. Wenn Sie mit Ihrem Smartphone diese QR-Codes einlesen, erhalten Sie den Link zu der entsprechenden Website. Für ein tieferes Verständnis der Neurowissenschaften sei die Lektüre des Standardwerks *Principles of Neural Science* (5. Auflage, 1760 Seiten) des Nobelpreisträgers Eric Kandel und Kollegen empfohlen (Kandel et al. 2012).

Die nach einem strengen Begutachtungsprozess in internationalen Zeitschriften publizierten Artikel sind im Allgemeinen im Internet frei verfügbar und interessierten Lesern zugänglich. Zum Einblick und Herunterladen meiner Publikationen als PDF-Datei nutzen Sie bitte den obigen QR-Code *pubmed*. Alle meine Publikationen zur Entwicklung und Physiologie des Gehirns sind dort gelistet und als Abstract in englischer Sprache kurz zusammengefasst. Viele meiner Veröffentlichungen sind vollständig als *open access* verfügbar, vorausgesetzt der jeweilige Wissenschaftsverlag hat das zugelassen.

Dieses Buch soll Interesse wecken und Denkanstöße geben. Wenn Sie sehr kritisch lesen und in die Materie eintauchen, werden vermutlich mehr neue Fragen entstehen als dieses Buch Antworten geben kann. Das ist nicht

Abb. 1.1 Können wir das Bewusstsein aus der Erste-Person-Perspektive verstehen? Können wir unser Gehirn verstehen? Die Denkerin, in Anlehnung an Rodins „Der Denker", grübelt über die Eigenschaften und höheren Leistungen ihres Gehirns nach. Modifiziert nach der Bronzeskulptur „Die Denkerin". (Mit freundlicher Genehmigung von © Lauritz.com Düsseldorf 2019)

verwunderlich, denn immerhin stehen wir einem großen Problem gegenüber: Können wir uns selbst verstehen? (Abb. 1.1)

Aus Gründen der besseren Lesbarkeit wurde im Sinne einer neutralen Anredeform durchgängig die männliche Form verwendet. Selbstverständlich schließt diese die weibliche und diverse Anredeform mit ein.

2

Das Gehirn

Inhaltsverzeichnis

2.1   Die Fragen in diesem Kapitel

In Kap. 2 werden die folgenden Fragen behandelt:

- Warum gibt es überhaupt Gehirne?
- Wie ist unser Gehirn auf makroskopischer und mikroskopischer Ebene aufgebaut?
- Wie sind die Umwelt und der eigene Körper im Gehirn repräsentiert?
- Wie kommt die Welt in den Kopf?
- Wie funktioniert unser Gehirn auf zellulärer Ebene und auf Netzwerkebene?
- Inwieweit unterscheidet sich das Gehirn von anderen Organen unseres Körpers?

© Springer-Verlag GmbH Deutschland, ein Teil von Springer Nature 2020
H. J. Luhmann, *Hirnpotentiale*, https://doi.org/10.1007/978-3-662-60578-3_2

2.2   Warum gibt es überhaupt Gehirne?

Der Urlaubstraum vieler Nordeuropäer: sich dösend durch das warme Wasser des Mittelmeeres treiben lassen und einfach nur entspannen. So etwa sieht das Leben von Quallen aus, und das immerhin schon seit 670 Mio. Jahren. Die zur Gruppe der Nesseltiere (Cnidaria) zählenden Quallen gehören zu den ältesten Lebewesen unseres Planeten und kommen in nahezu allen Meeren vor. Quallen bestehen zu 98 % aus Wasser und besitzen kein Gehirn. Einige Quallenarten verfügen jedoch über einfache Sinnesorgane, mit denen sie Licht und die Erdanziehungskraft wahrnehmen können. So erkennen sie Feinde und unterscheiden „oben" von „unten". Ein Reiz, zum Beispiel Licht, löst eine einfache Reaktion aus, die aus einer Bewegung Richtung Wasseroberfläche bestehen kann. Quallen sind der Beweis, dass Überleben und sogar ein evolutionär sehr erfolgreiches Leben ohne Gehirn möglich ist. Warum entstanden in der Evolution dann überhaupt Gehirne, die zudem Energie kosten und bei Schädigung das Überleben des Individuums in Gefahr bringen können?

Textbox: Warum Couch-Potatoes ihr Hirn verlieren

Die zur Gruppe der Manteltiere (Tunicata) zählenden Seescheiden verfügen im Stadium der frei schwimmenden Larve über ein differenziertes Nervensystem. Dieses besteht aus vier Teilen:

1. dem Rückenmark, das einen muskulösen Schwanz ansteuert und so eine Schwimmbewegung der Larve ermöglicht,
2. dem Eingeweideganglion, das u. a. die Darmfunktion reguliert,
3. dem rechten Hirnbläschen, welches das larvale Gehirn mit einfachen Sinnesorganen bildet,
4. dem linken Hirnbläschen, aus dem später das Cerebralganglion des erwachsenen Tieres entsteht.

Beim Übergang vom Stadium der frei schwimmenden Larve zum festsitzenden erwachsenen Tier werden das Rückenmark, das Eingeweideganglion und das larvale Gehirn mitsamt Sinnesorganen abgebaut. Offensichtlich erfordert nur eine mit Beweglichkeit einhergehende dynamische und flexible Lebensweise ein differenziertes Gehirn. Der Lebenszyklus der Seescheiden wird gelegentlich als Argument gegen das Berufsbeamtentum nebst Unkündbarkeit genutzt.

Mit Hilfe eines differenzierten Gehirns lassen sich neue Lebensräume erschließen. Für den Übergang vom Wasser an das Land und in die Luft waren komplexe Gehirne notwendig, die im Laufe der Evolution zunehmend komplizierter und leistungsfähiger wurden. Einer Spezies ist es sogar vor einem halben Jahrhundert gelungen, für kurze Zeit den Heimatplaneten Erde zu verlassen. All das ist ohne ein komplexes Gehirn nicht möglich. Das menschliche Gehirn ist ohne Zweifel ein hochdifferenziertes Organ. Gelegentlich wird behauptet, dass das menschliche Gehirn das komplexeste Organ im Universum darstellt – eine etwas vermessene Aussage solange wir weit davon entfernt sind, das Universum in seiner Ganzheit erforscht zu haben. In gewohnter Bescheidenheit betrachtet sich der Mensch bereits seit Jahrhunderten als die „Krone der Schöpfung". Warum nun nicht einen Schritt weitergehen und unser Gehirn auf die Spitzenposition im Kosmos hieven? Wir werden später lernen, dass in unserem Körper ein Organ schlummert, das an die Komplexität und die Bedeutung unseres Gehirns durchaus heranreicht (Abschn. 4.5).

Unser Gehirn ermöglicht uns auf vielfältige Weise die Kommunikation und Interaktion mit der Umwelt und mit Artgenossen. Signale aus der Umwelt werden von unseren Sinnesorganen aufgenommen, im Gehirn verarbeitet, und ggf. generiert unser Gehirn eine Antwort auf diese äußeren Reize, z. B. eine Bewegung. Spezialisierte Sinneszellen in unserem Auge, Ohr, unserer Nase oder Haut ermöglichen die Wahrnehmung von Seh-, Hör-, Geruch- bzw. Tastreizen. Signale aus dem Körperinneren, wie Bauchschmerzen, eine gefüllte Harnblase oder die aktuelle Stellung unserer Arme und Beine werden ebenfalls über spezialisierte Sinneszellen registriert und im Gehirn weiterverarbeitet bis sie ggf. bewusst wahrgenommen werden. Das Gehirn ist also ein erkenntnisproduzierendes Organ! Kein anderes Organ in unserem Körper ist dazu in der Lage.

Die für unser Leben und Überleben wichtigen Erkenntnisse werden im Gehirn abgespeichert, einige davon, wie der Name unserer Eltern, ein Leben lang. Unsere gespeicherten Erkenntnisse und Erfahrungen stellen zudem die Grundlage für unser zukünftiges Verhalten dar. Für die Verarbeitung von relevanten Umweltreizen, die Speicherung von Informationen und die Planung zukünftiger Handlungen ist unser Gehirn im Laufe der Evolution optimiert worden. Jedoch können wir die Umwelt keineswegs in ihrer physikalisch-chemischen Komplexität vollständig wahrnehmen (z. B. können wir mit unserem Auge nur einen kleinen Teil der elektromagnetischen Strahlung detektieren) und wir vergessen mehr oder weniger rasch fast alles, was wir wahrnehmen, erlebt und erlernt haben. Aber für das erfolgreiche Leben und Überleben auf dem Planeten Erde ist unser Gehirn in seiner Struktur und Funktion offensichtlich sehr gut angepasst. Kein anderes Lebewesen hat sich so erfolgreich über alle Lebensräume und Kontinente ausgebreitet wie der Mensch und keinem anderen Lebewesen ist es bisher gelungen, die Erde zu verlassen und sogar lebend zurückzukehren. Das Geheimnis und die Grundlage dieses Erfolges ist unser Gehirn.

In den neuronalen Netzen unseres Gehirns ist alles enthalten, was uns zu einem Individuum, einer einzigartigen Persönlichkeit, macht: die Vergangenheit mit all unseren Erfahrungen und Erinnerungen, die Gegenwart mit unseren vielfältigen Sinneseindrücken, unseren sozialen Interaktionen und unserem kreativen Schaffen und die Zukunft mit all unseren Plänen, Hoffnungen und Wünschen. Erleidet das Gehirn einen Schaden, zum Beispiel infolge eines Hirninfarkts oder einer Demenzerkrankung, geht ein Teil unserer Vergangenheit, Gegenwart oder Zukunft verloren. Wir sind dann nicht mehr, was wir einmal waren.

Die folgenden Darstellungen sollen dazu beitragen, das menschliche Gehirn in seinem Aufbau und in seiner Funktionsweise besser zu verstehen. Zwei Fragen stehen dabei im Zentrum: Wie ist unser Gehirn auf makroskopischer und mikroskopischer Ebene aufgebaut? Wie funktioniert unser Gehirn? Die Antworten auf diese zentralen Fragen der Hirnforschung fallen zum jetzigen Zeitpunkt unterschiedlich aus. Wir verstehen recht gut die makroskopische Struktur des menschlichen Gehirns und können den unterschiedlichen Hirnregionen auch spezifische Funktionen zuordnen. Schwieriger wird es jedoch bei der mikroskopischen Struktur, denn hier sind wir im Wesentlichen durch die zurzeit verfügbaren optischen Techniken begrenzt. Noch schwieriger zu beantworten ist die Frage nach der Funktionsweise des Gehirns, denn der neuronale Code ist noch nicht geknackt. Dazu später mehr in Abschn. 3.6. Im Folgenden soll zunächst die Makroskopie des menschlichen Gehirns beschrieben werden.

2.3   Aufbau und Funktion des Gehirns: Makroskopie

Das Gehirn eines Erwachsenen erinnert in seiner Form ein wenig an eine übergroße Walnuss. Es ist 1,3 bis 1,5 kg schwer, weist eine dem Wackelpudding ähnliche Konsistenz auf und befindet sich vor äußeren Einwirkungen gut geschützt in der knöchernen Schädelkapsel. Beim Erwachsenen macht das Gehirn zwar nur etwa 2 % des Gesamtkörpergewichts aus, es verbraucht aber 20 % des gesamten Energiebedarfs. In den nächsten Kapiteln wird noch genauer dargestellt, dass unser Gehirn trotz dieses hohen Energiebedarfs sehr sparsam und effizient arbeitet. Das menschliche Gehirn entwickelt seine charakteristische Struktur zum größten

Teil in den neun Monaten vor der Geburt. Dabei wiederholt sich in der pränatalen Ontogenese, der vorgeburtlichen Individualentwicklung, weitgehend die Phylogenese, also die stammesgeschichtliche Entwicklung von Lebewesen. Der deutsche Mediziner und Naturforscher Ernst Haeckel (1834–1919) stellte diesen Zusammenhang bereits im Jahre 1866 mit seiner biogenetischen Grundregel „Die Ontogenese rekapituliert die Phylogenese" dar. In der Phylogenese brauchte es etwa 670 Mio. Jahre bis aus dem ersten primitiven Nervensystem, wie es bei Seescheiden zu finden ist, das komplexe Gehirn von Homo sapiens entstand. Das menschliche Gehirn durchläuft in seiner vorgeburtlichen Entwicklung im Eiltempo diese Evolution von Nervensystemen. 670 Mio. Jahre in 9 Monaten! Dabei werden neuronale Strukturen nicht nur aufgebaut, sondern teilweise auch wieder abgebaut, ähnlich den Anlagen von Kiemenbögen in der Embryonalentwicklung.

Man gliedert das ausgereifte Gehirn (Encephalon) von allen Säugetieren in fünf große Teile:

1. das verlängerte Mark (Medulla oblongata),
2. das Nachhirn (Metencephalon) mit der Brücke (Pons) und dem Kleinhirn (Cerebellum),
3. das Mittelhirn (Mesencephalon),
4. das Zwischenhirn (Diencephalon) und schließlich
5. das Endhirn (Telencephalon).

Bei dieser Reihung bewegt man sich im Gehirn von dem entwicklungsgeschichtlich ältesten Teil des Gehirns, der Medulla oblongata, zum jüngsten Teil, dem Telencephalon. Unterhalb der Medulla oblongata befindet sich noch das nicht zum Gehirn zählende Rückenmark (Medulla spinalis) (Abb. 2.1a). Diese fünf Teile des Gehirns haben unterschiedliche Funktionen.

Die Medulla oblongata erfüllt wichtige Aufgaben bei der Koordination von vegetativen Funktionen, wie Herzschlag, Blutdruck, Atmung, Verdauung und Stoffwechsel. Viele dieser Funktionen können willentlich nicht direkt beeinflusst werden. Daher bezeichnet man das Nervensystem in der Medulla auch als autonom, also selbstständig. Eine bewusste Ansteuerung dieser Prozesse ist jedoch indirekt möglich, z. B. durch körperliche Aktivität. Ein rascher Sprint die Treppe hinauf erhöht den Herzschlag. Zudem können wir durch mentale Techniken, wie autogenes Training, Yoga oder Biofeedback, viele dieser „autonomen" Funktionen willentlich beeinflussen.

Das Metencephalon besteht aus der Pons und dem Cerebellum. Die Pons enthält u. a. Kerne der Formatio reticularis, einem Netzwerk aus

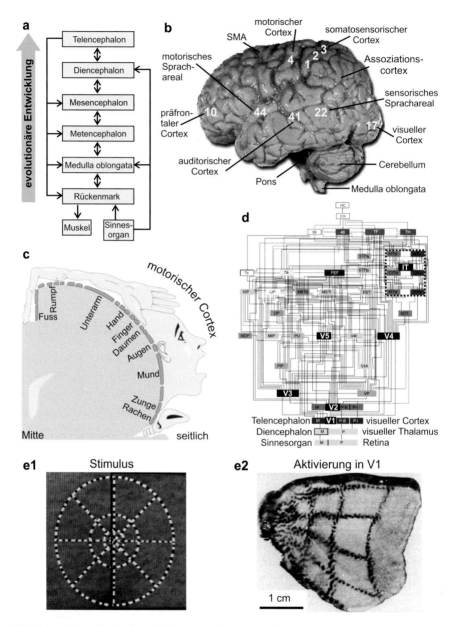

a In der Evolution sind oberhalb des Rückenmarks und beginnend mit der Medulla oblongata nacheinander fünf große Hirnteile entstanden.

Abb. 2.1 Makroskopische Gliederung des menschlichen Gehirns und neuronale Repräsentationen. **a** In der Evolution sind oberhalb des Rückenmarks und beginnend mit der Medulla oblongata nacheinander fünf große Hirnteile entstanden. Der evolutionär jüngste Teil ist das Telencephalon. Zwischen den Teilen gibt es eine Vielzahl von aufsteigenden *(feedforward)* und absteigenden *(feedback)* Verbindungen, die hier nur schematisch durch Pfeile angedeutet sind. Lange Linien repräsentieren die absteigende Pyramidenbahn vom Telencephalon zum Rückenmark (links) und die

◄aufsteigende Verbindung vom Auge zum Diencephalon (rechts). **b** Seitenansicht der linken Hirnhälfte eines menschlichen Gehirns. Neben der Medulla oblongata, dem Cerebellum und der Pons sind einige corticale Areale markiert. Die weißen Ziffern entsprechen der Kartierung nach Korbinian Brodmann, wie er sie 1909 veröffentlicht hat (Brodmann 1909). SMA, supplementär-motorisches Areal. (Adaptiert aus der Public Domain der US National Institutes of Health). **c** Schnitt durch das menschliche Gehirn auf Ebene des motorischen Cortex (Area 4 in b) mit schematischer Darstellung der Lokalisation von motorischen Körperfunktionen (sog. Homunculus). Auffallend ist die überproportional große Repräsentation der Hand und des Gesichts. **d** Darstellung der neuronalen Verbindungen im Sehsystem von Primaten, einschließlich des Menschen, beginnend vom Sinnesorgan (Netzhaut des Auges) über den visuellen Thalamus bis hin zu 32 corticalen Arealen, die jeweils durch ein Kästchen repräsentiert sind. Der inferior-temporale Cortex (IT) kann nach Felleman und van Essen in 6 Areale unterteilt werden. Die 187 überwiegend reziproken Verbindungen zwischen den unterschiedlichen Arealen sind durch Linien dargestellt. Bemerkenswert ist die komplexe Parallelverarbeitung der visuellen Information auf corticaler Ebene. (Adaptiert nach Felleman und van Essen 1991; mit freundlicher Genehmigung von © Oxford University Press 2019). **e** Ein Speichenrad-ähnlicher visueller Reiz (**e1**) erzeugt in der aufgefalteten primären Sehrinde V1 (Area 17) ein Aktivierungsmuster, das dem Stimulus annähernd entspricht (**e2**). In e2 ist nur ein Teil von V1 der rechten Hemisphäre dargestellt (Aus: Tootell et al. 1982; mit freundlicher Genehmigung von © The American Association for the Advancement of Science 2019)

unterschiedlichen Kernen, die über aufsteigende Projektionen mittels Neuromodulatoren viele Hirnbereiche des Di- und Telencephalons sehr rasch und effizient aktivieren können. Man spricht daher auch von dem aufsteigenden retikulären Aktivierungssystem (ARAS). Das Cerebellum (Kleinhirn) macht beim Menschen zwar nur etwa ein Zehntel des durchschnittlichen Hirngewichts aus, jedoch befinden sich von den insgesamt etwa 86 Mrd. Nervenzellen des menschlichen Gehirns fast 70 Mrd. Neuronen im Cerebellum (Herculano-Houzel, 2009). Das Kleinhirn erfüllt zentrale Aufgaben in der Koordination von Bewegungen und beim Erlernen von neuen Bewegungsabläufen. Bemerkenswert sind die wenigen Defizite bei Menschen, die ohne Cerebellum geboren werden (Yu et al. 2015), ein Beispiel für die enorme Kapazität und Plastizität des Gehirns.

Das Mesencephalon ist ein relativ kleiner Teil des Gehirns. Es besteht aus einer Vielzahl von Kernen und Netzwerken, die sehr unterschiedliche Funktionen haben. Die sogenannte Vierhügelplatte besteht aus den beiden oberen Hügeln (Colliculus superior) und den beiden unteren Hügeln (Colliculus inferior), die an der Verarbeitung von visuellen bzw. auditorischen Reizen beteiligt sind. Des Weiteren enthält das Mesencephalon auch Kerne der Formatio reticularis, dem ARAS. Zum Mesencephalon zählt weiterhin eine Gruppe von Kernen, die bei der Kontrolle des Muskeltonus und bei der Planung von Bewegungen wichtig sind. Beispielsweise kontrollieren die

Dopamin-produzierenden Neurone der Substantia nigra die Planung und den Beginn von Bewegungen. Der Verlust dieser dopaminergen Nervenzellen führt zur Parkinson-Erkrankung.

Das Diencephalon enthält die zahlreichen und wichtigen Kerne des Thalamus (griech. *thálamos* Schlafgemach) und des Hypothalamus. Der Hypothalamus kontrolliert alle vegetativen Funktionen, wie Nahrungsaufnahme und Körpertemperatur, und beeinflusst über Hormone unser Verhalten, wie Sexualfunktion, Paarbindung oder Tag-Nacht-Rhythmus. Der mittig im Gehirn liegende Thalamus nimmt etwa 80 % des Zwischenhirns ein und stellt die zentrale Umschaltstation zwischen den Sinnesorganen und der Großhirnrinde, dem cerebralen Cortex, dar. Alles, was wir bewusst im Wachzustand wahrnehmen, also sehen, hören, ertasten etc., erreicht den Cortex über den Thalamus. Der Thalamus ist eine Ansammlung von verschiedenen Hirnkernen in der Mitte unseres Gehirns und wird funktionell auch als das „Tor zum Bewusstsein" bezeichnet. Im Thalamus wird im Wachzustand die neuronale Information von den Sinnesorganen über spezifische Nervenzellen (Relaisneurone) umgeschaltet und zuverlässig zum entsprechenden Cortexareal weitergeleitet, beispielsweise vom Auge zum visuellen Thalamus schließlich zum visuellen Cortex. Ist das „Thalamustor" jedoch geschlossen, wie im Tiefschlaf, gelangt die Information nicht in den Cortex, und wir können Umweltreize oder Signale aus dem Körperinneren nicht wahrnehmen. Die Erklärung für diese Torfunktion des Thalamus liegt in den besonderen funktionellen Eigenschaften der Relaisneuronen in dieser Hirnregion, die in Abschn. 3.5 noch näher erläutert werden.

Das Telencephalon stellt entwicklungsgeschichtlich den jüngsten Teil des Gehirns dar. Es ist der größte Teil des menschlichen Gehirns und macht etwa 80 % des Hirngewichts aus. Das Telencephalon besteht aus zwei Hirnhälften (Hemisphären), die sich in ihrer Struktur und Funktion sehr ähneln. Jedoch ist die Sprachfunktion überwiegend linkshemisphärisch lokalisiert. Bei etwa 70 % der Menschen befindet sich das sensorische und das motorische Sprachzentrum in der linken Hirnhälfte (Abb. 2.1b). Bei den verbleibenden 30 % liegt das Sprachzentrum in der rechten Hirnhälfte oder in beiden Hemisphären. Nervenfaserstränge (Kommissuren) verbinden gleiche Orte in beiden Hirnhälften und ermöglichen so eine effiziente Interaktion zwischen den beiden Hemisphären. Werden die Kommissuren zur Behandlung einer therapieresistenten Epilepsie neurochirurgisch durchtrennt, ist eine Kommunikation zwischen beiden Hemisphären nicht mehr möglich und im Schädel befinden sich zwei isolierte Hirnhälften. Dieser Zustand wird als Split Brain bezeichnet.

Der Hippocampus ist ein entwicklungsgeschichtlich alter Teil des Telencephalons und liegt unterhalb der Hirnoberfläche. Seine Bezeichnung hat der Hippocampus erhalten, da er in seiner Form einem Seepferdchen (lat. Hippocampus) ähnelt. Der Hippocampus ist Bestandteil des limbischen Systems, das unser Triebverhalten und unsere Emotionen reguliert. Er erhält Eingänge von verschiedenen Sinnessystemen und spielt eine wichtige Rolle bei der Konsolidierung, also Speicherung, von Gedächtnisinhalten. Wenn beide Hippocampi zerstört sind oder aus medizinischen Gründen entfernt werden müssen, können neue Erinnerungen nicht mehr gespeichert werden (anterograde Amnesie). Bekannt wurde „Der Mann mit dem 7-Sekunden-Gedächtnis" (eine beeindruckende Dokumentation):

Abb. 2.1a zeigt schematisch, wie die unterschiedlichen Hirnteile miteinander kommunizieren, wie die Information von den Sinnesorganen weiterverarbeitet wird und wie es ggf. zur Aktivierung der Muskulatur kommt (Luhmann 2019c). Druck-, Berührungs- und Vibrationsreize auf der Haut werden von unterschiedlichen Mechanosensoren detektiert, und diese Information wird über das Rückenmark und über nachgeschaltete Stationen schließlich an den primären somatosensorischen Cortex (Area 1–3) weitergegeben (Mechanozeption). Die bewusste Wahrnehmung eines Druckreizes auf der Haut erfolgt erst im somatosensorischen Cortex. Ähnlich, aber in unterschiedlichen Bahnen mit einem etwas anderen Verlauf, gelangt auch die Thermozeption beginnend von Kalt- und Warmreizen in der Haut schließlich in den somatosensorischen Cortex. Einen anderen Verlauf hat die Weitergabe der auditorischen Information von den Haarzellen im Innenohr. Hier wird das Rückenmark nicht benötigt, da das Sinnesorgan (die Hörschnecke oder Cochlea) sich in der unmittelbaren Nähe des Gehirns befindet. Die Information der Haarzellen wird über den Hörnerven direkt an einen Kern (Nucleus cochlearis) im Hirnstamm zwischen der Pons und der Medulla oblongata weitergegeben. Von dort geht es dann über einige Stationen in den primären auditorischen Cortex (Area 41), wo Töne, Klänge und Geräusche bewusst wahrgenommen werden. Die Verarbeitung und Wahrnehmung von komplexen auditorischen Reizen wie Musik erfolgt

in benachbarten höheren Cortexarealen und von Sprache im sensorischen Spracharenal (Area 22). Primaten, einschließlich des Menschen, verfügen über ein sehr leistungsfähiges und überaus komplexes Sehsystem. Die visuellen Reize werden von den Photorezeptoren in der Netzhaut (Retina) des Auges aufgenommen und die neuronale Information wird über den Sehnerv von der Retina direkt zum visuellen Thalamus im Diencephalon weitergeleitet (Abb. 2.1a und unterer Teil in Abb. 2.1d). Von dort gelangt die Aktivität in den primären visuellen Cortex (Area 17). In Abschn. 2.5 wird die weitere Verarbeitung dieses Sehreizes auf corticaler Ebene noch detaillierter behandelt. Auch der Schmerzsinn (Nozizeption) wird aufgrund seiner Besonderheiten und Relevanz für die zentralen Fragen dieses Buches in Abschn. 2.6 noch eingehender vorgestellt.

Jeder Teil des Körpers, jedes Sinnesorgan, jeder Muskel, jedes Gelenk und jedes innere Organ ist über unterschiedliche Wege mit dem Gehirn verbunden und sendet in der Regel ständig Signale an das Gehirn. Diese Signale gelangen über Nervenfasern als elektrische Impulse (Aktionspotentiale) oder auch über den Blutkreislauf als chemische Signale (z. B. einige Hormone) in das Gehirn. Nur ein kleiner Bruchteil dieser Informationen wird von uns bewusst wahrgenommen. Unter physiologischen Bedingungen und sofern wir nicht unter spezifischen Krankheiten leiden, nehmen wir beispielsweise weder die kontinuierliche Aktivierung unseres Gleichgewichtssystems durch die Erdanziehung wahr noch den Kohlenstoffdioxid-Partialdruck oder die Insulin-Konzentration im Blut. Zwar sind diese Informationen wichtig oder sogar lebensnotwendig, aber die bewusste Wahrnehmung und Verarbeitung all dieser Informationen würden unser Gehirn so sehr beschäftigen, dass für andere Dinge (z. B. das Lesen und die Verarbeitung dieses Textes) nicht ausreichend Kapazität vorhanden wäre. Eine sehr wichtige Aufgabe des Gehirns besteht also darin, Informationen aus dem Körper und aus der Umwelt aufzunehmen und bewusst oder unbewusst zu verarbeiten, um so das Überleben des Individuums, aber auch der Artgenossen und der Nachfahren, zu gewährleisten und zu optimieren. Viele dieser lebenserhaltenden Regelprozesse sind in den evolutionär alten Teilen des Gehirns, wie der Medulla oblongata oder dem Met- und Mesencephalon, lokalisiert. Hingegen sind „höhere" kognitive Prozesse, wie Lesen und Sprache, in den entwicklungsgeschichtlich jungen Teilen des Gehirns, wie Di- und Telencephalon, lokalisiert. Wie Abb. 2.1a jedoch auch zeigt, gibt es zwischen diesen evolutionär alten und den jungen Teilen des Gehirns vielfältige Interaktionen und gegenseitige Kontrollmechanismen. Das Gehirn arbeitet nicht wie ein hierarchisches System mit dem cerebralen Cortex an der Spitze der neuronalen Befehlspyramide, sondern demokratisch mit Wechselwirkungen und Kontrollmechanismen auf und zwischen allen Ebenen.

Zudem empfängt das Gehirn nicht nur ständig eine Unmenge von Informationen des Körpers und der Umwelt, sondern es generiert und versendet auch kontinuierlich Signale, die nahezu alle Teile des Körpers erreichen und ggf. die Umwelt verändern. Teile des Gehirns, wie der Hypothalamus, können funktionell auch als Drüse betrachtet werden, denn sie generieren Hormone, die dann über den Blutkreislauf oder über Nervenbahnen weitergegeben werden und so eine Vielzahl von Körperfunktionen regulieren. Neben diesen relativ langsamen, aber dafür über lange Zeiträume wirkenden Hormonweg, gelangen elektrische Impulse über unterschiedliche Nervenfaserbündel sehr rasch an alle Teile des Körpers. Abb. 2.1a zeigt schematisch, wie die Muskulatur angesteuert wird, um eine Bewegung durchzuführen. Das „Kommando" für eine Bewegung kommt aus dem primären motorischen Cortex (Area 4) und gelangt dann entweder unter Beteiligung von Neuronenverbänden in den darunterliegenden Hirnteilen, wie Thalamus, Substantia nigra und Cerebellum, in das Rückenmark oder über die sog. Pyramidenbahn (Tractus corticospinalis) direkt aus dem Cortex auf die Motoneurone im Rückenmark. Mit einer Länge von etwa einem halben Meter zählen die Nervenfasern der Pyramidenbahn zu den längsten Verbindungen in unserem Nervensystem. Von dort, den Motoneuronen im Rückenmark, geht es dann über ebenfalls schnelle Nervenfasern zum Muskel (Abb. 2.1a). Das motorische System wird in diesem Buch noch in unterschiedlichen Abschnitten von großer Bedeutung sein und soll noch detaillierter beschrieben werden, z. B. bei der Frage, ob wir bei der Durchführung einer Bewegung über einen freien Willen verfügen. Bevor wir uns jedoch mit einer derartig schwierigen Frage beschäftigen, müssen wir zunächst noch genauer den Aufbau und die Funktionsweise des Gehirns betrachten. Zuerst soll auf den cerebralen Cortex eingegangen werden. Denn immerhin bezeichnen wir uns selbst auch als *Homo cerebralis* (Hagner 1997).

Der cerebrale Cortex, die Großhirnrinde, befindet sich an der Oberfläche des Telencephalons. Schaut man von außen auf ein menschliches Gehirn, so sieht man fast ausschließlich cerebralen Cortex, nur die ebenfalls von außen sichtbaren Hirnteile Pons, Medulla oblongata und Cerebellum zählen nicht zur Großhirnrinde (Abb. 2.1b). Der Cortex ist beim Menschen zwischen 2 und 5 mm dick und makroskopisch fällt seine starke Faltung auf. Durch die zahlreichen Windungen (Gyri) und Furchen (Sulci) ist die Oberfläche und das Volumen des Cortex vergrößert. So konnte in der Evolution der Säugetiere das Volumen des Cortex erhöht werden. Während das Gehirn von „niederen" Säugetieren wie Mäusen an der Oberfläche nahezu glatt ist (es weist nur einen Sulcus auf), zeigt das Gehirn in der „aufsteigenden" Säugetierreihe eine zunehmende corticale Faltung. Grund hierfür ist die enorme Volumenzunahme des cerebralen Cortex während der Evolution; es sind sogar neue corticale Areale hinzugekommen (z. B. das motorische Sprachareal, Area 44) (Geschwind und Rakic 2013). Die Großhirnrinde des Menschen wird daher auch als „Produkt eines evolutionären Wettrüstens" bezeichnet (Keller und Mrsic-Flogel 2018). Wir werden später noch sehen, dass dieser militärische Begriff unpassend ist, denn in der Evolution wurde für die Entwicklung hoher kognitiver Leistungen beispielsweise bei Vögeln oder Tintenfischen ein Cortex-unabhängiger Weg beschritten. Die Cortex-lastigen Primaten und insbesondere wir Menschen könnten einen viel größeren Kopf gut gebrauchen, aber ein zu großer Schädel würde bei der Geburt Probleme bereiten, da der Geburtskanal recht eng ist. Homo sapiens hat diesbezüglich bereits die Grenze erreicht, wie vermutlich jede Mutter bestätigen kann. Die Lösung des Problems Volumenzunahme des Cortex bei eingeschränktem Platzangebot bestand darin, dass der Cortex in die Schädelkapsel regelrecht „hineingepresst" wurde, und dabei entstanden die zahlreichen Windungen und Furchen, wie sie auch in der Großhirnrinde von Delphinen, einigen Walarten und von Elefanten zu finden sind. Evolutionär wurde der cerebrale Cortex auf ein bereits hervorragend funktionierendes Gehirn regelrecht aufgepfropft, und es stellt sich die Frage, welche Vorteile und neuen Funktionen diese zusätzliche Struktur gebracht hat. Die weitere Lektüre dieses Buches wird zeigen, dass der Cortex zentral an einigen ganz außergewöhnlichen Aufgaben beteiligt ist. Interessanterweise können „niedere" Säugetiere auf eine Großhirnrinde weitgehend verzichten. Selbst große Läsionen im Cortex von Mäusen oder Ratten führen zu erstaunlich geringen Ausfällen (Kawai et al. 2015). Hingegen können beim Menschen schon kleine corticale Hirninfarkte dramatische Konsequenzen haben.

Textbox: Die corticale Columne – ein evolutionäres Erfolgskonzept

Der cerebrale Cortex aller Säugetiere ist horizontal in sechs Schichten (Schicht I bis VI) und vertikal in viele Säulen (Columnen) gegliedert (Abb. 2.2). Die corticale Columne verläuft durch alle corticalen Schichten I bis VI und stellt das strukturelle und funktionelle Grundmodul zur Verarbeitung neuronaler Information auf corticaler Ebene dar (Molnár 2013). Dieses Grundmodul ist in allen corticalen Arealen und in allen Säugetieren zu finden, von der Maus bis zum Menschen. Innerhalb einer Columne werden die aus dem Thalamus und aus anderen corticalen Arealen stammenden Eingänge sowohl seriell als auch parallel intracortical verarbeitet. Danach wird diese neuronale Information an andere corticale Areale, subcorticale Regionen (z. B. Mesencephalon oder

Rückenmark) und zurück in den Thalamus gesendet. In Abhängigkeit von der Spezies und dem jeweiligen corticalen Areal hat eine corticale Columne einen Durchmesser von 0,2 bis 0,8 mm.

Die corticale Columne ist in der Phylogenese der Säugetiere erstmals vor etwa 65 Mio. Jahren aufgetreten und hat sich als ein evolutionäres Erfolgskonzept bewährt (Kaschube et al. 2010). Sie erfüllt sowohl ihren Zweck bei der neuronalen Verarbeitung von Sinnesreizen in den sensorischen Rindenfeldern (visueller, auditorischer, somatosensorischer Cortex) als auch bei der Sprachverarbeitung in den corticalen Spracharealen. Bei Erfolgsmodellen ist die Biologie konservativ, und es gibt nur wenig Bedarf für Änderungen. Daher unterscheidet sich das Grundprinzip der synaptischen Eingänge, intracorticalen Verschaltung und Ausgänge einer corticalen Columne auch nicht wesentlich zwischen der Maus und dem Menschen. Nur die Anzahl der Neuronen in einer Columne und die Anzahl der Columnen in der gesamten Großhirnrinde ist unterschiedlich. Bei der Maus besteht eine corticale Columne aus etwa 10.000 Nervenzellen, beim Menschen aus etwa 100.000 Neuronen. Der cerebrale Cortex der Maus weist etwa 100.000 Columnen auf, der des Menschen etwa 2 Mio.

In der Evolution der Säugetiere wurden mit zunehmenden Leistungsanforderungen an das Gehirn mehr Nervenzellen und mehr corticale Columnen benötigt und nach dem Copy-and-paste-Prinzip in den Cortex integriert. Das führte bei höheren Säugetieren, wie den Primaten, einerseits zu einer enormen Neuronen- und Volumenzunahme der Großhirnrinde, andererseits aber auch zu einem nicht lösbaren Platzproblem in der Schädelkapsel. Ein ähnliches Problem haben wir in der technischen Entwicklung des Verbrennungsmotors beim Auto. Vor hundert Jahren wurden Autos mit Einzylindermotoren und kleinem Motorraum hergestellt, wie das Cadillac Modell K von 1906. Hingegen benötigt heutzutage der Ferrari F12 mit seinen 12 Zylindern und einer Höchstgeschwindigkeit von 340 km/h einen sehr viel größeren Motorraum als das Modell K.

Der deutsche Anatom Korbinian Brodmann (1868–1918) teilte in seiner bemerkenswerten Publikation *Vergleichende Lokalisationslehre der Großhirnrinde* (Brodmann 1909) den cerebralen Cortex des Menschen in 52 Felder oder Areale ein. Zur mikroskopischen Differenzierung der corticalen Areale nutzte er die Unterschiede in der Dicke der einzelnen Schichten und gab jedem Areal eine Ziffer von 1 bis 52 (Abb. 2.1b). Das Areal 17 am Hinterkopf war mit 2 mm recht dünn, wies aber eine relativ dicke Schicht IV auf. Hingegen war das Areal 4 in der Hirnmitte mit 5 mm sehr dick, wies aber als einzige Ausnahme von allen 52 corticalen Feldern keine Schicht IV auf. Diese von Brodmann vor über 110 Jahren publizierte Karte der Großhirnrinde hat im Großen und Ganzen noch heute ihre Gültigkeit, und mittlerweile wissen wir, dass die einzelnen Areale ganz spezifische Aufgaben erfüllen. Diese funktionelle Zuordnung beruht zum Teil auf neuropathologischen Untersuchungen an Gehirnen von verstorbenen Patienten, die

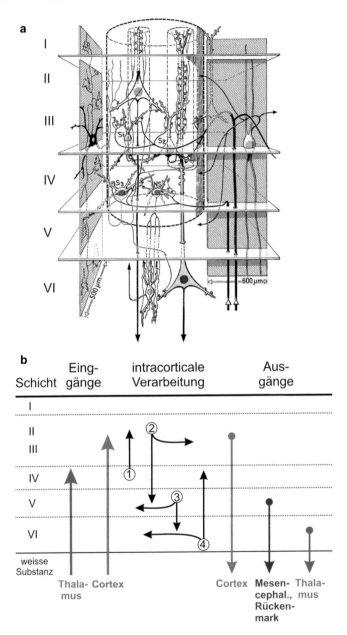

Abb. 2.2 Schematische Darstellung einer corticalen Columne. **a** Unterschiedliche Nervenzellen in den corticalen Schichten I bis VI sind innerhalb einer Columne von wenigen Hundert Mikrometern Durchmesser untereinander verbunden. (Adaptiert nach Szentagothai 1975; mit freundlicher Genehmigung von © Elsevier 2019). **b** Darstellung der wichtigsten synaptischen Eingänge, der intracorticalen Verarbeitungsschritte (1 bis 4) und der synaptischen Ausgänge einer corticalen Columne (Adaptiert nach Luhmann 2003; mit freundlicher Genehmigung von © Deutscher Ärzte-Verlag 2019)

zu Lebzeiten spezifische neurologische Ausfälle aufwiesen. So beschrieb der französische Chirurg und Pathologe Paul Broca (1824–1880) um das Jahr 1860 in Paris einen Patienten, der nur noch die Silbe „Tan" aussprechen konnte. Bei diesem Patienten war das Verständnis für Sprache intakt, aber die Produktion von Sprache offensichtlich massiv gestört. Die Autopsie des Gehirns ergab, dass der Patient im seitlich-vorderen Bereich der linken Hirnhälfte eine große Läsion aufwies. Die geschädigte corticale Region wurde als Broca-Areal oder auch motorisches Sprachzentrum bezeichnet und entspricht dem Areal 44 nach Brodmann (Abb. 2.1b). Diese Form von Sprachschädigung wird heute motorische oder auch Broca-Aphasie genannt. Im Jahre 1874 beschrieb der deutsche Neurologe Carl Wernicke (1848–1905) einen Patienten mit massiven Störungen des Sprachverständnisses, jedoch konnte er eine inhaltsleere Sprache produzieren. Die linke Hirnhemisphäre dieses Patienten zeigte eine Schädigung in einer Region, die nach Brodmann weitgehend dem Areal 22 entspricht. Diese Sprachstörung wird heute sensorische oder auch Wernicke-Aphasie genannt. Diese spezifischen Sprachstörungen können auftreten, weil unterschiedliche Nervenzellgruppen in räumlich getrennten corticalen Arealen für die Produktion bzw. für das Verständnis von Sprache verantwortlich sind. Diese beiden Sprachzentren sind im Gehirn etwa eine Handbreit voneinander entfernt, aber über ein Nervenfaserbündel miteinander verknüpft. Wenn diese Verbindung gestört ist, sind zwar Sprachproduktion und Sprachverständnis intakt, aber die Fähigkeit zum Nachsprechen oder Vorlesen ist beeinträchtigt, weil dann die Information vom Ort des Wortverstehens nicht zum Ort des Wortaussprechens weitergeleitet werden kann (Leitungsaphasie).

Auch wenn das menschliche Gehirn bei genauer Betrachtung interindividuelle Unterschiede in der Anordnung und Größe der Gyri und Sulci aufweist (jedes Gehirn ist einzigartig!), so führt häufig eine lokale Schädigung der Struktur zu einem spezifischen Funktionsausfall. Dieser Zusammenhang zwischen Hirnschädigung und Funktionsausfall oder sogar Persönlichkeitsänderung steht außer Zweifel und offenbart sich tagtäglich in oft erschreckender Weise in neurologischen und psychiatrischen Kliniken oder in Pflegeeinrichtungen. Im 19. und 20. Jahrhundert kartierten Neurologen und Pathologen in zunehmendem Maße den cerebralen Cortex. Schädigungen infolge von Hirninfarkten oder Kopfverletzungen führten bei den betroffenen Patienten, häufig Kriegsverletzte, zu spezifischen Funktionsausfällen. Die Erklärung hierfür liegt in der Repräsentation von bestimmten Aufgaben und Fähigkeiten in definierten Regionen des Gehirns. Im cerebralen Cortex erfolgt die Verarbeitung von Sinneseindrücken wie Sehen (visueller Cortex), Hören (auditorischer Cortex) und Tasten (somatosensorischer Cortex) zumindest

initial an ganz bestimmten Orten, den primären sensorischen Rindenfeldern (Abb. 2.1b). Die Nervenzellen im primären visuellen Cortex (Area
17 nach Brodmann), gelegen im hinteren Teil unseres Gehirns, erhalten über
den Thalamus Informationen von den Augen und verarbeiten daher visuelle
Sinneseindrücke. Eine Schädigung dieser Region führt somit zu Sehausfällen.
Die Wahrnehmung von Seheindrücken und auch anderen Sinnesreizen erfolgt
im Gegensatz zur Sprachwahrnehmung und -produktion nicht nur in einer
Hirnhälfte, sondern gleichzeitig in beiden Hemisphären. Den linken Teil unserer Umwelt und unseres Körpers nehmen wir mit der rechten Hirnhälfte wahr
und umgekehrt. Ähnliches gilt für den primären motorischen Cortex (Area
4 nach Brodmann), der Bewegungen steuert und koordiniert (Abb. 2.1b, c).
Eine besondere Aufgabe erfüllt der hinter der Stirn liegende präfrontale Cortex, der in der Entwicklung der *Hominiden* enorm an Volumen zugenommen
hat (Falk 2012). Hier sind höhere Funktionen, wie Emotionskontrolle,
Handlungssteuerung und Sozialverhalten lokalisiert. Der präfrontale Cortex
des Menschen weist in seiner Organisation und seinen Eigenschaften einige
Besonderheiten auf, die bei nichthumanen Primaten, also bei Affen, in dieser
Form nicht zu finden sind (Neubert et al. 2014; Wang et al. 2015).

Textbox: Out of control – der Fall Phineas Gage

Die Funktionen des präfrontalen Cortex werden eindrucksvoll durch die
Geschichte von Phineas P. Gage (1823–1860) verdeutlicht. Auch hier begann
alles mit einer Kopfverletzung. Phineas Gage arbeitete als Vorarbeiter bei einer
amerikanischen Eisenbahngesellschaft. Er galt als freundlich, zuverlässig und
verantwortungsvoll. Beim Verlegen der Eisenbahnschienen war es seine Aufgabe, die gefährlichen Sprengungen durchzuführen, um störende Felsbrocken
zu beseitigen. Diese Arbeit bestand aus fünf Schritten:

1. ein Loch in den Felsen bohren,
2. den Sprengstoff und eine Zündschnur in das Loch geben,
3. eine Schicht Sand in das Loch füllen,
4. den Sand mit einer 1,10 m langen, 3 cm dicken und 6 kg schweren Eisenstange festklopfen,
5. die Zündschnur anzünden und sich anschließend rasch in Sicherheit bringen.

Am 13. September 1848 wurde Phineas Gage von seiner Arbeit zwischen Schritt
2 und 3 abgelenkt und rammte die Eisenstange in das Loch, bevor es mit Sand
aufgefüllt wurde. Es entstanden Funken, der Sprengstoff explodierte, und
die Eisenstange schoss wie eine Rakete durch den Schädel von Phineas Gage.
Sie trat unterhalb des linken Wangenknochens ein und oben am Kopf wieder
aus. Phineas Gage flog einige Meter durch die Luft und stand überraschender-
weise nach einem kurzen Moment der Bewusstlosigkeit wieder benommen
auf. Er überlebte den Unfall und war nach wenigen Wochen körperlich wieder
weitgehend hergestellt. Es wurden keine Defizite in der Gedächtnisleistung,

Intelligenz, Sprachfähigkeit oder Motorik festgestellt. Nur sein linkes Auge hatte er infolge des Unfalls verloren. Nach und nach waren jedoch bei Phineas Gage auffallende Veränderungen in seiner Persönlichkeit zu beobachten. Er wurde zunehmend unfreundlich, impulsiv und unzuverlässig. Seine Ausdrucksweise war abscheulich, und man empfahl Frauen, sich nicht in seiner Nähe aufzuhalten. Am 21. Mai 1860, 12 Jahre nach seinem Unfall, verstarb Phineas Gage in San Francisco, vermutlich infolge eines schweren epileptischen Anfalls (Status epilepticus).

Im Jahre 1994 veröffentlichte das aus Portugal stammende Medizinerehepaar Hanna und Antonio Damasio in der renommierten Wissenschaftszeitschrift *Science* einen Artikel mit dem Titel „The return of Phineas Gage: clues about the brain from the skull of a famous patient" (Damasio et al. 1994). Sowohl der Schädel von Phineas Gage als auch die Eisenstange befinden sich im Anatomischen Museum der Harvard Medical School in Boston und konnten eingehend von den beiden Damasios untersucht werden. Anhand der Schädelverletzungen rekonstruierten sie die Hirnläsionen und identifizierten den orbitofrontalen und präfrontalen Cortex als die Hirnregionen, die am stärksten geschädigt waren (Abb. 2.3). In seinem Buch *Descartes' Irrtum: Fühlen, Denken und das menschliche Gehirn* diskutiert Antonio Damasio auf ansprechende Weise am Beispiel seiner Patienten mit Frontalhirnläsionen das Zusammenwirken von Körper und Geist (Damasio 2004).

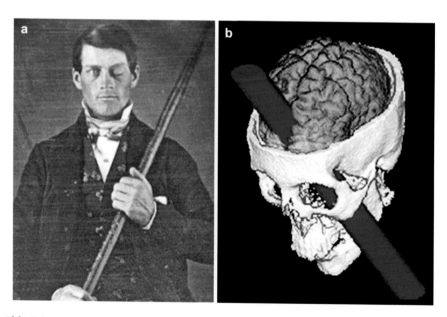

Abb. 2.3 **a** Foto von Phineas Gage mit Eisenstange (etwa 1848, Quelle: *Wikimedia Commons*). **b** Rekonstruktion der Eintritts- und Austrittsstelle der Eisenstange im Schädel von Phineas Gage (Aus Damasio et al. 1994; mit freundlicher Genehmigung von © The American Association for the Advancement of Science 2019)

Ohne Zweifel spielt der voluminöse cerebrale Cortex des Menschen eine wichtige Rolle bei höheren kognitiven Leistungen, wie Sprache, Sozialverhalten oder auch der Wahrnehmung und komplexen Verarbeitung von Sinnesreizen (Luhmann 2019b). All das geht aber offensichtlich erstaunlich gut ohne cerebralen Cortex (s. Text, Hirnscans und Video unter „Es geht auch (fast) ohne Hirn" von Felix Hasler):

Im Dezember 1980 erschien in *Science* ein Artikel mit dem überspitzten Titel „Is your brain really necessary?" (Lewin 1980). Inhalt dieses Artikels sind die erstaunlich geringen Defizite bei Patienten mit einem Wasserkopf (Hydrozephalus). Bei dieser Erkrankung sind im Gehirn die mit Liquor gefüllten Hohlräume, die sogenannten Ventrikel, mit zu viel Flüssigkeit gefüllt, und der cerebrale Cortex wird an die Schädelinnenseite gepresst. Berichtet wird über einen Mathematikstudenten mit einem überdurchschnittlichen Intelligenzquotienten von 126. Zufällig wurde bei ihm festgestellt, dass sein Schädel überwiegend mit Hirnflüssigkeit gefüllt ist und das Gewicht seines Gehirns weit unter dem Durchschnitt liegt. Er hatte nahezu keinen cerebralen Cortex. Es gibt noch weitere überzeugende Studien, die dokumentieren, dass ein normales Leben mit nur sehr wenig Cortex möglich ist (Nahm et al. 2017). Während der Embryonalentwicklung können Fehlbildungen in der Struktur des cerebralen Cortex auftreten, häufig weil unreife Nervenzellen nicht korrekt in ihr Zielgebiet einwandern. Derartige neuronale Migrationsstörungen sind durch pathologische Veränderungen in der üblicherweise sechsschichtigen und columnären Architektur des Cortex charakterisiert und können schwer therapierbare Epilepsien verursachen (Redecker et al. 2000). Wenn diese Epilepsien bereits im frühen Kindesalter auftreten und corticale Migrationsstörungen in großen Teilen einer Hirnhälfte vorliegen, so wird bei den betroffenen Kindern in den ersten Lebensjahren gelegentlich eine Hemisphärektomie durchgeführt, d. h., eine gesamte Cortexhälfte wird neurochirurgisch entfernt. Glücklicherweise zeigen diese Kinder eine überraschend normale motorische und geistige Entwicklung. Diese klinischen Beispiele zeigen, dass das unreife Gehirn den Verlust von großen Cortexanteilen offensichtlich kompensieren kann. Diese als corticale Plastizität bezeichnete Leistung tritt in diesem Ausmaß jedoch nur bei Kindern auf. Eine bei einem Erwachsenen durchgeführte Hemisphärektomie hätte für den Patienten katastrophale Folgen.

Neben diesen klinischen Beispielen von sehr leistungsfähigen Gehirnen mit sehr wenig cerebralem Cortex lehrt uns die Evolutionsbiologie, dass sogar eine ganze Klasse von Wirbeltieren seit 150 Mio. Jahren überaus erfolgreich ohne Großhirnrinde auskommt. Vögel besitzen keinen cerebralen Cortex, weisen jedoch ganz erstaunliche kognitive Fähigkeiten auf. Der mit dem Leibniz-Preis der Deutschen Forschungsgemeinschaft ausgezeichnete und an der Ruhr-Universität Bochum tätige Biopsychologe Onur Güntürkün erforscht seit nunmehr 30 Jahren das Gehirn und die kognitiven Leistungen von Tauben und Rabenvögeln und beobachtete bei diesen Vögeln ganz erstaunliche kognitive Leistungen (Güntürkün und Bugnyar 2016). Beim Lösen von Problemen und bei Lern- und Gedächtnisleistungen können viele Vogelarten mit Säugetieren mithalten. Beispiele dafür stellt Onur Güntürkün auf unterhaltsamer Art in dem Video „Die Evolution des Gehirns und des Denkens" vor. Sogar den Spiegeltest, ein Experiment zur Wahrnehmung und zum Erkennen des Ich, also zum Nachweis eines Selbst-Bewusstseins, absolvieren Elstern erfolgreich (Prior et al. 2008) und reihen sich damit in die Reihe von Säugetieren ein, die den Spiegeltest ebenfalls bestehen (Elefant, Delphin, Orang-Utan, Schimpanse, Mensch).

Kommen wir am Ende dieses Abschnitts zurück zu der anfangs gestellten Frage „Warum gibt es überhaupt Gehirne?". Leistungsfähige Nervensysteme sind in der Evolution über unterschiedliche Wege entstanden, um mit der jeweiligen Umwelt möglichst erfolgreich zu interagieren. Wie beim Bau eines Hauses wurden während der Phylogenese neue Hirnteile zu älteren, bewährten Strukturen hinzugefügt. Dabei sind Gehirne entstanden, die trotz unterschiedlicher Struktur zu ähnlich komplexen kognitiven Leistungen fähig sind. Damit waren die neuronalen Grundlagen geschaffen, neue Lebensräume im Wasser, an Land und in der Luft zu erschließen. In der Evolution des Gehirns der Säugetiere ist eine Volumenzunahme des cerebralen Cortex, der durch seine sechs Schichten und columnäre Architektur gekennzeichnet ist, erkennbar. Die corticale Columne dient als neuronales

Basismodul, um sensorische Reize zu verarbeiten und höhere kognitive Leistungen, wie Sprache, zu vollbringen. Im nächsten Abschnitt werden wir uns mit der Frage beschäftigen, wie die Umwelt und der eigene Körper im Gehirn abgebildet sind.

2.4   Neuronale Karten

In den vorangegangenen Abschnitten wurde die makroskopische Struktur des menschlichen Gehirns beschrieben. In diesem und im nächsten Abschnitt soll die Frage behandelt werden, wie der eigene Körper und die Umwelt im Gehirn abgebildet werden. Dabei sind die Begriffe „Abbildung", „Bild" oder „Karte" nicht wortwörtlich zu verstehen. Selbstverständlich findet man im Gehirn kein reales Bild des Körpers oder eine Karte der Umwelt! Diese Metaphern werden hier verwendet, um Zusammenhänge anschaulicher zu beschreiben. Empfindliche Philosophen mögen diese sprachliche Ungenauigkeit bitte verzeihen.

Das Gehirn besteht aus einer großen Anzahl von Netzwerken mit unterschiedlichen Funktionen. Die corticale Karte von neuronalen Funktionen, wie Sehen, Hören, Tasten, Sprechen usw. sieht bei allen Menschen recht ähnlich aus, da die entsprechenden Netzwerke bei uns an nahezu identischen Orten im Gehirn lokalisiert sind (Abb. 2.1b). Für die Planung und Ausführung von Bewegungen spielt der motorische Cortex eine wichtige Rolle. Im motorischen Cortex (Area 4) ist der gesamte Körper topographisch abgebildet, wobei für uns wichtige Körperteile, wie die Hand, besonders groß repräsentiert sind und uns so außergewöhnliche Leistungen, wie den Präzisionsgriff, ermöglichen (Abb. 2.1c). Wir können mit unserem Daumen und Zeigefinger eine Nadel vom Boden aufheben und mit Nadel und Faden einen Knopf annähen. Kein anderes Lebewesen ist dazu in der Lage (zugegebenermaßen benötigt beispielsweise ein Delphin diese Fähigkeiten auch nicht!), und auch der Mensch braucht in seiner frühen Entwicklung ein paar Jahre, bis er das leisten kann. Die Repräsentation unseres Körpers im motorischen Cortex wird gelegentlich auch als *Homunculus* („Menschlein") bezeichnet. Wir sollten aber nicht dem Irrglauben verfallen, dass wir mit dem Homunculus das bekannte „Menschlein" im Gehirn gefunden haben, das uns mitteilt, was wir zu tun und zu lassen haben. Wir werden auf diese interessante Idee in Kap. 5 bei der Frage „Hat der Mensch einen freien Willen?" zurückkommen. Neben dem motorischen Homunculus im motorischen Cortex (Area 4) finden wir in unmittelbarer Nachbarschaft und nur durch den Sulcus centralis getrennt den somatosensorischen Homunculus im somatosenorischen Cortex (Area 1–3). Motorischer und somatosensorischer Homunculus sind hinsichtlich ihrer neuronalen Karten nahezu identisch. Es wäre auch nicht sinnvoll, wenn wir zwar über die Feinmotorik zum Annähen eines Knopfes verfügen, aber nicht über die Feinsensorik, um die Nadel überhaupt mit den Fingerspitzen wahrzunehmen. Eine vergleichbare Repräsentation der Körperoberfläche finden wir nicht nur im Cortex, sondern auch in den darunter liegenden Hirnstrukturen wie Thalamus und Hirnstamm. Auch diese somatosensorischen Homunculi weisen die für Primaten charakteristische überproportionale Repräsentation der Hand und des Gesichts auf.

Die neuronalen Karten unseres Körpers informieren uns kontinuierlich über die Lage unseres Körpers im dreidimensionalen Raum und darüber, welche Bewegungen wir durchführen. Die Sensoren dafür befinden sich nicht nur in der Hautoberfläche, sondern auch in unseren Gelenken und Muskeln (Propriozeption). Den überwiegenden Teil dieser Informationen nehmen wir nicht bewusst wahr. Wir sind uns nicht ständig darüber bewusst, wie wir in genau diesem Moment auf einem Stuhl sitzen oder wie wir vielleicht gerade im Takt der Musik unser Bein wippen. Konzentrieren wir uns jedoch auf diesen Vorgang, werden wir uns unserer Sitzhaltung und rhythmischen Beinbewegungen sofort bewusst. Weiterhin besitzen wir ein Sinnessystem, dessen Informationen unser Bewusstsein nur in Ausnahmefällen erreichen: das Gleichgewichtssystem oder vestibuläre System. Haarzellen im Innenohr reagieren sehr empfindlich auf Beschleunigungsreize, wie sie beispielsweise in einem Fahrstuhl oder in einem sich drehenden Karussell auftreten. Die Erdanziehung ist ebenfalls ein Beschleunigungsreiz, der unser Gleichgewichtssystem lebenslang, beginnend bereits vor der Geburt, gleichförmig mit $9{,}81 \, m/s^2$ aktiviert. Dieser Reiz wird über die vestibulären Bahnen an den multisensorischen parieto-insulären Cortex weitergeben, wo nicht nur die Schwerkraft, sondern auch Eigenbewegungen und die Raumorientierung wahrgenommen werden. Üblicherweise nehmen wir die Erdanziehung nicht bewusst wahr. Nur bei Erkrankungen des vestibulären Systems (z. B. bei Morbus Menière), Vergiftungen (z. B. durch Alkohol) oder bei der Seekrankheit macht sich das Gleichgewichtssystem in überaus unangenehmer Weise bemerkbar, und es kann neben Schwindel eine Übelkeit auftreten. In unserem Körper existieren noch weitere Sensoren, die sich erst zeigen und uns nur dann bewusst werden, wenn physiologische Grenzwerte über- oder unterschritten werden. Chemosensoren im Hirnstamm messen den pH-Wert und den Kohlendioxyd-Partialdruck und regulieren so unsere Atmung. Mechanosensoren in den Herzgefäßen registrieren den Blutdruck und in der Harnblase die Füllung mit Urin. All diese

Sinneszellen dienen dem autonomen Nervensystem zur Regulation elementarer Körperfunktionen. In unserem Körper existiert ein komplexes Regelwerk von teilweise interagierenden neuronalen Netzwerken, die für uns lebensnotwendig sind, deren kontinuierliche Hintergrundtätigkeit uns aber überhaupt nicht bewusst wird.

Neben diesen räumlichen Karten der Umwelt und des eigenen Körpers wurde kürzlich im menschlichen Gehirn eine neuronale Karte für die Zeit entdeckt (Protopapa et al. 2019). Im supplementär motorischen Areal (SMA in Abb. 2.1b) wurde mittels funktioneller Magnetresonanztomographie (fMRT) eine topographische Karte für die Wahrnehmung von Zeitunterschieden im Bereich von wenigen Sekunden und Bruchteilen von Sekunden nachgewiesen.

Im Folgenden soll am Beispiel des Sehsystems dargestellt werden, wie visuelle Reize im Gehirn verarbeitet und schließlich bewusst wahrgenommen werden.

2.5   Wie kommt die Welt in den Kopf?

Mit Ausnahme der entwicklungsgeschichtlich alten chemischen Sinnessysteme, dem Geschmack- und dem Geruchsinn, werden alle Sinneseindrücke erst auf corticaler Ebene bewusst wahrgenommen. Diese Prozesse sind für das Sehsystem besonders gut untersucht und sollen daher in diesem Abschnitt für das visuelle System des Menschen genauer dargestellt werden. Der Sehprozess beginnt in den Sinneszellen der Retina (Wässle 2004). Hier wird der Lichtreiz, elektromagnetische Wellen von etwa 380 bis 750 nm, in ein elektrisches Signal umgewandelt. Wir können nur einen Bruchteil des Spektrums elektromagnetischer Wellen sehen. Ultraviolettes Licht (kleiner als 380 nm) und Infrarotstrahlung (größer als 800 nm) können wir nicht sehen, weil uns die entsprechenden Sinneszellen bzw. Sehfarbstoffe für diese Wellenlängen fehlen. Hingegen können Schlangen mit ihrem Grubenorgan Infrarotstrahlen sehen, weil sie über geeignete Sensoren verfügen. Wir können Infrarotstrahlung ebenfalls wahrnehmen, jedoch sehen wir diese Strahlen nicht, sondern wir nehmen sie als Wärme mit den Warmsensoren in unserer Haut wahr. Der annähernd gleiche physikalische Reiz, elektromagnetische Strahlung von 700 bis 900 nm, wird von uns als Farbe Rot oder Temperatur Warm empfunden. Wir werden später sehen, dass dieser Reiz auch als Schmerz wahrgenommen werden kann. Unser Gehirn kann also aus dem annähernd gleichen Reiz drei vollkommen unterschiedliche Empfindungen konstruieren!

Zurück zum Sehvorgang und zum visuellen System des Menschen (Abb. 2.1d). Die Information wird in der Retina von den Photosensoren über einen weiteren Zelltyp schließlich an die retinalen Ganglienzellen weitergegeben. Mindestens zwei Typen von Ganglienzellen sind zu unterscheiden. Große, sog. **m**agnozelluläre Ganglienzellen verarbeiten die Bewegung des Reizes und die räumliche Tiefe. Kleinzellige, sog. **p**arvozelluläre Ganglienzellen verarbeiten die Farbe und die Form des visuellen Reizes. Diese unterschiedlichen Informationen werden in den Nervenfasern der Ganglienzellen, die den Sehnerv bilden, parallel über den M- und P-Weg an die nächste Station, den visuellen Thalamus, weitergeleitet (unterer Teil in Abb. 2.1d). Bei Primaten besteht jeder Sehnerv aus etwa 1 Mio. Nervenfasern, und der Informationsgehalt pro Auge liegt in der Größenordnung von 1 Megabyte pro Sekunde (Tononi und Koch 2008). Die Neurone im Thalamus fungieren im Wesentlichen als Schalt- (Relais-)Neurone und geben die retinale Information zum primären visuellen Cortex (Area 17, V1) weiter, der sich im hinteren Teil der Großhirnrinde befindet (Abb. 2.1b). Auf dem Weg von der Retina zum visuellen Cortex wird der Informationsgehalt des visuellen Reizes enorm reduziert (Olshausen und Field 2005). Nur 10 bis 15 % aller Synapsen im Cortex stammen aus dem Thalamus. Diese thalamocorticalen Verbindungen sind funktionell zwar relativ stark und effizient, aber der überwiegende Teil neuronaler Aktivität wird im Cortex durch intracortikale Synapsen generiert. Die verbleibenden 85 bis 90 % aller Synapsen im cerebralen Cortex sind corticalen Ursprungs und kommen aus benachbarten und auch entfernten Cortexregionen (Abb. 2.2). Der Cortex ist also überwiegend „mit sich selbst beschäftigt", und Sinnesreize modulieren nur den kontinuierlichen, internen Informationsfluss im Cortex! Dieser Zusammenhang ist für unsere späteren Überlegungen sehr wichtig. Das Gehirn ist keinesfalls ein Reflexapparat, der auf Reize reagiert und Reaktionen erzeugt. Im Gehirn werden intern ständig neuronale Aktivitätsmuster generiert, vergleichbar mit einem Fluss, der kontinuierlich manchmal schneller, manchmal langsamer dahinfließt und durch den Wind oder Hindernisse im Flussbett in seiner Bewegung mehr oder weniger stark beeinflusst wird. Dazu mehr im Abschn. 3.5.

Derartige thalamocorticale und intracorticale synaptische Verschaltungen finden wir nicht nur im visuellen Cortex V1, sondern auch im primären auditorischen (A1) und primären somatosensorischen Cortex (S1). Die Informationen von den Sinneszellen (Photorezeptoren im Auge, in Haarzellen im Ohr, Mechanosensoren in der Haut und den Gelenken) erreichen jeweils über spezifische Thalamuskerne die entsprechenden corticalen Areale.

Die Signale vom Auge erreichen über den visuellen Thalamus den visuellen Cortex, die vom Ohr gehen über den auditorischen Thalamus zum auditorischen Cortex. Aus diesem Grund können wir Blitze sehen und Donner hören. Wären diese neuronalen Verschaltungen auf dem Weg vom Thalamus zum Cortex vertauscht, würden wir Blitze hören und Donner sehen. Tatsächlich scheinen derartige Fehlverbindungen eine Ursache von Synästhesie zu sein. Synästhesie bezeichnet die Kopplung von mehreren, üblicherweise zwei unterschiedlichen Sinnessystemen und tritt bei 1 bis 4 % der Bevölkerung, häufig bei Künstlern, auf.

In V1 finden wir eine topographische Repräsentation der visuellen Information aus der Umwelt. Dabei wird das linke Gesichtsfeld beider Augen in V1 der rechten Hemisphäre abgebildet und das rechte Gesichtsfeld in der linken Hemisphäre. Reizt man das visuelle System mit einem großflächigen Stimulus in der Form eines Speichenrades (Abb. 2.1e1), so weist V1 ein neuronales Aktivierungsmuster auf (Abb. 2.1e2), das recht gut mit diesem Reiz übereinstimmt (Tootell et al. 1982). Auch wenn die Aktivierung in V1 selbstverständlich kein „Bild" des visuellen Stimulus darstellt, so kann man aus dem Aktivierungsmuster im Gehirn recht gut auf die Form, Größe und Lokalisation des dargebotenen Umweltreizes schließen. Man kann aus dem neuronalen Aktivierungsmuster regelrecht „ablesen", wie der visuelle Reiz beschaffen war und in welchen Bereichen des Gesichtsfeldes der Reiz präsentiert wurde. Man könnte dies als eine Form des Gedankenlesens betrachten (s. Abschn. 6.5). Wenn V1 infolge einer großen Läsion, z. B. nach einem Hirninfarkt, geschädigt ist, so sind bei den betroffenen Patienten interessanterweise noch Restfunktionen der visuellen Wahrnehmung nachweisbar. Die Patienten sind sich dieser Wahrnehmung jedoch nicht bewusst, und man spricht daher auch von Blindsehen *(blindsight)*. Es wird vermutet, dass bei diesen Patienten das Blindsehen über andere Hirnregionen, wie den Thalamus oder den Colliculus superior, erfolgt. Für die bewusste Wahrnehmung von Sehreizen ist aber offensichtlich ein intakter visueller Cortex erforderlich.

Nach der intracorticalen Verarbeitung der visuellen Reize in corticalen Columnen der V1 (Abb. 2.2) wird die Information in die sekundären und tertiären visuellen Cortices (V2 bzw. V3) weitergeleitet. Dabei bleibt die Trennung und parallele Weiterleitung der Information über das parvo- und magnozelluläre System erhalten. Die neuronale Verarbeitung visueller Reize endet nicht in V3, sondern setzt sich über mindestens 30 weitere corticale Areale fort (Abb. 2.1d), d. h., etwa Zweidrittel der Großhirnrinde ist an der corticalen Verarbeitung visueller Information beteiligt. Schaut man sich die Verarbeitungswege genauer an, so fällt auf, dass die neuronale Information in diesem komplexen Netzwerk nicht nur parallel verarbeitet, sondern auch durch mächtige Rückwärtsverbindungen moduliert wird (Abb. 2.1a, d). Diese Feedbackverbindungen sind stärker oder zahlreicher als die Vorwärts- (Feedforward-)Verbindungen und erlauben eine effiziente Kontrolle der neuronalen Verarbeitung von „oben" nach „unten" (Top-down-Kontrolle) (Felleman und van Essen 1991).

Nach V3 wird die visuelle Information in den Arealen V4 und V5 weiter- verarbeitet, die auch als Farbzentrum bzw. Bewegungszentrum des Gehirns bezeichnet werden (Self und Zeki 2005). Ein Ausfall von V4 nach einer Läsion führt zum Verlust der Farbwahrnehmung *(Achromatopsie)*, so als ob man bei einem Farbfernseher den Bildschirm auf schwarz-weiß stellt. Interessanterweise kommt es bei diesen Patienten auch zu einem Verlust der Farbvorstellung. Sie können sich eine Banane noch in der Form, jedoch nicht mehr in der Farbe vorstellen. Die Banane weist nur unterschiedliche Grautöne auf. Eine Läsion von V5 (auch Area MT genannt) führt zum Ver- lust der Bewegungswahrnehmung *(Akinetopsie)*. Das Sehen mag dann der Wahrnehmung bei stroboskopischem Licht in einer Diskothek ähneln. Fol- gen wir der weiteren corticalen Verarbeitung von visuellen Reizen, so fin- den wir Areale, die hochspezifisch auf ganz bestimmte Sehreize reagieren. Der inferior-temporale Cortex (IT, Area 20 und 21 nach Brodmann) enthält Nervenzellen, die selektiv auf bestimmte Gesichter oder Objekte reagieren, wie auf das Gesicht der US-amerikanischen Schauspielerin Jennifer Aniston oder auf ein Foto der Oper in Sydney (Quiroga et al. 2005). Wie wurden diese Nervenzellen entdeckt?

Epilepsien des Temporallappens sind häufig pharmakoresistent, d. h. mit den derzeit zur Verfügung stehenden Medikamenten nicht therapier- bar. In vielen Fällen kann den betroffenen Patienten jedoch geholfen werden, indem man den Entstehungsort der epileptischen Anfälle, den epileptischen Fokus, neurochirurgisch entfernt. Derartige Eingriffe in das Gehirn sind schwierig, da man keine Hirnregionen beschädigen möchte, die für das Alltagsleben des Patienten wichtig sind, wie die corticalen Sprach- areale. Daher werden diese Operationen in der Regel am wachen Patien- ten durchgeführt, und der Kopf wird in einer stereotaktischen Apparatur fixiert. Da im Gehirn keine Schmerzsinneszellen vorhanden sind, können feine Drähte für den Patienten schmerzfrei in das Gehirn eingeführt wer- den. Mit diesen Elektroden werden die elektrischen Signale (Aktions- potentiale) von einzelnen Nervenzellen registriert, um pathophysiologische Aktivitätsmuster zu erkennen und so den epileptischen Fokus möglichst präzise zu lokalisieren. An der Universität von Los Angeles entdeckte man bei derartigen neurochirurgischen Eingriffen im medialen Temporallappen von Epilepsiepatienten Nervenzellen, die nur auf ganz bestimmte visuelle Reize reagierten. Ein Neuron wies immer dann eine höhere Aktivität auf, wenn dem Patienten Bilder von Jennifer Aniston gezeigt wurden, jedoch reagierte diese Zelle nicht auf Bilder von Tieren, Gebäuden oder anderen bekannten Persönlichkeiten aus Film, Sport oder Politik (Quiroga et al. 2005). Eine andere Nervenzelle reagierte auf Fotos des markanten Operngebäudes in Sydney. Als diese Befunde in der renommierten Wissenschaftszeitschrift *Nature* publiziert wurden, berichteten Zeitungen in vielen Teilen der Welt, dass man im Gehirn die „Jennifer-Aniston-Zelle" gefunden hätte. Der Neurowissenschaftler Christoph Koch, ein Ko-Autor dieser Studie, berichtet im Video „Your Jennifer Aniston Brain Cell" über diese spannenden Befunde. Christoph Koch wird in späteren Abschnitten noch mehrmals genannt werden, da seine wissenschaftlichen Arbeiten und theoretischen Konzepte für die zentralen Themen dieses Buches sehr relevant sind.

Jennifer-Aniston-Zelle	Christoph Koch	Bindungsproblem

Diese Ergebnisse erhielten nicht nur in der Öffentlichkeit viel Aufmerksamkeit, sondern auch in den Neurowissenschaften. Seit Jahrzehnten wurde heftig diskutiert, wie Information im Gehirn verarbeitet, codiert und gespeichert wird. Geschieht das in neuronalen Netzwerken bestehend aus vielen Neuronen, die funktionell miteinander gekoppelt sind und synchron oszillieren (Hypothese der neuronalen Bindung oder auch Bindungsproblem)? Oder erfolgt die Wahrnehmung von Sinnesreizen letztendlich über hochspezifische Nervenzellen, wie es die Jennifer-Aniston-Zelle vermuten lässt. Gibt es im Gehirn ein Neuron, das immer dann reagiert, wenn wir beispielsweise unsere Großmutter sehen (Hypothese der Großmutterzelle) (Gross 2002)? Was würde passieren, wenn diese Nervenzelle im Verlaufe des natürlichen Zelltodes (Apoptose) stirbt? Können wir dann plötzlich unsere Großmutter nicht mehr erkennen? Könnte man durch gezieltes Ausschalten des Schwiegermutterneurons Familienkonflikte lösen oder sogar im Vorfeld vermeiden? Tatsächlich können nach Schädigungen im Temporallappen Defizite bei der Wahrnehmung von Gesichtern oder Objekten auftreten. Bei der *Prosopagnosie* (Gesichtsblindheit) können die betroffenen Patienten vertraute Gesichter nicht wiedererkennen (personale Prosopagnosie) oder die emotionale Komponente des Gesichtsausdrucks nicht richtig einordnen (emotionale Prosopagnosie). Bei der *Objektagnosie* bestehen Defizite bei der Wahrnehmung von bestimmten Objekten, wie einem Tisch. Diese Ergebnisse unterstützen zwar die Hypothese der Großmutterzelle, in Abschn. 3.6 werden wir jedoch sehen, dass aktuell auch andere Konzepte zur neuronalen Informationsverarbeitung diskutiert und experimentell überzeugend unterstützt werden.

Textbox: Ein Blick ins Gehirn – bildgebende und elektrophysiologische Verfahren

Bildgebende Verfahren und Methoden zur Messung der Hirnaktivität sind aus dem Klinikalltag und der Forschung nicht mehr wegzudenken (Abb. 2.4). In der Klinik sind bei Hirninfarkt, Blutgefäßdefekten, Hirnblutung oder Tumor die Bilder des geschädigten Gehirns für die Diagnose und die Auswahl der richtigen Therapie essentiell. EEG-Messungen kommen u. a. im Schlaflabor und der prächirurgischen Epilepsiediagnostik zum Einsatz. In der Forschung nutzen überwiegend Neurologen und Psychologen diese Technologien, aber mittlerweile schauen sogar aufgeschlossene Philosophen mit diesen physikalisch-chemischen Methoden neugierig in das menschliche Gehirn hinein. Es stehen unterschiedliche Verfahren zur Verfügung, die jeweils Vor- und Nachteile aufweisen und in ihrer Aussagekraft auch limitiert sind.

Bei der Röntgen-Computertomographie (Röntgen-CT) wird das Gehirn mit Röntgenstrahlen durchleuchtet. Da die Röntgenstrahlen von den Knochen, Weichteilen und von flüssigkeitsgefüllten Räumen unterschiedlich stark abgeschwächt werden, erscheint strahlendurchlässiges Gewebe auf dem Röntgenbild dunkel und strahlenundurchlässiges Gewebe hell. Beim CT rotiert ein Detektor um den Kopf des Patienten, und aus der resultierenden Röntgenstrahlung werden Schnittbilder von verschiedenen Abbildungsebenen berechnet. Diese Methode liefert ausschließlich statische Bilder und keine Informationen zur Aktivität und Funktionsweise des Gehirns.

Eine andere Methode zur Untersuchung der Hirnstruktur ist die Magnetresonanztomographie (MRT), auch Kernspintomographie genannt. Hierbei wird der Kernmagnetismus der im Gewebe vorhandenen Wasserstoffatome gemessen. Kürzlich wurde an einem post mortem fixierten menschlichen Gehirn mit einer Messung von über 100 h eine räumliche Auflösung von 0,1 mm erreicht (Edlow et al. 2019). Eine technische Variante der MRT stellt die Methode der Diffusions-Tensor-Bildgebung (*diffusion tensor imaging*, DTI) dar. Bei der DTI werden mittels MRT Diffusionsbewegungen von Wassermolekülen gemessen. Diese Methode eignet sich im Gehirn besonders zur dreidimensionalen Darstellung des Verlaufs von Nervenfaserbündeln (s. Umschlagbild dieses Buches).

Mit der Positronen-Emissions-Tomographie (PET) werden Stoffwechselvorgänge im Gehirn beobachtet. Dazu wird ein schwach radioaktiv markierter, biologischer Indikator mit sehr kurzer Halbwertszeit, also kurzer Strahlendauer, in den Körper injiziert. Zellen nehmen in Abhängigkeit von ihrem Stoffwechsel diesen radioaktiven Indikator auf. Bei Nervenzellen korreliert die Menge des aufgenommenen Indikators mit ihrer Aktivität. Die Emission der Strahlung wird mit um den Kopf platzierten Detektoren gemessen und nach computer-unterstützter Analyse dreidimensional dargestellt. Dabei weisen Hirnregionen mit viel Aktivität und folglich hohem Stoffwechsel eine erhöhte Strahlung auf. Nachteil des PETs ist die Belastung durch den radioaktiven Indikator, und dass die räumliche Auflösung schlechter als die des MRTs ist. Ein der PET vergleich-bares bildgebendes Verfahren ist die Nahinfrarotspektroskopie (NIRS), bei der ebenfalls Änderungen im lokalen Stoffwechsel bzw. im Sauerstoffgehalt des Blutes über photosensitive Detektoren gemessen werden (Prinzip der neuro-vaskulären Kopplung). Die NIRS-Detektoren messen lokale Signale der Hirn-aktivität durch die Schädeldicke hindurch, d. h., ähnlich wie beim EEG können bei der NIRS überwiegend nur corticale Veränderungen registriert werden. Der große Vorteil ist jedoch, dass im Gegensatz zur PET keine radioaktiven Indikatoren erforderlich sind.

Neben diesen bildgebenden Verfahren, stehen eine Reihe von Methoden zur Verfügung, um funktionell die Hirnaktivität zu messen. Dazu zählt die funktionelle Magnetresonanztomographie (fMRT), die eine funktionelle drei-dimensionale Untersuchung des gesamten Gehirns mit einer relativen guten räumlichen Auflösung von etwa 1 mm^3 erlaubt, um beispielsweise Hirnbereiche zu identifizieren, die bei der Durchführung einer bestimmten Aufgabe aktiv sind. Mit der Elektroenzephalographie (EEG) wird überwiegend die Aktivität der Großhirnrinde gemessen. Bis zu 256 EEG-Messelektroden werden auf die Kopfhaut geklebt, was insbesondere die Registrierung von synchronen Aktivi-tätsmustern ermöglicht. Die EEG ist kostengünstig und die Messungen sind ein-fach durchzuführen. Zwar ist die zeitliche Auflösung sehr gut (im Bereich von Millisekunden), aber die räumliche Auflösung ist unbefriedigend, da sich zwi-schen den Messelektroden und den Signalgeneratoren im cerebralen Cortex der Schädel befindet.

Mit der Magnetencephalographie (MEG) steht eine weitere Methode zur Registrierung von Hirnaktivität zur Verfügung. Dabei werden mit hoch-empfindlichen Sensoren außerhalb des Kopfes die schwachen Magnetfelder gemessen, die bei elektrischer Aktivität entstehen. Wie beim EEG, so wird auch beim MEG überwiegend die Aktivität der Großhirnrinde registriert. Die entstehenden Magnetfelder sind dabei so klein, dass die MEG-Messungen nur in elektrisch und magnetisch abgeschirmten Räumen durchgeführt wer-den können. Beim Elektrocorticogramm (ECoG) werden die Messelektroden nach lokalen Entfernen des Schädelknochens direkt auf die Hirnoberfläche gesetzt. Damit verbessert sich die räumliche Auflösung, und die registrierten Signale sind wesentlich größer als beim EEG. Das ECoG kommt nur bei Patien-ten mit entsprechender medizinischer Indikation zur Anwendung, z. B. bei Epilepsie- oder Hirntumorpatienten, um den epileptischen Fokus bzw. den Tumor möglichst genau zu lokalisieren. Bei diesen Patientengruppen, aber auch bei Parkinson-Patienten, werden gelegentlich zur weiteren Diagnos-tik intracranielle Ableitungen mit Tiefenelektroden durchgeführt. Derartige Ableitungen erlauben Registrierungen von lokalen Feldpotentialen mit guter räumlicher Auflösung und sogar Messungen von Aktionspotentialen einzelner

Nervenzellen in tiefen Hirnregionen. Zudem können die dünnen Elektroden auch als Reizelektroden zur elektrischen Stimulation von kleinen Neuronenverbänden benutzt werden. Die transkraniale Magnetstimulation (TMS) ermöglicht eine nichtinvasive, aber ungenauere Stimulation lokaler Hirnregionen von außen.

Die oben genannten Verfahren kommen in der klinischen Forschung und Diagnostik am Menschen zur Anwendung. Darüber hinaus stehen Methoden zur Verfügung, die im Rahmen von tierexperimentellen Studien Messungen mit sehr hoher räumlicher und zeitlicher Auflösung erlauben. Intrazelluläre und Patch-Clamp-Ableitungen sind elektrophysiologische Verfahren, mit denen Ströme oder Spannungen auf zellulärer und subzellulärer Ebene mit höchster zeitlicher Präzision gemessen werden können, z. B. synaptische Interaktionen und spannungsgesteuerte Kanäle. Mit fluoreszenzmikroskopischen Verfahren werden die intrazellulären Konzentrationen von Ionen, üblicherweise Calcium (Ca^{2+}), in der gesamten Zelle oder in kleinen Zellkompartimenten gemessen (Ca^{2+}-Imaging). Mit dieser Methode konnte kürzlich die Aktivität von mehr als 10.000 Neuronen im visuellen Cortex der Maus gleichzeitig gemessen werden (Stringer et al. 2019).

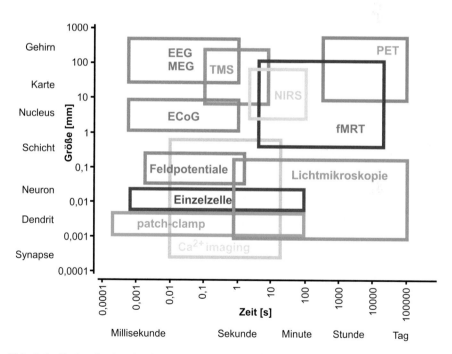

Abb. 2.4 Technologien in den Neurowissenschaften und deren räumliche und zeitliche Auflösung (Adaptiert nach Sejnowski et al. 2014; mit freundlicher Genehmigung von © Springer Nature 2019)

Es besteht kein Zweifel, dass diese Methoden für die klinische Diagnostik und die Forschung von höchster Relevanz sind. Wie bei allen Technologien ist aber auch hier eine gewisse Vorsicht geboten. 2009 sorgte eine fMRT-Studie an einem Atlantik-Lachs für Aufregung, die in den USA an der University of California in Santa Barbara und am Dartmouth College durchgeführt wurde. Craig M. Bennett und Kollegen konnten zeigen, dass der Lachs an den Photographien von Menschen in unterschiedlichen Situationen menschliche Emotionen erkennen konnte. Das war schon überaus überraschend. Hinzu kam aber noch, dass der Lachs bei den Messungen bereits tot war und von den Forschern zuvor im tiefgefrorenen Zustand in einem Supermarkt gekauft wurde. Die Wissenschaftler wollten mit ihrem provozierenden Beitrag zeigen, dass mit den gängigen Methoden der MRT-Forschung Fehler entstehen können, wenn die Rohdaten nicht sorgfältig mit geeigneten statistischen Verfahren untersucht und ggf. korrigiert werden. Diese Studie wurde 2009 nur als Poster während der Human Brain Mapping Conference in San Francisco präsentiert und bis heute nicht nach Begutachtung durch mindestens zwei Wissenschaftler als vollständige Arbeit in einer Fachzeitschrift publiziert; vermutlich aufgrund der geringen Stichprobenanzahl von eins. Bennett und Kollegen konnten jedoch ihre Bedenken zu den Analysemethoden von Daten bildgebender Verfahren in einer geeigneten Wissenschaftszeitschrift veröffentlichen (Bennett et al. 2009).

2.6 Der Schmerzsinn – ein besonderes Sinnessystem

Die biologische Funktion von Schmerz ist offensichtlich. Schmerz schützt unseren Körper vor unmittelbaren oder wiederholten Verletzungen und Schädigungen. Die Sinneszellen der zuvor dargestellten Sinnessysteme sind dadurch gekennzeichnet, dass sie recht spezifisch auf einen bestimmten chemischen oder physikalischen Reiz reagieren. Die Photosensoren in der Retina reagieren auf Licht, genauer auf elektromagnetische Wellen von etwa 380 bis 750 nm. Die Tastsensoren in der Haut reagieren auf mechanische Reize, wie Druck, Berührung oder Vibration. Die Mechanosensoren des Innenohrs reagieren auf Scherkräfte, die in Form von Schallwellen (auditorisches System) oder Beschleunigungsreizen (vestibuläres System) auf die Haarzellen einwirken. Chemosensoren des Geruchs- oder Geschmackssinns reagieren auf bestimmte Moleküle in der Luft oder der Nahrung.

Die Nozizeptoren hingegen sind Alleskönner, sie können auf chemische und physikalische Reize reagieren. Sie sind dazu in der Lage, weil sich in der Membran dieser Schmerzsinneszellen Kanäle befinden, die auf Hitze-, Kälte-, Druckreize und auf chemische Reize reagieren (Basbaum et al. 2009). Die Zellen reagieren also auf unterschiedliche Modalitäten und werden daher auch als polymodal bezeichnet. Da die Anzahl dieser Kanäle bei den Nozizeptoren jedoch geringer ist als bei den Sinneszellen der anderen Sinnessysteme, sind für die Wahrnehmung von Schmerz relativ starke Reize erforderlich. Es tut weh, wenn unsere Hand auf der heißen Herdplatte liegt oder wir uns mit dem Hammer auf den Daumen schlagen. Der Schmerzsinn meldet uns, dass Reize auf unseren Körper eintreffen, die eine Gewebeschädigung verursachen könnten. Daher sollten wir diese Reize besser vermeiden. Im Gegensatz zu allen anderen Sinnessystemen kann der Schmerzsinn sogar aktiv sein, wenn der schädigende Reiz gar nicht mehr auf die Nozizeptoren einwirkt. Nach einem starken Sonnenbrand tut uns die betroffene Körperregion noch Tage nach dem übertriebenen Sonnenbad weh, sogar ohne Einwirkung eines Reizes. Eine leichte Berührung der verbrannten Schulter oder ein erneuter Hitzereiz löst dann einen noch stärkeren Schmerz aus.

Die neuronale Verarbeitung von Schmerzreizen erfolgt ähnlich wie die Verarbeitung von anderen sensorischen Reizen, beispielsweise im visuellen oder auditorischen System, jedoch wird die Information von den Nozizeptoren im Rückenmark über eine zusätzliche Synapse umgeschaltet. Eine ähnliche Verschaltung finden wir bei allen somatosensorischen Systemen, wie auch der Mechanozeption oder der Propriozeption. Vom Rückenmark gelangt dann der Schmerzreiz in den Thalamus und von dort in den somatosensorischen und limbischen Cortex, wo der Schmerzreiz bewusst wahrgenommen wird (Groh et al. 2017). Die Wahrnehmung von Schmerz ist überaus subjektiv und zeigt große interindividuelle Unterschiede, deren Ursachen noch ungeklärt sind.

Schmerzen können auch über längere Zeiträume oder sogar dauerhaft auftreten, z. B. infolge von Entzündungen. Schwer zu therapierende Schmerzsyndrome oder chronischer Schmerz stellen ein großes medizinisches und gesellschaftliches Problem dar. Etwa 19 % der europäischen Bevölkerung leidet darunter (Breivik et al. 2006). Der Schmerzsinn unterscheidet sich noch in weiterer Hinsicht von den anderen Sinnessystemen. Die corticale Repräsentation und Wahrnehmung des Schmerzreizes stimmt nämlich nicht immer mit dem tatsächlichen Ort des Schmerzes überein. Beispielsweise kommt es in der Akutphase eines Herzinfarkts häufig zu Schmerzen im linken Arm oder im Oberbauch. Diese Wahrnehmung wird als übertragener oder projizierter Schmerz bezeichnet. Ein anderes Phänomen ist der Phantomschmerz. Phantomschmerzen können bei Patienten auftreten, die eine Gliedmaße durch einen Unfall oder seltener nach chirurgischer Amputation verloren haben. In der Mehrzahl der Fälle treten diese Wahrnehmungsstörungen nach Verlusten der Hand, des Fußes oder eines Arms oder Beins auf. Die Ursachen von Phantomschmerzen sind nicht vollständig geklärt. Bei vielen Patienten konnten mit bildgebenden Verfahren Veränderungen in der corticalen Repräsentation, dem somatosensorischen Homunculus, beobachtet werden. Die Repräsentationen der fehlenden Extremität waren vergrößert oder breiteten sich in die Repräsentationen anderer Körperregionen aus. Diese Neukartierungen stellen eine pathophysiologische Form von synaptischer Plastizität dar, und man spricht daher auch von einer maladaptiven Plastizität (Flor und Andoh 2017). Die molekularen und zellulären Mechanismen von synaptischer Plastizität werden im Abschn. 3.3 näher dargestellt.

Kommen wir nun zur Frage, wie unser Gehirn auf mikroskopischer Ebene aufgebaut ist.

2.7   Aufbau und Funktion des Gehirns: Mikroskopie

Die elementare strukturelle und funktionelle Einheit des Gehirns ist die Nervenzelle, auch Neuron genannt. Nervenzellen unterscheiden sich voneinander in ihrer Struktur und tragen entweder die Namen ihrer Entdecker (z. B. Purkinje-, Golgi- oder Renshaw-Zelle) oder erinnern in ihrer Form an bestimmte Objekte (z. B. Korb-, Kandelaber- oder Pyramidenzelle). Für einige dieser Nervenzelltypen ist die Funktion im Gehirn recht gut bekannt. Grundsätzlich unterscheidet sich ein Neuronentyp im Gehirn des Menschen strukturell und funktionell nicht wesentlich vom gleichen Zelltyp im Gehirn einer Maus. Die Evolution ist konservativ. Jedoch zeigen neuere Studien, dass Nervenzellen im menschlichen Gehirn auch einige Besonderheiten aufweisen (Eyal et al. 2016; Boldog et al. 2018).

Jedes Neuron besteht aus drei Elementen (Abb. 2.5): dem Zellkörper (*Soma,* griech. Körper), den Dendriten (*Dendron,* griech. Baum) und dem Axon (griech. Achse). Das Soma einer Nervenzelle kann rund, oval oder auch eher dreieckig sein und hat üblicherweise einen Durchmesser von 15 bis 50 μm (1 μm entspricht ein Tausendstel Millimeter). Im Soma befinden sich unterschiedliche Zellorganellen, die u. a. eine wichtige Funktion bei

der Energieversorgung, Speicherung der genetischen Information, dem
Aufbau von Proteinen aus Aminosäuren und deren Transport innerhalb
der Zelle haben. Vom Soma gehen mehrere Dendriten ab, die sich stark
verzweigen können und den sogenannten Dendritenbaum bilden. Dendriten sind in der Regel wenige Hundert Mikrometer lang. Sie dienen als
„Antennen" und empfangen Signale von einigen Tausend anderen Nervenzellen. Vom Zellkörper eines Neurons geht ein einziges Axon ab, das sich
jedoch in viele Verästelungen, sogenannte Axonkollaterale, verzweigen
kann. Über diese divergente Verschaltung kann eine Nervenzelle mehr als
10.000 andere Neuronen erreichen. Während die Dendriten die zellulären
„Antennen" bilden, stellt das Axon gewissermaßen die „Telefonleitung" zur
raschen Weitergabe der Information an andere Nervenzellen dar. Das Axon
kann beim Menschen eine Länge von etwa einem halben Meter erreichen,
wie die Axone von Pyramidenzellen im motorischen Cortex, die bis in das

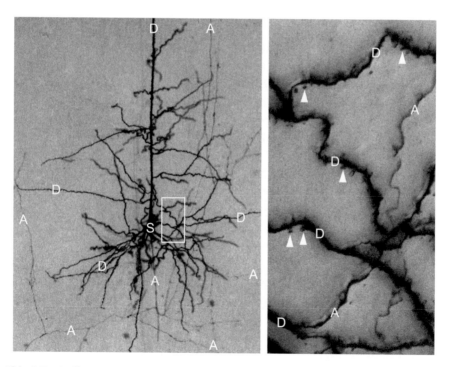

Abb. 2.5 Aufbau eines Neurons. Dargestellt ist eine Pyramidenzelle aus dem cerebralen Cortex einer Ratte, die vom Autor mit einem Farbstoff (Biocytin) intrazellulär
gefüllt wurde. Markiert sind das Soma (S), einige Dendriten (D) und das Axon (A) mit
einigen seiner Verzweigungen. Die rechte Abbildung zeigt eine Ausschnittvergröße-
rung (weißes Rechteck) und neben den Dendriten (D) und Axonkollateralen (A) sind
einige der dendritischen Dornenfortsätze *(spines)* markiert (weiße Dreiecke)

Rückenmark der unteren Wirbelsäule reichen. Über diese Verbindungen ist eine zuverlässige und schnelle Weitergabe der Information über große Distanzen gewährleistet. Axone leiten das Aktionspotential mit Geschwindigkeiten von etwa 1 bis 80 m pro Sekunde weiter, also 3,6 bis fast 300 km pro Stunde. Schnelle Leitungsgeschwindigkeiten werden in Nervenfasern erreicht, die mit einer Myelinhülle umwickelt sind. Diese von Gliazellen gebildete Myelinhülle isoliert das Axon, vergleichbar mit der Umhüllung eines elektrischen Kabels mit Gummi. In regelmäßigen Abständen, an den Ranvier-Schnürringen, ist diese Myelinisolation unterbrochen, und das Aktionspotential kann sich sprunghaft am Axon ausbreiten (saltatorische Erregungsfortleitung). Geht diese Myelinisolation verloren, wie es z. B. bei der neurodegenerativen Erkrankung Multiple Sklerose der Fall ist, können die betroffenen Axone die Aktionspotentiale nicht mehr ausreichend schnell und nur fehlerhaft fortleiten, und es kommt zu Empfindungs- und Bewegungsstörungen.

Nah am Soma weist das Axon eine funktionelle Besonderheit auf, die als Axonhügel oder auch Axoninitialsegment bezeichnet wird. Hier entsteht das Aktionspotential. Das Aktionspotential stellt die elektrische Grundlage der neuronalen Verarbeitung im Gehirn dar (Abb. 2.6a). Das Aktionspotential hat eine Amplitude von etwa einem Zehntel Volt (100 Millivolt, mV) und eine Dauer von etwa einer Tausendstel Sekunde (1 Millisekunde, ms). Da eine Nervenzelle im nichterregten Zustand ein Ruhemembranpotential von etwa -70 mV aufweist, erreicht die Membran für sehr kurze Zeit sogar Spannungswerte im positiven Bereich über 0 mV. Nach einem Aktionspotential ist für eine weitere Millisekunde kein erneutes Aktionspotential auslösbar, das Neuron befindet sich dann in der Refraktärphase. Die Taktfrequenz der neuronalen Prozessoren in unserem Gehirn liegt folglich maximal bei nur etwa 500 Hz, also 500 Aktionspotentialen pro Sekunde. Die meisten Nervenzellen sind jedoch deutlich langsamer und schaffen nicht einmal 100 Hz. Im Vergleich dazu ist die Taktfrequenz eines Prozessors in einem handelsüblichen Smartphone mit 2,3 Gigahertz 4,6 Mio. mal schneller als ein Neuron. Die Überlegenheit des Gehirns im Vergleich zum Computer kann also nicht in seiner recht beschaulichen Taktfrequenz liegen. Das Geheimnis der beeindruckenden Leistungsfähigkeiten des Gehirns liegt in den Verbindungen zwischen den Neuronen, in den Synapsen! Die Synapse bildet den Kontakt zur nächsten Nervenzelle (Abb. 2.6b). Da im menschlichen Gehirn jede der etwa 86 Mrd. Nervenzellen (Herculano-Houzel 2012) über Axonkollaterale im Durschnitt mit etwa 10.000 anderen Neuronen synaptisch in Verbindung steht, existieren im Gehirn fast 1 Brd. (10^{15}, eine 1 mit 15 Nullen) Synapsen. Jedoch werden nicht alle dieser Synapsen

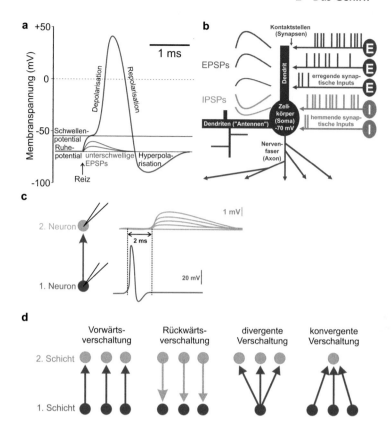

Abb. 2.6 Funktionsweise eines Neurons und eines kleinen neuronalen Netzwerks. **a** Schematische Darstellung der unterschiedlichen Phasen eines Aktionspotentials, das mit einer Elektrode intrazellulär gemessen wurde. Das Ruhemembranpotential liegt beispielhaft bei -70 mV. Durch gleichzeitiges Eintreffen mehrerer unterschwelliger EPSPs wird der Schwellenwert von etwa -55 mV erreicht, bei dem sich spannungsabhängige Natrium (Na$^+$-)Kanäle öffnen. Durch den Einstrom von Na$^+$-Ionen in die Zelle depolarisiert die Membran kurzfristig auf positive Werte. Durch diese Membrandepolarisation werden spannungsabhängige Kalium (K$^+$-)Kanäle geöffnet, die durch den Ausstrom von K$^+$-Ionen eine Repolarisation und Hyperpolarisation der Membran verursachen. Wenn alle spannungsabhängigen Kanäle wieder geschlossen sind, stellt sich das Ruhemembranpotential wieder ein. **b** Eine Vielzahl von erregenden Eingängen von exzitatorischen Neuronen (E, rot) und hemmenden Eingängen von inhibitorischen Neuronen (I, grün) generieren über chemische Synapsen in der postsynaptischen Zielzelle depolarisierende EPSPs bzw. hyperpolarsierende IPSPs. Vertikale Linien bei den erregenden und hemmenden synaptischen Engängen symbolisieren Aktionspotentiale. **c** Ein exzitatorisches Neuron (1) projiziert über eine chemische Sysnapse auf ein Zielneuron (2). Ein Aktionspotential in Neuron 1 löst in Neuron 2 EPSPs mit unterschiedlicher Amplitude aus. Die Unterschiede in den Amplituden der EPSPs und des Aktionspotentials sind durch die jeweiligen Skalierungen (1 bzw. 20 mV) dargestellt. **d** Prinzipen neuronaler Verschaltung: Vorwärts- *(feedforward, bottom-up)*, Rückwärts- *(feedback, top-down)*, divergente und konvergente Verschaltung

genutzt. Eine große Anzahl von Synapsen ist nicht aktiv („schlafende Synapsen") und wird nur bei Bedarf und unter bestimmten Bedingungen „geweckt". Dazu mehr in Abschn. 3.3.

Synaptische Transmission

Die Synapse wandelt den elektrischen Reiz, das Aktionspotential, in ein chemisches Signal um, das in der Zielzelle wiederum ein elektrisches Signal (postsynaptisches Potential) auslöst. Dieser Prozess, der synaptische Transmission genannt wird, geschieht folgendermaßen: An der Präsynapse wird durch das Aktionspotential ein chemischer Botenstoff, der Neurotransmitter, freigesetzt. Erregende Nervenzellen erzeugen einen exzitatorischen Transmitter, häufig Glutamat. Hemmende Neurone setzen einen inhibitorischen Transmitter, häufig Gamma-Aminobuttersäure (GABA), frei. Nach der Freisetzung des Neurotransmitters in den synaptischen Spalt diffundieren die Transmittermoleküle über den etwa 20 nm (1 nm entspricht einem Millionstel Millimeter) breiten synaptischen Spalt zur Postsynapse und docken dort nach dem Schlüssel-Schloss-Prinzip an Rezeptoren an. Glutamat dockt ausschließlich an Glutamat-Rezeptoren und GABA ausschließlich an GABA-Rezeptoren an. Mit dem Andocken des Neurotransmitters an seinen Rezeptor öffnet sich in der postsynaptischen Membran ein Kanal, der für bestimmte Ionen durchlässig ist. Bei Aktivierung des Glutamat-Rezeptors kommt es zum Einstrom von positiv geladenen Teilchen (Natrium- und Calcium-Ionen) in die Zelle, und es entsteht ein exzitatorisches postsynaptisches Potential (EPSP). Bei Aktivierung des GABA-Rezeptors kommt es zum Einstrom von negativ geladenen Teilchen (Chlorid-Ionen) oder zum Ausstrom von positiv geladenen Teilchen (Kalium-Ionen), und es entsteht ein inhibitorisches postsynaptisches Potential (IPSP). Während ein Aktionspotential nur etwa eine Millisekunde dauert und 100 mV groß ist, sind postsynaptische Potentiale wenige Millisekunden bis zu einer Sekunde lang und nur wenige Millivolt groß (Abb. 2.6c). Ein einzelnes EPSP von etwa 1 mV Amplitude kann daher kein Aktionspotential auslösen, sondern es müssen mehrere EPSPs nahezu gleichzeitig auf das Zielneuron eintreffen. Diese aufsummierten EPSPs können wiederum durch IPSPs abgeschwächt werden. Im Zielneuron entsteht also nur dann ein Aktionspotential, wenn nach Summation der zeitgleich eintreffenden EPSPs und IPSPs der Schwellenwert von etwa -55 mV erreicht wird (Abb. 2.6a). Der aktuelle Funktionszustand eines Neurons wird also im Wesentlichen durch die Anzahl der momentan aktiven synaptischen Eingänge bestimmt. Im Gehirn besteht normalerweise ein gut austariertes Gleichgewicht zwischen synaptischer Erregung und Hemmung. Bei Störungen dieses Gleichgewichts können neurologische oder psychiatrische Erkrankungen auftreten, die im besten Fall medikamentös behandelbar sind. Dabei wirken die Medikamente häufig auf die Rezeptoren in der Synapse.

Zwei miteinander über eine Synapse kommunizierende Nervenzellen funktionieren also wie ein Digital-Analog-Digital-Wandler. Das digitale Signal ist das Aktionspotential, das stets die gleiche Amplitude aufweist, aber die Frequenz von aufeinanderfolgenden Aktionspotentialen ist in einem Neuron variabel von unter 1 bis maximal 500 Hz. Das analoge Signal ist die synaptische Übertragung mittels Neurotransmitter, das eine unterschiedliche Dauer, Amplitude und Polarität (erregend oder hemmend) aufweisen kann. Schließlich wird dieses analoge Signal am nachgeschalteten zweiten Neuron wieder in ein digitales Signal, ein Aktionspotential, transformiert, sofern eine gewisse Reizschwelle an der Zellmembran überschritten wird. Es gibt bis heute keine elektronischen Bauelemente, die derart chemisch-elektrisch funktionieren. In zwei weiteren Eigenschaften unterscheiden sich Nervenzellen von Elektrobauteilen. Nervenzellen und neuronale Netzwerke weisen eine außergewöhnliche Dynamik und Plastizität auf. Es gibt noch einen weiteren großen Unterschied zwischen Gehirnen und Computern. Gehirne kann man hinsichtlich ihres Energieverbrauchs zur *Green Economy* zählen, denn sie arbeiten außerordentlich energieeffizient. Ein menschliches Gehirn benötigt etwa 20 W an Energie. Bei einem heutigen Strompreisniveau von 15 Cent pro Kilowattstunde (kWh) belaufen sich die Betriebskosten für den Energieverbrauch eines menschlichen Gehirns bei einer Lebenszeit von 80 Jahren auf etwa 2050 EUR. Die entsprechenden Energiekosten für einen Kühlschrank der Klasse A+++ liegen bei 4800 EUR, und Ihr Kühlschrank kann nicht mal Geschichten erzählen. Der Nachbau eines (menschlichen) Gehirns mit den heute zur Verfügung stehenden elektronischen Bauteilen ist zum jetzigen Zeitpunkt dem Bereich Science-Fiction zuzuordnen.

Die Information wird von einem Neuron zum nächsten Neuron über unterschiedliche Wege weitergeleitet (Abb. 2.6d). Bei der Vorwärtsverschaltung *(feedforward, bottom-up)* wird die neuronale Information sequentiell an das nächste Neuron oder die nächste Schicht weitergeleitet. Über Rückwärtsverschaltungen *(feedback, top-down)* geht die Information nach der Verarbeitung in der zweiten Schicht wieder zurück an die erste Schicht. Bei der divergenten Verschaltung erreicht ein Neuron über seine axonalen Verzweigungen viele Zielstrukturen. Bis zu 10.000 nachgeschalteter Nervenzellen können so von einem Neuron die Information erhalten. Bei der konvergenten Verschaltung projizieren viele (ebenfalls bis zu 10.000) Nervenzellen auf ein Zielneuron. Wenn hohe Divergenz und Konvergenz in einem Neuron oder einer Hirnregion vereinigt sind, liegt eine *hub*-Station (*hub* englisch, Knotenpunkt) mit vielen Ein- und Ausgängen vor (s. Abschn. 3.2).

2.8   Das Gehirn – ein ganz gewöhnliches Organ unseres Körpers?

In den vorangegangenen Abschnitten wurde dargestellt, wie Signale aus der Umwelt im Gehirn verarbeitet und schließlich bewusst wahrgenommen werden. Im Mittelpunkt dieses Abschnitts steht die Frage, ob wir unser Gehirn als ein einzigartiges Organ mit ganz besonderen Eigenschaften oder „nur" als ein ganz gewöhnliches Organ unseres Körpers betrachten sollten. Wie alle Körperorgane so besteht auch das Gehirn zu etwa 85 % aus Wasser. Die verbleibenden 15 % sind überwiegend Proteine und Fette. Recht hoch ist der Sauerstoffbedarf unseres Gehirns. Obwohl das Gehirn nur etwa 2 % des Körpergewichts ausmacht, benötigt es etwa 20 % des im Blut zirkulierenden Sauerstoffs, um seine Funktion aufrechtzuerhalten. Daher kommt es beim Verschluss eines Blutgefäßes, wie beim Hirninfarkt, innerhalb weniger Minuten zum Absterben von Nervenzellen. Gibt es im Vergleich zu den anderen Körperorganen noch weitere Unterschiede in den Eigenschaften des Gehirns?

Der niederländische Arzt und Physiologe Jakob Moleschott (1822–1893) vertrat die Meinung, dass das Gehirn neuronale Aktivität und Gedanken erzeugt, wie die Niere Urin produziert. Für Moleschott, wie auch für heutige Vertreter des wissenschaftlichen Materialismus, unterscheidet sich das Gehirn nicht wesentlich von anderen Organen des Körpers. So wie in der Niere physiologisch Urin entsteht, so produziert das Gehirn den Geist oder das Bewusstsein. Demnach ist Bewusstsein ein ganz normaler physiologischer Zustand oder Prozess. Sie werden später lesen, dass einiges für diese Sichtweise spricht.

Man mag die Einzigartigkeit des Gehirns mit dem Argument untermauern, dass wir ohne größere Einbußen zwar auf eine unserer beiden Nieren verzichten können, aber keinesfalls auf unser Gehirn. Jedoch besitzen wir noch andere Organe, die ebenfalls einzigartig und für unser Leben essentiell sind, z. B. das Herz. Auch in der Generierung und Nutzung elektrischer Signale ist das Gehirn keineswegs einzigartig. Ein Leben lang kontrahiert sich das Herz, um Sauerstoff-gesättigtes Blut durch den Körper zu pumpen. Erzeugt wird diese Eigenrhythmik durch elektrische Schrittmacherzellen im Sinusknoten, die mit ihrer spontanen elektrischen Aktivität den Herzmuskel aktivieren und zur Kontraktion bringen. Ganz ähnlich wie die Schrittmacherzellen im Thalamus, die im Tiefschlaf den langsamen Hirnrhythmus generieren (s. Abschn. 3.5). Auch die Bewegungen in unserem Darm beruhen auf elektrische Aktivitätsmuster.

Aus medizinischer und naturwissenschaftlicher Sicht sollte das Gehirn als ein ganz gewöhnliches Organ unseres Körpers betrachtet werden (Abb. 2.7). Wie bereits zuvor dargestellt, steht das Gehirn mit allen anderen Organen in gegenseitiger Wechselwirkung. Diese Interaktionen gewährleisten die

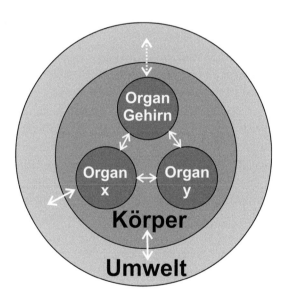

Abb. 2.7 Das Gehirn ist wie jedes andere Organ ein Teil des Körpers. Es interagiert mit anderen Organen oder ist sogar von ihnen abhängig, z. B. Lunge und Herz gewährleisten Versorgung des Gehirns mit Sauerstoff. Wie andere Organe (z. B. die Haut) so nimmt das Gehirn direkt (über das Auge) oder über Sinnesorgane (z. B. Ohr, Nase) Informationen aus der Umwelt auf. Über die Motorik und die Muskeln kann das Gehirn wiederum auf die Umwelt Einfluss nehmen. Das Gehirn steht als Teil des Körpers in einem ständigen Wechselspiel mit der Umwelt, dazu zählen soziale Interaktionen (z. B. durch Sprache). Bewusstsein entsteht durch dieses Wechselspiel mit anderen Organen und mit der Umwelt und wird durch diese Faktoren vielfältig beeinflusst

physiologische Aufrechterhaltung lebenswichtiger Funktionen. Der Körper bzw. das Individuum interagiert wiederum mit der Umwelt. Einige Organe, wie die Haut (Organ x in Abb. 2.7), stehen ebenfalls in direkter Wechselwirkung mit der Umwelt. Eine zu starke UV-Strahlung führt zu einer langwierigen Rötung der Haut. Kurzzeitige Hautrötungen, z. B. im Gesicht, werden durch eine plötzliche Stresssituation ausgelöst, wobei hier das Gehirn eine zentrale Rolle bei der Regulation dieser und anderer Körperreaktionen auf Stress spielt. Die Lunge ist ein weiteres Organ, das in direkter Wechselwirkung mit der Umwelt steht. Wir atmen mit der Luft Sauerstoff ein und geben beim Ausatmen vermehrt Kohlendioxyd an die Umwelt ab. Andere Organe, wie das Herz, stehen nicht in direkter Wechselwirkung mit der Umwelt (Organ y in Abb. 2.7). Das Herz wird in seiner Funktion jedoch durch körperinnere Signale (z. B. Hormone) reguliert, die wiederum von anderen Organen stammen.

Das Gehirn steht nur über das Auge in direktem Kontakt mit der Umwelt. Die Netzhaut (Retina) ist embryologisch betrachtet eine Ausstülpung des Gehirns, und die retinalen Photorezeptoren (Stäbchen und Zapfen) werden anatomisch daher auch als Nervenzellen bezeichnet. Alle anderen Sinneszellen sind nichtneuronalen Ursprungs und daher nicht Bestandteil des Gehirns. Hier erfolgt die Aufnahme von Reizen aus der Umwelt über spezialisierte Sinneszellen, die über unterschiedliche Nervenbahnen die Information an das Gehirn weiterleiten. Umgekehrt kann das Gehirn üblicherweise auch nicht direkt auf die Umwelt einwirken, sondern nur indirekt z. B. über die Aktivierung von Muskeln, die dann eine Bewegung auslösen. In Abb. 2.7 ist für die Interaktion des Gehirns mit der Umwelt ein gestrichelter Pfeil dargestellt. Der Grund hierfür ist die medizinische Nutzung technischer Hilfsmittel, die eine wechselseitige Interaktion des Gehirns mit der Umwelt erlauben. Bei der transkraniellen Magnetstimulation (TMS) wird kurzeitig und lokal über eine Spule ein sehr starkes Magnetfeld über dem Schädel erzeugt. Dieses Magnetfeld induziert im darunterliegenden Gehirn ein elektrisches Feld, das örtlich begrenzt eine Aktivierung der Nervenzellen auslöst. Wird beispielsweise die Repräsentation der rechten Hand im motorischen Cortex der linken Hirnhälfte mittels TMS aktiviert (Abb. 2.1c), so löst dies eine Bewegung der rechten Hand aus. Das Kommando für die Handbewegung wird in diesem Fall von außen kontrolliert appliziert. Das Gehirn ist dann gewissermaßen nur das ausführende Organ. Auch die entgegengesetzte Wechselwirkung des Gehirns mit der Umwelt ist mit Hilfe neuer Technologien möglich. Bei einem Brain-Computer-Interface (BCI, s. auch Video der Max-Planck-Gesellschaft) wird die mit EEG-Elektroden registrierte corticale Aktivität zur weiteren Verarbeitung an einen Computer geleitet. Wird beispielsweise bei einer Person die EEG-Elektrode über die Repräsentation der rechten Hand im linken motorischen Cortex platziert und diese Person stellt sich vor, ihre rechte Hand zu bewegen (ohne diese Bewegung auszuführen), so tritt im EEG eine Änderung der elektrischen Aktivität auf. Diese EEG-Aktivität wird durch den Computer verarbeitet und in ein elektrisches Signal umgewandelt, das beispielsweise zur Steuerung eines Cursors auf einem Computerbildschirm beim *Brain-Pingpong* genutzt wird. Wenn zur Verbesserung des Signal-Rausch-Verhältnisses statt der EEG-Elektroden intracorticale Tiefenelektroden verwendet werden, können „mit der Kraft der Gedanken" sogar Bewegungen eines Roboterarms präzise gesteuert werden (Spektrum.de vom 12.02.2016). Diese faszinierenden Studien sind klinisch von großer Bedeutung, da man mit diesen Technologien Patienten im Wachkoma oder im Locked-in-Zustand die Möglichkeit gibt, mit der Umwelt zu kommunizieren. Dieses Thema wird im Abschn. 4.3 noch relevant werden.

Brain-Computer-Interface

Kraft der Gedanken

Kommen wir zurück zu der Frage, ob das Gehirn im Vergleich zu den anderen Organen unseres Körpers irgendwelche besonderen Eigenschaften und Fähigkeiten aufweist. Ohne jeden Zweifel benötigen wir unser Gehirn, um etwas Neues zu lernen und ggf. im Gedächtnis zu speichern. Aber ist nur das Nervensystem in der Lage, zu lernen und neue Gedächtnisinhalte zu speichern? Diese Frage muss verneint werden, denn auch das Immunsystem lernt, auf neue Krankheitserreger zu reagieren und diese abzuwehren (erworbene Immunabwehr). Zudem weist auch das Immunsystem ein Gedächtnis auf (das immunologische Gedächtnis). Beim ersten Kontakt mit einem Krankheitserreger erlernen und speichern langlebige Gedächtniszellen (bestimmte Lymphozyten) die spezifische Immunreaktion auf diesen Erreger, um im Falle einer erneuten Infektion den Erreger rasch und effizient zu bekämpfen. Dieser Prozess läuft nicht immer fehlerfrei ab. Daher sollten sich Eltern über die aktuellen Empfehlungen der Ständigen Impfkommission sehr gut informieren und zum Wohle ihrer Kinder verantwortungsvoll handeln!

Am Ende dieses Kapitels kann das vorläufige Fazit gezogen werden, dass aus naturwissenschaftlicher und medizinischer Sicht das Gehirn im Vergleich zu den anderen Organen unseres Körpers offensichtlich keine Sonderrolle einnimmt.

2.9   Zusammenfassung des Kapitels

Kommen wir zu den anfangs gestellten Fragen zurück. Nervensysteme mit unterschiedlichen Komplexitätsgraden sind in der Evolution entstanden, um Informationen aus der Umwelt und dem Körperinneren wahrzunehmen, zu verarbeiten und ggf. darauf zu reagieren. Erfolgreiche Reaktionen und Verhaltensweisen werden im Gehirn gespeichert und erlauben so eine Optimierung zukünftiger Verhaltensweisen und die Eroberung neuer Lebensräume. Die Funktionsweise einer einzelnen Nervenzelle und kleiner neuronaler Netzwerke hat sich im Laufe der Evolution nicht wesentlich verändert. Auf dieser Ebene unterscheiden wir uns nicht von einer Fliege. Der cerebrale Cortex (Neocortex) mit seiner charakteristischen columnären Architektur stellt die neueste Entwicklung in der Evolution von Gehirnen dar. In der Evolution der Säugetiere nahm das Volumen des cerebralen Cortex enorm zu, und die columnäre Organisation tritt nicht nur in sensorischen Cortexarealen auf, sondern auch in höheren Arealen im Frontalhirn. Die Umwelt und der eigene Körper sind im Gehirn topographisch repräsentiert und die Verarbeitung von neuronaler Information erfolgt einerseits seriell mit vielfachen Feedbackverbindungen, andererseits parallel über unterschiedliche Bahnen. Lokale corticale Läsionen führen zum Verlust spezifischer Funktionen. Unser Gehirn nimmt im Vergleich zu den anderen Organen unseres Körpers keine Sonderrolle ein. Es gibt kein Leib-Seele-Problem! Die „Seele" ist Teil des Leibes. Die nächsten Kapitel werden zeigen, ob wir bei dieser Aussage bleiben können.

3

Neuronale Dynamik und synaptische Plastizität

Inhaltsverzeichnis

3.1 Die Fragen in diesem Kapitel

In Kap. 3 werden die folgenden Fragen behandelt und am Kapitelende so weit wie möglich beantwortet:

- Wie sind neuronale Netzwerke aufgebaut?
- Wie erfolgt die Verarbeitung sensorischer Information im Cortex?
- Was sind die molekularen und zellulären Grundlagen von Lernen und Gedächtnis?
- Wie wird Stabilität im Gehirn aufrechterhalten?
- Kommt das Gehirn je zur Ruhe?
- Wie funktioniert der neuronale Code?
- Warum helfen uns interne neuronale Modelle im Alltag?

© Springer-Verlag GmbH Deutschland, ein Teil von Springer Nature 2020
H. J. Luhmann, *Hirnpotentiale,* https://doi.org/10.1007/978-3-662-60578-3_3

3.2   Netzwerke, neuronale *hubs* und *rich clubs*

Bei der Darstellung des visuellen Systems wurde bereits deutlich, dass die Verarbeitung von neuronaler Information überaus komplex ist (Abb. 2.1d). Einerseits erfolgt die Verarbeitung seriell von der Retina über den Thalamus zu den corticalen Arealen V1, V2, V3 etc. mit vielen Feedbackschleifen, andererseits wird die visuelle Information beginnend in der Retina über den M- und P-Weg parallel in unterschiedlichen Netzwerken verarbeitet. Biologische Netzwerke, wie das Gehirn, und von Menschen erschaffene Netzwerke, wie das *World Wide Web,* weisen Gemeinsamkeiten in ihrer Struktur und Funktion auf. Schaut man sich beispielsweise das deutsche Eisenbahnnetz an, so fällt auf, dass einige Städte wie Berlin, Frankfurt am Main, München und Dortmund durch lokale und weitreichende Verbindungen besonders gut vernetzt sind (Abb. 3.1a). Viele Züge fahren täglich in diese Städte hinein und in der Regel wieder hinaus. Derartige Knotenpunkte in einem Netzwerk werden als *hubs* bezeichnet. *Hubs* sind häufig miteinander besonders gut verbunden. Mit einem ICE-Sprinter kann man beispielsweise die 623 km lange Strecke von Berlin nach München in unter 4 h zurücklegen, zumindest wenn man Glück hat. Das Netzwerk der miteinander verbundenen *hubs* wird auch als *rich club* bezeichnet (van den Heuvel und Sporns 2013). Dieser „reiche Klub" ist zwar einerseits für das effiziente und rasche Funktionieren des gesamten Netzwerkes von zentraler Bedeutung, andererseits ist ein Rich-club-Netzwerk aber auch störanfällig gegenüber Verlust eines oder mehrerer *hubs.* Wenn in Frankfurt der Bahnverkehr stillsteht, sind sofort die meisten Intercity-Verbindungen in ganz Deutschland betroffen.

Hubs und *rich clubs* sind auch im Gehirn zu finden. In einer 2011 publizierten Arbeit mit dem Titel *Rich-club organization of the human connectome* werden 12 *hub*-Regionen im menschlichen Gehirn beschrieben, die stark miteinander verbunden sind (van den Heuvel und Sporns 2011). Zu diesem *rich club* zählen u. a. der Thalamus, der Hippocampus und Teile des frontalen und parietalen Cortex. Eine derartige Netzwerkorganisation liegt nicht nur im menschlichen Gehirn vor, sondern entsteht unter sehr artifiziellen in-vitro-Bedingungen sogar in einer Zellkultur. Experimentelle Arbeiten in meinem Labor haben gezeigt, dass unreife Nervenzellen nach einigen Tagen in Zellkultur spontan Aktionspotentiale generieren und synaptische Verbindungen zu benachbarten Neuronen entwickeln (Sun et al. 2010). Die Aktionspotentialentladungen der Nervenzellen in einem derartigen Netzwerk können mit einem Gitter von Elektroden *(multi electrode array)* registriert werden (Abb. 3.1b). Dabei ist zu beobachten, dass einige Nervenzellen

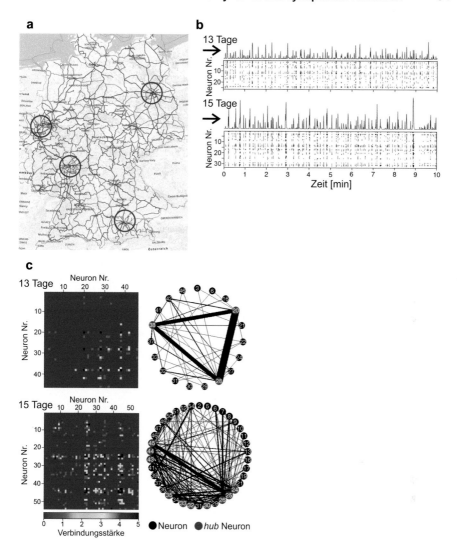

Abb. 3.1 *Hubs* und *rich clubs.* **a** Deutsches Straßenbahnnetz mit Markierung der *hub* Bahnhöfe Berlin, Frankfurt am Main, München und Dortmund (rote Kreise). (Adaptiert aus OpenStreetMap nach Open Database License [ODbL]). **b** Registrierung der Aktionspotentialentladungen von Neuronen in Zellkultur über einen Zeitraum von 10 min. Die oberen Registrierungen stammen von einer 13 Tage alten Kultur, die unteren von einer 15 Tage alten Kultur. Dargestellt ist jeweils die Summe aller registrierten Aktionspotentiale über die Zeit (Pfeil) und darunter ein Plot der Aktivität jedes einzelnen Neurons (Neuron Nr.) über die Zeit. **c** Analyse der funktionellen Verbindungen zwischen den Neuronen in einer 13 (oben) und einer 15 Tage alten Zellkultur (unten). Die Diagramme zeigen die Muster und die Stärke der Verbindungen zwischen den einzelnen Neuronen. *Hub* Neurone mit vielen und mit starken Verbindungen sind durch rote Kreise symbolisiert. (**b** und **c** adaptiert nach Sun et al. 2010; mit freundlicher Genehmigung von © John Wiley and Sons 2019)

viele funktionelle Verbindungen zeigen (*hub* Neurone) und miteinander besonders gut gekoppelt sind *(rich club)*. Im Beispiel der Abb. 3.1b sind nach 13 Entwicklungstagen in Kultur zunächst nur 3 *hub* Neurone miteinander stark verbunden (rote Punkte in Abb. 3.1c oben). Zwei Tage später sind bereits mehr Nervenzellen aktiv und 10 *hub* Neurone zu einem *rich club* vereinigt (Abb. 3.1c unten). *Hub* Neurone spielen nicht nur bei der Verarbeitung und Weitergabe von Information in einem neuronalen Netzwerk eine wichtige Rolle, sondern sind vermutlich auch zentral an der Entstehung und Fortleitung pathophysiologischer Signale, wie epileptischer Aktivitätsmuster, beteiligt (Quilichini et al. 2012). Aus diesen Gründen ist nicht nur die Grundlagenforschung, sondern auch die klinische Forschung sehr an der Identifikation und den Eigenschaften dieser *hub* Neurone interessiert.

Interaktionen in einem neuronalen Netzwerk sind nicht stabil, sondern variabel und hoch dynamisch. Das gilt sowohl für die Interaktionen zwischen Hirnregionen als auch für Wechselwirkungen zwischen einzelnen Nervenzellen. In Abb. 3.2 sind Ergebnisse von experimentellen Studien in meinem Labor dargestellt, in denen das Zusammenspiel von Neuronen in einem kleinen Netzwerk untersucht wurde. Diese Tierversuche wurden von der zuständigen Ethikkommission und Landesbehörde nach Einreichung und Begutachtung eines detaillierten Antrags genehmigt, und die Ergebnisse dieser Experimente sind öffentlich zugänglich. An narkotisierten Ratten, die vor Ort unter den gesetzlichen Vorschriften und tierschutzrechtlichen Vorgaben gezüchtet werden, wurden mit Elektroden elektrophysiologische Registrierungen von einzelnen Neuronen im somatosensorischen Cortex durchgeführt (Reyes-Puerta et al. 2015). Diese Elektroden ähneln den Elektroden, wie sie bei neurochirurgischen Eingriffen bei Parkinson- oder Epilepsie-Patienten zum Einsatz kommen. Jedoch mit dem Unterschied, dass die Patienten während dieser Eingriffe nicht narkotisiert, sondern wach und konzentriert sind, um während der Operation den Anweisungen des behandelnden Ärzteteams zu folgen. Beispielsweise müssen die Patienten sprechen, einen Arm bewegen oder beschreiben, was sie fühlen, wenn über die Elektroden in ihrem Gehirn ein schwacher elektrischer Reiz appliziert wird. Im Abschn. 6.5 werden die medizinischen Hintergründe und die therapeutischen Erfolge dieser tiefen Hirnstimulation noch eingehender beschrieben. Hier sollen zunächst die eigenen Experimente an narkotisierten Ratten weiter beschrieben werden. Die im somatosensorischen Cortex platzierten Elektroden befinden sich in einer Hirnregion, in der die Informationen von den Tasthaaren (Vibrissen) an der Schnauze der Ratte verarbeitet werden. Nagetiere, aber auch einige andere Säugetiere, nutzen ihre Vibrissen, um Objekte mechanisch zu untersuchen.

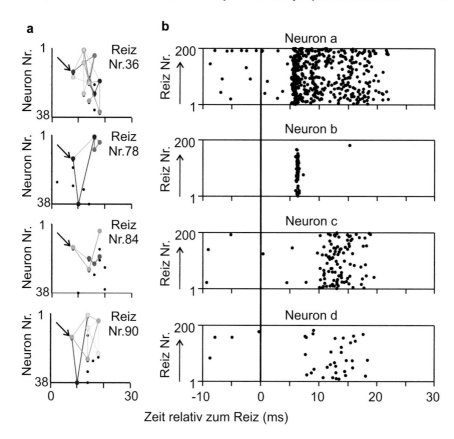

Abb. 3.2 Variabilität im Antwortmuster eines neuronalen Netzwerks und einzelner Nervenzellen auf identische sensorische Stimulation. Mit Elektroden wurden Aktionspotentiale von einzelnen Neuronen im somatosensorischen Cortex einer narkotisierten Ratte registriert. Eine experimentell gut kontrollierte sensorische Stimulation erfolgte durch vorsichtige mechanische Reizung eines einzelnen Tasthaares (Vibrisse) an der Schnauze des Tieres. Jeder Punkt symbolisiert ein Aktionspotential. **a** Antwortmuster von 38 simultan registrierten Neuronen auf 100-malige Reizung derselben Vibrisse im Zeitabstand von 10 s. Dargestellt sind die Antwortmuster auf den Reiz Nr. 36, 78, 84 und 90. Aktivierungssequenzen einzelner Nervenzellen sind durch Linien dargestellt. Der Pfeil markiert ein Neuron, das beständig etwa 8 ms nach Stimulation zum Zeitpunkt 0 ms reagiert. **b** Antwortmuster von vier Neuronen (a bis d), die sehr unterschiedlich auf den identischen mechanischen Stimulus reagieren. Hier erfolgte eine 200-malige Reizung einer Vibrisse im Zeitabstand von 10 s. (Adaptiert nach Reyes-Puerta et al. 2015; mit freundlicher Genehmigung von © Oxford University Press 2019)

Im Cortex der Ratte ist jede Vibrisse an einem bestimmten Ort lokal repräsentiert. Es liegt also eine topographische Organisation des Körpers vor (der *Ratunculus*), wie wir sie ähnlich auch beim Menschen finden, jedoch mit dem Unterschied, dass beim *Homunculus* im Humancortex die Hand und das Gesicht überproportional repräsentiert sind (s. Abb. 2.1c). Eine Repräsentation der Nasen- oder Barthaare wurde im somatosensorischen Cortex des Menschen noch nicht beschrieben, würde biologisch auch nicht sinnvoll sein. Wird eine einzelne Vibrisse der narkotisierten Ratte kontrolliert mechanisch gereizt, so kann man bereits nach etwa 7 ms eine Aktivierung von Neuronen im Cortex beobachten. Abb. 3.2a zeigt das Resultat eines Experiments, in dem eine einzelne Vibrisse im zeitlichen Abstand von 10 s 100-mal gereizt wurde. Gleichzeitig wurden die Aktionspotentiale von 38 Neuronen im Cortex registriert (Y-Achse, Neuron Nr. 1 bis 38). Exemplarisch ist das Aktivierungsmuster der 38 Nervenzellen auf den Reiz Nummer 36, 78, 84 und 90 dargestellt. Es fällt auf, dass die Aktivierungsmuster sehr unterschiedlich sind, obwohl der Reiz stets gleich ist. Die Anzahl der aktivierten Neuronen ist unterschiedlich, und es werden verschiedene Zellen zu unterschiedlichen Zeitpunkten erregt. Der identische Reiz löst im Gehirn also immer eine andere Aktivität aus! Verhaltensphysiologische Studien an wachen Tieren zeigen jedoch, dass vergleichbare Reize stets wahrgenommen werden und eine Reaktion auslösen. Selbstverständlich wissen wir jedoch nicht und werden sicherlich auch nie wissen, was die Ratte wahrnimmt und fühlt, wenn eine einzelne Vibrisse an der Schnauze stimuliert wird (Nagel 1974). Wir werden auf dieses Problem in Abschn. 4.8 zurückkommen.

Eine hohe Variabilität im Antwortverhalten auf den identischen Reiz findet man nicht nur im Aktivierungsmuster eines neuronalen Netzwerkes (Abb. 3.2a), sondern auch auf der Ebene eines einzelnen Neurons (Reyes-Puerta et al. 2015). Abb. 3.2b zeigt die Antworten von vier ausgewählten Neuronen (Neuron a bis d) auf 200-malige Reizung einer einzelnen Vibrisse (y-Achse, Reiz Nr. 1 bis 200). Diese vier Nervenzellen unterscheiden sich in vielerlei Hinsicht in ihren funktionellen Eigenschaften. Neuron a weist bereits eine Spontanaktivität im Zeitraum vor der Stimulation auf (-10 bis 0 ms) und reagiert sehr stark und konsistent im Zeitraum von 5 bis etwa 20 ms. Hingegen zeigt Neuron b keine Spontanaktivität und antwortet sehr präzise und beständig mit einem Aktionspotential bei etwa 7 ms. Ein ähnliches Neuron ist auch in Abb. 3.2a zu sehen und dort mit einem Pfeil markiert. Neuron c und insbesondere Neuron d reagieren sehr viel „unzuverlässiger" auf den Reiz oder zeigen bei einigen Stimulationen keine Antwort. Die experimentellen Ergebnisse auf der Ebene einzelner Nervenzellen, von Netzwerken mit vielen Neuronen und auf der Ebene von verschiedenen Hirnregionen dokumentieren die hohe Variabilität und Dynamik. Ein Gehirn, egal ob das einer Ratte oder eines Menschen, funktioniert nicht wie eine Maschine oder ein Computer. Neuronale Aktivität lässt sich nicht eindeutig vorhersagen und ist auch nicht determiniert! Wir werden auf diese wichtige Aussage bei der Frage „Haben wir einen freien Willen?" zurückkommen.

Grundlage dieser neuronalen Netzwerkdynamik und Variabilität im Antwortverhalten von Nervenzellen sind kurz- und langfristige plastische Veränderungen in den Übertragungseigenschaften von Synapsen. Dieses interessante und wichtige Thema wird im folgenden Abschnitt dargestellt.

3.3 Synaptische Plastizität – die Grundlage von Lernen und Gedächtnis

In diesem und dem folgenden Abschnitt sollen neue neurowissenschaftliche Erkenntnisse beschrieben werden, die zeigen, dass das Gehirn ein komplexes und hoch dynamisches System ist, das zu keinem Zeitpunkt als stabil betrachtet werden kann. Die Behauptung, das Gehirn sei zu irgendeinem Entwicklungszeitpunkt „ausgereift" (was immer das heißen soll) und strukturell stabil, ist schlichtweg falsch. Weder am Ende der Pubertät noch im hohen Rentenalter hat das Gehirn eine endgültige Struktur und funktionelle Stabilität erreicht. Im Gehirn gibt es keine Stabilität! Der neurowissenschaftlich gut belesene Philosoph Thomas Metzinger beschreibt Gehirne daher zutreffenderweise als „komplexe dynamische Systeme, die so etwas wie eine ‚flüssige' Architektur aufweisen" (Metzinger 2004).

Elektrische Verbindungen zwischen elektronischen Bauelementen sind miteinander verlötet und stabil. Ein Wackelkontakt kann einen kompletten Funktionsausfall des Gerätes verursachen. Hingegen sind synaptische Verbindungen zwischen den Neuronen nicht stabil, sondern plastisch. Der Begriff Plastizität bezeichnet in den Neurowissenschaften die Veränderbarkeit in der neuronalen Struktur und Funktion und ist üblicherweise auf Modifikationen in den Signalübertragungseigenschaften von chemischen Synapsen zurückzuführen. Synapsen sind dynamische Strukturen, die ihre Funktion kontinuierlich ändern und den jeweiligen Erfordernissen anpassen. Kurzzeitige Modifikationen in den synaptischen Übertragungseigenschaften im Bereich von einigen Sekunden werden als Kurzzeitplastizität bezeichnet (Zucker und Regehr 2002). Grundlage dafür sind Veränderungen in der Freisetzung des Neurotransmitters aufgrund der vorangegangenen Aktivität der Präsynapse. Die Transmitterausschüttung kann erhöht oder verringert sein (Kurzzeitpotentierung bzw. -depression). Die postsynaptischen Potentiale (EPSPs und IPSPs) weisen entsprechend

Variationen in ihrer Amplitude auf (Bliss et al. 2018). Neben diesen kurz-zeitigen Änderungen können die Funktionen von Synapsen auch über län-gere Zeiträume im Bereich von Stunden bis zu vielen Jahren verändert sein und stellen so die Grundlage von Lern- und Gedächtnisprozessen dar. Hier sprechen wir von Langzeitplastizität. Im Gegensatz zur Kurzzeitplastizität, die ausschließlich auf präsynaptische Funktionsänderungen beruht, sind an der Langzeitplastizität molekulare und zelluläre Modifikationen an der Prä- und Postsynapse beteiligt (Korte und Schmitz 2016).

Langzeitplastizität

Interview Eric Kandel

Bei der Langzeitpotenzierung *(long-term potentiation)* einer Synapse kann die präsynaptische Transmitterausschüttung erhöht sein, und die post-synaptischen Potentiale sind über lange Zeiträume vergrößert (Bliss et al. 2018). Eine Langzeitpotenzierung der Synapse wird auch erreicht, wenn auf der postsynaptischen Seite mehr Rezeptoren in die Membran eingebaut werden oder sich die molekulare Zusammensetzung der Rezeptoren ändert. Ein besseres Verständnis der molekularen und zellulären Mechanismen, die den Lern- und Gedächtnisprozessen zugrunde liegen, ist medizinisch und gesellschaftlich von höchster Relevanz. In unserer alternden Gesellschaft werden Demenzerkrankungen zukünftig ein erhebliches ethisches und ökonomisches Problem darstellen. Daher wird weltweit an den Mechanis-men der synaptischen Plastizität geforscht, und durchbrechende Erkennt-nisse zu diesem Thema werden mit dem Nobelpreis für Physiologie oder Medizin belohnt. Im Jahr 2000 wurde der Neurowissenschaftler Eric Kan-del für seine Untersuchungen zur synaptischen Plastizität an der kaliforni-schen Meeresschnecke *Aplysia californica* mit diesem Preis ausgezeichnet. Ein sehr persönliches und empfehlenswertes Interview dieses beeindruckenden Wissenschaftlers ist auf der Website von *dasgehirn.info* zu sehen.

An glutamatergen Synapsen ist besonders gut untersucht, wie diese Ände-rungen in den synaptischen Signalübertragungseigenschaften induziert wer-den. Nachdem Glutamat aus der Präsynapse freigesetzt ist, diffundieren die Glutamatmoleküle über den synaptischen Spalt zur postsynaptischen Membran und aktivieren dort unterschiedliche Glutamatrezeptoren. Diese

Rezeptoren werden AMPA- und Kainat-Rezeptor genannt, da sie neben Glutamat auch spezifisch durch die synthetische Substanz (alpha-Amino-3-hydroxy-5-methyl-4-isoxazol-Propionsäure, AMPA) bzw. durch die aus Algen isolierte Substanz Kainat aktiviert werden können. Die Aktivierung dieser Glutamatrezeptoren führt zur Öffnung von Natriumkanälen in der Zellmembran, und Natrium-Ionen strömen für einige Millisekunden in die Zelle hinein. An der Postsynapse entsteht das EPSP mit einer Amplitude von etwa einem Millivolt (Abb. 2.6c). Wenn präsynaptisch nicht nur ein Aktionspotential, sondern mehrere Aktionspotentiale kurz hintereinander (z. B. im Abstand von 10 ms, also mit 100 Hz) auftreten, wird mehr Glutamat ausgeschüttet. Dann summieren sich die einzelnen EPSPs in ihrer Größe auf, und die postsynaptische Membran wird nun wesentlich stärker um beispielsweise 20 bis 30 mV depolarisiert (sog. zeitliche Summation). Unter diesen Bedingungen wird ein weiterer Typ Glutamatrezeptor aktiviert, der N-Methyl-D-Aspartat-(NMDA-)Rezeptor. Im Unterschied zum AMPA- und Kainat-Rezeptor weist der NMDA-Rezeptor eine sehr hohe Leitfähigkeit für Calcium-Ionen auf, und dieser lokale Einstrom von Calcium in die Postsynapse spielt bei der synaptischen Plastizität eine zentrale Rolle. Die Biosynthese von Proteinen wird angekurbelt, und am Ort der zuvor aktivierten Membran werden innerhalb weniger Minuten vermehrt AMPA-Rezeptoren in die postsynaptische Membran eingebaut. Wenn wieder ein einzelnes Aktionspotential auf die Präsynapse trifft und Glutamat freigesetzt wird, so werden postsynaptisch nun mehr AMPA-Rezeptoren aktiviert, und das EPSP ist größer als zuvor. Die Synapse ist potenziert, und die Übertragungseigenschaften sind verbessert.

Die für eine Aktivierung des NMDA-Rezeptors ausreichend starke Membrandepolarisation kann nicht nur durch viele präsynaptische Aktionspotentiale und die daraus resultierenden aufsummierten postsynaptischen EPSPs an einer Synapse erreicht werden, sondern auch wenn das Neuron an benachbarten Synapsen ebenfalls depolarisiert wird (räumliche Summation). Die Summe dieser synaptischen Erregungen reicht dann aus, um postsynaptisch ein Aktionspotential auszulösen und Langzeitpotenzierung zu induzieren. Mit seinem berühmten Satz *„Cells that fire together, wire together"* („Zellen, die gleichzeitig [Aktionspotentiale] feuern, werden miteinander verdrahtet") postulierte der kanadische Psychologe Donald O. Hebb (1904–1985) bereits 1949 die Existenz eines derartigen Plastizitätsmechanismus (Hebb 1949). Dieses Hebb'sche Postulat wurde noch ergänzt durch die Regel *„Cells that don't, won't"* (Zellen, die nicht gleichzeitig feuern,

werden nicht miteinander verdrahtet). Der NMDA-Rezeptor ist gewissermaßen ein Koinzidenzdetektor, also ein Element, das nur bei gleichzeitiger und
ausreichend starker elektrischer Aktivität an der Prä- und Postsynapse aktiviert wird. Da Nervenzellen einige Tausend synaptische Eingänge erhalten,
die Mehrzahl davon erregend, kann eine ausreichend große Depolarisation
der Postsynapse und Aktivierung des NMDA-Rezeptors über unterschiedliche glutamaterge Synapsen erreicht werden. Die NMDA-Synapse stellt
somit einen Mechanismus dar, um Assoziationen zwischen verschiedenen
Eingängen oder Gedächtnisinhalten herzustellen.

Wir sind Meister im Erstellen von Assoziationen, positive, negative oder
auch unsinnige. Wir verknüpfen Sinneseindrücke und kognitive Leistungen
mit Erfahrungen und Emotionen. Der Geruch eines Parfums ruft positive
Erinnerungen an eine Person hervor. Der Anblick eines bestimmten Ortes
mag an einen schrecklichen Unfall erinnern. Ein Glücksbringer hat in einer
Prüfungssituation „geholfen" und wird fortan bei allen schwierigen Lebens-
situationen in die Tasche gesteckt.

Textbox: Wie ein Stück Gebäck eine ganze Stadt entstehen lässt

Der französische Schriftsteller Marcel Proust (1871–1922) beschreibt in seinem Roman *Auf der Suche nach der verlorenen Zeit* eindrucksvoll die Sinnes-
assoziationen, die beim Schmecken eines Stückchen Gebäcks aufkamen:

Viele Jahre lang hatte von Combray nicht mehr für mich existiert, als meine
Mutter an einem Wintertag, an dem ich durchfroren nach Hause kam, mir
vorschlug, ich solle entgegen meiner Gewohnheit eine Tasse Tee zu mir nehmen. Sie ließ daraufhin eines jener dicklichen, ovalen Sandtörtchen holen, die
man „Petites Madeleines" nennt. [...] *In der Sekunde nun, da dieser mit den
Gebäckkrümeln gemischte Schluck Tee meinen Gaumen berührte, zuckte ich
zusammen und war wie gebannt durch etwas Ungewöhnliches, das sich in
mir vollzog.* Ein unerhörtes Glücksgefühl, das ganz für sich allein bestand und
dessen Grund mir unbekannt blieb, hatte mich durchströmt. Es hatte mir mit
einem Schlag, wie die Liebe, die Wechselfälle des Lebens gleichgültig werden
lassen, seine Katastrophen ungefährlich, seine Kürze imaginär, und es erfüllte
mich mit einer köstlichen Essenz; oder vielmehr: diese Essenz war nicht in mir,
ich war sie selbst. Woher strömte diese mächtige Freude mir zu? Ich fühlte, daß
sie mit dem Geschmack des Tees und des Kuchens in Verbindung stand, daß sie
aber weit darüber hinausging und von ganz anderer Wesensart sein mußte.
[...] *Und mit einem Mal war die Erinnerung da.* Der Geschmack war der jenes
kleinen Stücks einer Madeleine, das mir am Sonntagmorgen in Combray, meine
Tante Leonie anbot, nachdem sie es in ihrem schwarzen oder Lindenblütentee
getaucht hatte. [...] Und so ist denn, sobald ich den Geschmack jenes Made-
leine-Stücks wiedererkannt hatte, das meine Tante mir zu geben pflegte, das
graue Haus mit seiner Straßenfront, an der ihr Zimmer sich befand, wie ein

Stück Theaterdekoration zu dem kleinen Pavillon an der Gartenseite hinzu-
getreten, und mit dem Haus die Stadt, vom Morgen bis zum Abend und bei
jeder Witterung, der Platz, auf den man mich vor dem Mittagessen schickte, die
Straßen, in denen ich Einkäufe machte, die Wege, die wir gingen, wenn schö-
nes Wetter war. [...] ebenso stiegen jetzt alle Blumen unseres Gartens und die
aus dem Park von Swann und die Seerosen der Vivonne und all die Leute aus
dem Dorf und ihre kleinen Häuser und die Kirche und ganz Combray und seine
Umgebung, *all das, was nun Form und Festigkeit annahm, Stadt und Gärten,
stieg aus meiner Tasse Tee.*

Der NMDA-Rezeptor spielt nicht nur beim Lernen und Gedächtnis, sondern auch bei psychiatrischen Erkrankungen eine zentrale Rolle. Im März
2019 hat die US-amerikanische Arzneimittelbehörde FDA zur Behandlung
von Patienten mit resistenten Depressionen ein Nasenspray zugelassen, das
den Wirkstoff Esketamin enthält. Esketamin bzw. Ketamin hemmt den
NMDA-Rezeptor und wird schon seit längerem in der Anästhesie und
der Behandlung chronischer Schmerzen eingesetzt. Die Nebenwirkungen
von Esketamin und Ketamin sind jedoch beachtlich. Es können Halluzinationen, außerkörperliche Erfahrungen und Angstzustände auftreten.
Die Behandlung der Patienten mit dem Nasenspray stellt also eine Grat-
wanderung dar. Einerseits möchte man die chronischen Depressionen
behandeln, andererseits möchte man bei den Patienten keine Schizophre-
nie-artigen Zustände auslösen, wie sie beispielsweise mit Phencyclidin (in
der Drogenszene auch als Angel Dust oder Engelsstaub bekannt) auftreten.
Auch Phencyclidin hemmt den NMDA-Rezeptor, hat im Vergleich zu Ketamin jedoch deutlich stärkere neurotoxische Wirkungen, die zu epileptischen
Anfällen oder zum Tod durch Atemdepression führen können.

Kehren wir zu den physiologischen Funktionen des NMDA-Rezeptors zurück. Neben der assoziativen Aktivierung durch unterschiedliche
Sinnessysteme, kann eine Depolarisation der Postsynapse und eine daraus resultierende Aktivierung des NMDA-Rezeptors auch durch motivie-
rende neuronale Systeme erfolgen. Dabei spielt das bereits in Abschn. 2.3
erwähnte aufsteigende retikuläre Aktivierungssystem (ARAS) eine wichtige
Rolle. In den unterschiedlichen Hirnkernen des ARAS werden Neurotransmitter und -modulatoren wie Serotonin, Noradrenalin, Acetylcholin produziert und über weitverzweigte axonale Projektionen in den Cortex und in
subcorticale Regionen freigesetzt. Über ihre jeweiligen Rezeptoren können
diese Neuromodulatoren die postsynaptische Nervenzelle depolarisieren und
so ebenfalls dazu beitragen, dass NMDA-Rezeptoren aktiviert und plastische
Veränderungen an der Synapse ermöglicht werden.

Synaptische Plastizität beruht jedoch nicht nur auf derartigen biochemischen
Veränderungen, sondern können auch die Morphologie der Synapse betreffen.

Postsynaptische Zielstrukturen von glutamatergen Eingängen sind die dendritischen Dornenfortsätze *(spines)* (Abb. 2.5). Bei Langzeitpotenzierung werden innerhalb einer halben Stunde neue *spines* gebildet, oder bestehende *spines* vergrößern sich und schaffen so eine größere postsynaptische Membranoberfläche mit mehr AMPA-Rezeptoren (Matsuzaki et al. 2004). Das Ergebnis ist wiederum eine verbesserte Übertragungsfunktion der Synapse und ein größeres EPSP. Diese morphologischen Veränderungen stellen möglicherweise das Korrelat für Gedächtnisinhalte dar, die Jahre oder sogar Jahrzehnte gespeichert sind, wie die Namen unserer Eltern.

Aus unserer täglichen Erfahrung wissen wir, dass wir nicht nur lernen, sondern auch vergessen. Das Vergessen ist mindestens genauso wichtig wie das Lernen, da unser Gehirn nicht unbegrenzt Informationen speichern kann. Es müssen folglich im Gehirn auch Mechanismen existieren, die das Vergessen ermöglichen. Das zelluläre Korrelat des Vergessens ist die Langzeitdepression *(long-term depression)*. Bei der Langzeitdepression werden AMPA-Rezeptoren aus der postsynaptischen Membran entfernt, folglich ist die Übertragungsfunktion dieser Synapse dann reduziert und das EPSP verkleinert (Korte und Schmitz 2016). Nicht benötigte Synapsen können auch komplett abgebaut werden, z. B. indem die postsynaptischen *spines* verschwinden. Vergessen ist zwar ein normaler und biologisch sinnvoller Prozess, ein Zuviel des Vergessens im Rahmen einer Demenzerkrankung hat für den Betroffenen jedoch katastrophale Folgen. An der Alzheimer'schen Krankheit sind weltweit etwa 24 Mio. Menschen erkrankt, und laut Welt-Alzheimer-Bericht wird die Anzahl auf mehr als 115 Mio. Menschen im Jahr 2050 ansteigen. Die mit einer Demenz verbundenen Prozesse des Vergessens unterscheiden sich jedoch von denen, die einer Langzeitdepression zugrunde liegen und sollen hier nicht weiter dargestellt werden.

Plastische Veränderungen treten im Gehirn nicht nur infolge von Modifikationen in den Übertragungseigenschaften von Synapsen auf, sondern auch nach neuem Wachstum von axonalen Verbindungen (*axonal sprouting*, axonales Aussprossen) oder infolge einer vermehrten Neubildung von Nervenzellen (Neurogenese). Die etwa 100 Mrd. Nervenzellen im menschlichen Gehirn werden überwiegend während der vorgeburtlichen Phase gebildet, d. h., in den neun Monaten bis zu unserer Geburt müssen jede Minute etwa 250.000 Neurone entstehen. Diese Zahl ist sicherlich noch untertrieben, da Nervenzellen im Überschuss produziert werden und bereits früh durch programmierten Zelltod (Apoptose) innerhalb weniger Wochen wieder absterben. Im sich entwickelnden cerebralen Cortex liegt der Anteil in dieser Weise absterbender Neurone bei 50 bis 70 % (Blanquie et al. 2017). Ein Teil dieser früh generierten Neuronen wird jedoch erst nach einigen Jahrzehnten mit unserem letzten Atemzug sterben. In den vergangenen beiden Jahrzehnten wurde im Hippocampus von adulten Nagetieren beobachtet, dass auch im ausgereiften Gehirn Nervenzellen neu gebildet werden (adulte Neurogenese). Neuere Untersuchungen am Hippocampus von Menschen lassen jedoch Zweifel aufkommen, ob bei Erwachsenen Nervenzellen tatsächlich neu entstehen können (Sorrells et al. 2018).

Im Gegensatz zur Neurogenese werden die synaptischen Verbindungen zwischen den Neuronen in sehr großer Anzahl überwiegend nach der Geburt gebildet (Synaptogenese). In jeder Sekunde werden im cerebralen Cortex eines neugeborenen Babys einige Hundert Millionen (möglicherweise eine Milliarde) neuer Synapsen gebildet. Man bezeichnet diese Entwicklungsphase daher auch als „neonatalen synaptischen *big bang*" (Bourgeois 2010). Während der kindlichen Entwicklung entstehen sehr viel mehr Synapsen als sie später benötigt werden. Viele Synapsen werden aktivitätsabhängig wieder abgebaut, z. B. durch Langzeitdepression, oder funktionell nicht genutzt („schlafende" Synapsen). Schlafende *(silent)* Synapsen bestehen postsynaptisch ausschließlich aus NMDA-Rezeptoren. Durch das Fehlen der AMPA-Rezeptoren kann die postsynaptische Membran nicht ausreichend depolarisiert werden, um die NMDA-Rezeptoren zu aktivieren. Wird die postsynaptische Membran jedoch durch benachbarte glutamaterge Eingänge oder durch ARAS-vermittelte Synapsen ausreichend depolarisiert, so werden die NMDA-Rezeptoren aktiviert, und es strömt sehr viel Calcium in die Postsynapse. Dieser intrazelluläre Calcium-Anstieg bewirkt wiederum, dass erstmals auch AMPA-Rezeptoren in die postsynaptische Membran eingebaut werden und so die Postsynapse bei normalen Ruhemembranpotentialen durch Glutamat aktiviert werden können (Kerchner und Nicoll 2008). Ein derartiges „Erwecken" von glutamatergen Synapsen wurde ursprünglich vor allem im unreifen Gehirn beobachtet. Heute wird vermutet, dass schlafende Synapsen auch im ausgereiften Nervensystem vorkommen und z. B. an chronischem Schmerz beteiligt sind (Kuner 2010).

Axonales Aussprossen findet ebenfalls überwiegend in der frühen Hirnentwicklung statt. Auch hier werden anfangs mehr axonale Kollaterale gebildet als notwendig, d. h., Nervenzellen projizieren anfangs in Regionen, die später nicht mehr innerviert werden. Diese Verbindungen werden durch genetische Programme oder aktivitätsabhängig abgebaut. Es gibt Hinweise, dass das unreife menschliche Gehirn weitreichende axonale Verbindungen zwischen verschiedenen Sinnessystemen aufweist. Verbindungen aus dem auditorischen Thalamus projizieren also nicht nur zum auditorischen Cortex, sondern über axonale Verzweigungen ggf. auch zum visuellen Cortex, insbesondere zum Areal V4, wo Farbe bewusst wahrgenommen wird. Möglichweise existieren im unreifen Gehirn auch direkte Verbindungen zwischen auditorischen und visuellen Cortexarealen. Tatsächlich wurden derartige Verbindungen bei Säugetieren in der frühen, überwiegend vorgeburtlichen Entwicklung nachgewiesen (Dehay et al. 1988) und gehören offensichtlich zum normalen Repertoire des unreifen Gehirns. Derartige axonale Verbindungen könnten die Grundlage für Synästhesie darstellen; eine Kopplung in der Wahrnehmung von mehreren (üblicherweise zwei) Sinnessystemen. Zahlen werden als Farben gesehen, Töne kann man schmecken oder Buchstaben riechen. Es wird vermutet, dass bei Synästhetikern diese Verbindungen zwischen den Sinnessystemen „eingefroren" und entwicklungsabhängig nicht abgebaut werden. Etwa 1 bis 4 % der Bevölkerung sind Synästhetiker, wissen aber häufig nichts von ihrer besonderen Fähigkeit und Begabung, denn für sie gab es seit ihrer Geburt nie eine andere Wirklichkeit. Am häufigsten ist die graphemische Synästhesie, also die Kopplung von Farben und Buchstaben oder Buchstabenverbindungen. Die beiden visuellen Areale, die Farbe und Grapheme verarbeiten, liegen im Cortex direkt nebeneinander. Zwischen diesen beiden Arealen sind funktionelle axonale Verknüpfungen daher sehr wahrscheinlich. Es wird vermutet, dass derartige Verbindungen bei uns in der frühen Entwicklung vorhanden sind und im frühen Kindesalter, bevor wir zu sprechen lernen, abgebaut werden. Wenn Sie vermuten, dass Freunde, Angehörige oder Sie selbst eine Synästhesie aufweisen, empfiehlt sich ein Besuch der Internetseite der Deutschen Synästhesie-Gesellschaft.

Bekanntermaßen können wir im Kindes- und Jugendalter bestimmte Dinge besonders leicht und gut erlernen, z. B. Fahrradfahren oder eine Fremdsprache. Der Grund hierfür liegt in der erhöhten Plastizität des Gehirns, besonders des cerebralen Cortex, während früher Lebensphasen, der sogenannten kritischen Perioden (Takesian und Hensch 2013; Ismail et al. 2017). Während dieser Entwicklungsphasen sind erfahrungsabhängige strukturelle und funktionelle Veränderungen besonders leicht zu induzieren. Kritische Perioden existieren für Sinnessysteme, z. B. für das Sehsystem, für höhere kognitive Funktionen, wie den Spracherwerb, aber auch für die Entwicklung von Sozialverhalten (Lipina und Posner 2012; Friedmann und Rusou 2015). Die molekularen und zellulären Grundlagen dieser erhöhten Plastizität während kritischer Perioden sind recht gut verstanden und beruhen u. a. auf altersabhängigen Veränderungen in den Eigenschaften von Nervenwachstumsfaktoren, des inhibitorischen (GABAergen) Systems und von Glutamatrezeptoren, besonders dem NMDA-Rezeptor. In diesem Forschungsfeld sind detaillierte Messungen auf der Ebene von einzelnen Neuronen und Beobachtungen über Jahre oder sogar Jahrzehnte beim Menschen nicht durchführbar. Mit aufwendigen Langzeitstudien wurde erst in jüngster Vergangenheit begonnen. Studien mit verschiedenen bildgebenden Verfahren zur Aktivität und Konnektivität des sich entwickelnden Gehirns haben gezeigt, dass das menschliche Gehirn auf der makroskopischen Ebene erst im Alter von etwa 25 Jahren „ausgereift" ist. Bis zu diesem Alter finden noch viele Veränderungen statt, und das Gehirn reagiert empfindlich auf Störungen, die u. a. durch Pharmaka (z. B. Drogenmissbrauch) oder soziale Missstände (z. B. Misshandlungen) hervorgerufen werden können (Lee et al. 2014). Tatsächlich zeigen tierexperimentelle Untersuchungen, dass synaptische Plastizität weit über die kritische Periode hinausgeht und Lernprozesse auch im hohen Alter möglich sind (Hübener und Bonhoeffer 2014). Das ist keineswegs überraschend. Vermutlich kennen auch Sie die rüstigen Senioren, die noch im hohen Alter intellektuelle Herausforderungen suchen. Eine interessante Gruppe sind die sogenannten *Super-Agers,* über 80-Jährige, die bei kognitiven Tests Ergebnisse erzielen wie 50- bis 60-Jährige. Wir verstehen noch nicht, was die Gehirne der *Super-Agers* auszeichnet.

3.4 Stabilität durch stete Veränderungen – neuronale Homöostase

Die US-amerikanische Neurobiologin Eve Marder beginnt ihren Übersichtsartikel in *Nature Reviews Neuroscience* mit den folgenden Sätzen:

> Menschen und andere langlebige Tiere wie Schildkröten und Hummer haben Neurone, die Jahrzehnte leben und funktionieren. Im Gegensatz dazu, weisen Ionenkanalproteine, synaptische Rezeptoren und die Komponenten von Signalkaskaden einen kontinuierlichen Umsatz in der [Zell-]Membran auf und werden mit Halbwertszeiten von Minuten, Stunden, Tagen oder Wochen ersetzt. Daher rekonstruiert sich jedes Neuron aus seinen wesentlichen Proteinen kontinuierlich selbst (Übersetzung des Autors; Marder und Goaillard 2006).

Angesichts der großen Dynamik und Plastizität unseres Gehirns erscheint es fast verwunderlich, dass wir unsere Umwelt und uns selbst tagtäglich als stabil und kohärent erleben. Wie wird diese Stabilität erreicht, wenn sich die Struktur und Funktion von Synapsen doch ständig ändert? Die derzeit zur Verfügung stehenden Technologien erlauben es (noch) nicht, im menschlichen Gehirn die dynamischen Veränderungen in den Eigenschaften von Axonen und in einzelnen Synapsen zu beobachten. Neuartige optische Verfahren, wie die Zwei-Photonen-Mikroskopie, ermöglichen jedoch die

Untersuchung dieser Fragestellung mit schonenden Verfahren im Gehirn von Mäusen. Die Axone von Glutamat-produzierenden Neuronen kontaktieren postsynaptisch am Zielneuron dendritische *spines* und bilden so eine erregende Synapse. Durch mikroskopische Abbildung dieser *spines* kann folglich beobachtet werden, ob Synapsen sich strukturell verändern, verschwinden oder neu gebildet werden. Genau diese Beobachtungen im Hörcortex von erwachsenen Mäusen erbrachten erstaunliche Ergebnisse (Loewenstein et al. 2015). Über einen Zeitraum von 20 Tagen wurden mittels Zwei-Photonen-Mikroskopie in einem sehr kleinen Bereich des auditorischen Cortex alle 4 Tage die *spines* analysiert (Abb. 3.3). Am Beginn dieses Experiments (am Tag 0) wurden 1421 *spines* gezählt. Vier Tage später (am Tag 4) wurden im identischen Gewebeblock wieder die *spines* analysiert. Dabei zeigte sich, dass von den 1421 *spines* vom Tag 0 nur noch 999 vorhanden waren, 422 *spines* waren verschwunden. Am Tag 4 waren jedoch 512 neue *spines* hinzugekommen. Dieser kontinuierliche Prozess von Ab- und Aufbau von *spines* setzte sich über den gesamten Beobachtungszeitraum von 20 Tagen fort. Am Tag 20 waren 842 (59 %) der ursprünglichen, am Tag 0 beobachteten *spines* verschwunden. Im gleichen Zeitraum wurden aber auch 2267 neue *spines* gebildet, die zum Teil im Beobachtungszeitraum auch wieder verschwanden.

Dieses Experiment zeigt, dass im Cortex einer adulten Maus innerhalb von 3 Wochen nahezu zwei Drittel der erregenden Synapsen durch neue Synapsen ersetzt werden, das neuronale Netzwerk also ganz erheblich umgebaut wurde. Zum jetzigen Zeitpunkt spricht nichts gegen die Annahme, dass Synapsen im menschlichen Cortex eine ähnliche Dynamik aufweisen wie im Cortex von Mäusen. Unter der Berücksichtigung, dass eine Maus bestenfalls 3 Jahre alt wird und ein Mensch etwa 80 Jahre, könnte man das Beobachtungsintervall von 3 Wochen bei der Maus mit einem Zeitraum von etwa 1,5 Jahren beim Menschen vergleichen. Danach würde sich bei einem Erwachsenen die Großhirnrinde auf synaptischer Ebene nach 1,5 Jahren zu etwa zwei Drittel erneuern. Üblicherweise verändern wir jedoch unseren Charakter und unser Temperament nicht alle 1 bis 2 Jahre und die Welt nehmen wir im Laufe unseres Lebens im Großen und Ganzen auch als recht stabil wahr. Der Dynamik von kurz- und langzeitigen plastischen Prozessen an den Synapsen müssen daher Kompensationsprozesse gegenüberstehen, die eine gewisse Kontinuität, ein Gleichgewicht, im Gehirn herstellen. Die Eigenschaft von technischen oder biologischen Systemen ein Gleichgewicht und einen gewissen Sollwert aufrechtzuerhalten bezeichnet man als Homöostase. Dabei wird in einem System über Regulationsmechanismen, die auf äußere und innere Störungen reagieren,

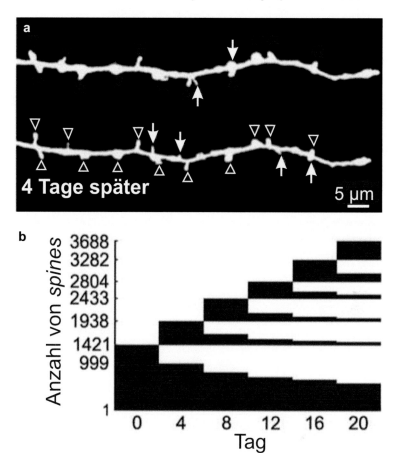

Abb. 3.3 Kontinuierliche Veränderungen in der Morphologie eines Neurons. Dendritische *spines* wurden mittels Zwei-Photonen-Mikroskopie über einen Zeitraum von 20 Tagen beobachtet. **a** Fotos eines dendritischen Abschnitts mit zahlreichen *spines* (oberes Bild). Gleicher Dendritenabschnitt 4 Tage später (unteres Bild). Persistierende *spines* sind durch Dreiecke, neu gebildete oder abgebaute *spines* sind durch Pfeile markiert. **b** Anzahl von *spines* über einen Zeitraum von 20 Tagen. (Adaptiert nach Loewenstein et al. 2015; mit freundlicher Genehmigung von © Society for Neuroscience 2019)

ein Gleichgewichtszustand innerhalb gewisser Grenzen dynamisch aufrechterhalten. Ein technisches Beispiel für einen derartigen Regelungsprozess ist der Thermostat der Heizung, der dafür sorgt, dass im Wohnraum ein von uns gewählter Temperaturwert relativ konstant eingehalten wird. Ein biologisches Beispiel für Homöostase stellt die Regulation des Blutdrucks dar. Ein normaler Sollwert wird durch verschiedene physiologische, z. T. auch gegensätzlich wirkende Mechanismen innerhalb eines bestimmten Bereichs reguliert. Innere und äußere Störungen können so rasch kompensiert werden. Dauerhafte Störungen können den Sollwert auf einen neuen, ggf. pathophysiologischen Wertebereich (z. B. Bluthochdruck) verschieben, der dann ebenfalls reguliert wird. Man spricht dann von Allostase. Im Gehirn existieren zahlreiche homöostatische Regulationsmechanismen, die ein Gleichgewicht in verschiedenen Bereichen und physiologische Funktionen aufrechterhalten. So erfolgt beispielsweise die Nahrungs- bzw. Energieaufnahme durch neurohormonelle Regelkreise (Schwartz et al. 2000).

Auch Synapsen werden in ihrer Gesamtheit am Zielneuron homöostatisch reguliert. Werden einige erregende Synapsen potenziert oder neu gebildet, so werden andere erregende Synapsen am gleichen Zielneuron in ihrer Funktion herunterreguliert oder verschwinden (Turrigiano 2011; Davis 2013). So ist gewährleistet, dass das Aktivitätsniveau eines Neurons durch die Gesamtheit seiner synaptischen Eingänge relativ konstant bleibt. Da ein Neuron etwa 10.000 synaptische Eingänge erhält, davon etwa 8000 erregend und etwa 2000 hemmend, erfolgen diese homöostatischen Regulationsmechanismen im Kontext aller synaptischen Eingänge. Wie am Beispiel der Blutdruckregulation dargestellt, so kann auch im Gehirn die homöostatische Regulation gestört sein und es kann sich ein neues, möglicherweise pathophysiologisches Gleichgewicht einstellen. Es wird vermutet, dass eine Störung der neuronalen Homöostase an der Entstehung von neurologischen und psychiatrischen Erkrankungen beteiligt ist (Ramocki und Zoghbi 2008; Wondolowski und Dickman 2013; Winkelmann et al. 2014).

Die bisherigen Darstellungen erwecken den Eindruck, dass alles im Nervensystem einer kontinuierlichen Veränderung unterliegt. Alles ist im Fluss, nichts ist stabil, eine flüssige Architektur. Dem ist aber nicht so! Eine Vielzahl von lebenswichtigen und lebenserhaltenden Prozessen, die überwiegend in den „tieferen" Hirnregionen Rückenmark und Medulla oblongata lokalisiert sind (s. Abb. 2.1a), zeigen wenig Plastizität. Beim monosynaptischen Reflexbogen handelt es sich um einen einfachen Regelkreis, bei dem eine Sinneszelle im Muskel (die Muskelspindel) über ihr Axon direkt ein Neuron im Rückenmark (das Alpha-Motoneuron) synaptisch aktiviert und dieses Motoneuron wiederum direkt auf den Muskel synaptisch zurückwirkt. Die beiden beteiligten Axone zählen mit Leitungsgeschwindigkeiten von etwa 80 m pro Sekunde (also ca. 300 km pro Stunde) zu den am schnellsten leitenden Nervenfasern in unserem Körper. Zudem ist die glutamaterge Synapse im Rückenmark sehr stabil. Diese Eigenschaften tragen dazu bei, dass die über diesen Regelkreis funktionierenden Eigenreflexe, z. B. der Kniesehnenreflex, erstaunlich schnell, monoton und zuverlässig ablaufen. Ein leichter Schlag auf die Kniesehne unterhalb der Kniescheibe löst eine rasche Streckung des angewinkelten Beins aus. Dieser Reflex kann immer wieder ausgelöst werden und er tritt stets mit der gleichen kurzen Latenz von etwa 30 ms auf.

3.5 Das ständig aktive Gehirn

Synaptische Aktivität und Aktionspotentiale entstehen im Gehirn nicht nur, wenn Reize aus der Umwelt oder aus dem Körperinneren über Sinneszellen detektiert und an nachgeschaltete Stationen im Gehirn weitergeleitet werden, sondern neuronale Aktivität besteht ständig, unabhängig davon, ob wir wach sind oder schlafen. Zu Recht spricht der US-amerikanische Neurowissenschaftler Marcus Raichle daher vom „unruhigen Gehirn" *(the restless brain)* (Raichle 2015b). Die Frage, inwieweit unterschiedliche Formen von Spontanaktivitäten Rückschlüsse auf den jeweiligen Bewusstseinszustand zulassen, wird in Abschn. 4.3 noch ausführlicher behandelt. An dieser Stelle sollen zunächst die Grundlagen für das Verständnis der zugrunde liegenden neuronalen Prozesse gelegt werden.

Vor etwa hundert Jahren begann der Neurologe und Psychiater Hans Berger an der Universität Jena mit der Entwicklung einer Methode, um die Hirnströme am Menschen messen zu können. Er wollte so das Leib-Seele-Problem mit objektiven, physikalischen Methoden untersuchen. Dieses Problem beschäftigte die Hirnforscher offensichtlich schon vor langer Zeit. Am 6. Juli 1924 gelang Berger erstmals mit Hilfe eines Galvanometers die Messung von Hirnaktivität am Menschen und 5 Jahre später publizierte er seine bahnbrechende Arbeit mit dem Titel *Über das Elektrenkephalogramm des Menschen* (Berger 1929). Der Begriff Elektroenzephalogramm (EEG) war geboren, und diese bis heute intensiv genutzte Technik revolutionierte die klinische Diagnostik und die Grundlagenforschung.

Mit dem EEG kann einerseits die spontane, also kontinuierlich auftretende Hirnaktivität gemessen werden. Andererseits können bei Mittelung von vielen (100 bis zu 1000) einzelnen Ereignissen und einer damit einhergehenden Verbesserung des Signal-Rausch-Verhältnisses auch sehr kleine Aktivitätsmuster, z. B. das Bereitschaftspotential, detektiert werden. Das Bereitschaftspotential wird bei der Frage, ob wir einen freien Willen haben, in Abschn. 5.4 noch genauer dargestellt. Das EEG spiegelt im Wesentlichen die synaptische Aktivierung der Großhirnrinde in relativ großen corticalen Netzwerken wider. Die räumliche Auflösung ist also relativ schlecht (wenige Millimeter), die zeitliche Auflösung ist hingegen sehr gut (im Bereich von Millisekunden) (Abb. 2.4). Die Aktivität einzelner Nervenzellen ist im

EEG nicht aufzulösen, und die Rolle subcortikaler Strukturen ist ebenfalls nur schwer zu bewerten. Im EEG eines gesunden Erwachsenen treten in Abhängigkeit vom Bewusstseinszustand physiologisch fünf verschiedene EEG-Rhythmen auf (Abb. 3.4a). Im wachen Zustand mit geöffneten Augen

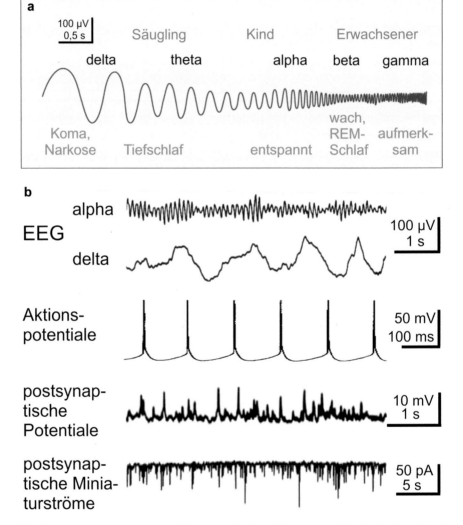

Abb. 3.4 Neuronale Spontanaktivität auf allen Ebenen. **a** Die fünf Grundrhythmen im EEG, ihre Altersabhängigkeit und ihr Auftreten beim Erwachsenen in verschiedenen Funktionszuständen. **b** Spontane neuronale Aktivität mit unterschiedlichen Frequenzen und Amplituden tritt auf der Ebene eines großen neuronalen Netzwerks (EEG), einer Zelle (Aktionspotentiale) oder einer einzelnen Synapse auf. Unterschiede in den Zeit- und Amplitudenskalierungen sind zu beachten

sind Beta-Wellen (13 bis 30 Hz) zu beobachten, also etwa 20 Wellen pro Sekunde. Bei erhöhter Aufmerksamkeit steigt der EEG-Rhythmus auf 30 bis 80 Hz, man spricht dann von Gamma-Wellen. Mit zunehmender Entspannung und Müdigkeit treten EEG-Wellen mit geringerer Frequenz auf. Im entspannten Zustand und mit geschlossenen Augen ist ein Alpha-Rhythmus (8 bis 13 Hz) zu beobachten, und im Tiefschlaf treten der langsame Theta- (4 bis 8 Hz) und Delta-Rhythmus (0,5 bis 4 Hz) auf. Die Amplituden der EEG-Wellen nehmen mit abnehmender Frequenz zu, d. h., die langsamen EEG-Wellen weisen die größten Amplituden auf (Abb. 3.4a). Da die Amplitude der EEG-Wellen ein Maß für die Synchronizität der corticalen Aktivität ist, reflektieren der Theta- und Delta-Rhythmus folglich einen hochsynchronen Zustand des Gehirns. Diese langsamen und großen EEG-Wellen treten beim Erwachsenen physiologisch nur im Tiefschlaf auf und gehen bekanntermaßen mit einem Verlust des Bewusstseins einher. Die Schrittmacher-(Relais-)Neuronen im Thalamus spielen bei der Generierung dieser langsamen Rhythmen und der Kontrolle von unterschiedlichen Bewusstseinszuständen eine zentrale Rolle. Daher wird der Thalamus in den Neurowissenschaften auch als das „Tor zum Bewusstsein" bezeichnet (Pape et al. 2005). Über die Schrittmacherneuronen gelangt die sensorische Information von den Sinnesorganen (z. B. Auge, Ohr) an den cerebralen Cortex, wo die Information weiterverarbeitet und schließlich bewusst wahrgenommen wird. Die thalamischen Schrittmacherzellen weisen ungewöhnliche funktionelle Eigenschaften auf und können in zwei verschiedenen Zuständen aktiv sein. Wenn wir wach sind, befinden sie sich im Übertragungsmodus und geben die Information vom Sinnesorgan zuverlässig an den Cortex weiter. Wenn wir jedoch tief schlafen, befinden sich die Schrittmacherneuronen im Burstmodus und erzeugen einen eigenen Rhythmus von etwa 3 Hz. Wenn der Thalamus in diesem 3-Hertz-Rhythmus spontan aktiv ist, kann er die sensorischen Informationen von den Sinnesorganen nicht mehr an die corticalen Areale weiterleiten. Das Tor zum Bewusstsein ist dann geschlossen. Täglich ist bei einem Erwachsenen für einige Stunden dieses Tor geschlossen, nämlich in den Tiefschlafphasen. Dann hat der Thalamus das Ruder übernommen, und entsprechend weist der Cortex im Tiefschlaf einen langsamen Rhythmus von etwa 3 Hz auf. Nur sehr starke Reize aus der Umwelt oder dem Körperinneren, ein lauter Knall oder ein starker Schmerz, können das thalamische Tor öffnen und ggf. im Cortex zum Bewusstsein kommen. Alle anderen Reize gehen im Thalamus verloren und sind nicht in der Lage, die endogene 3-Hertz-Rhythmik zu durchbrechen. Ein gesunder Erwachsener verbringt etwa 2 h pro Nacht im Tiefschlaf. Neue experimentelle Befunde an Kleinnagern (Mäusen und Ratten)

und am Menschen haben gezeigt, dass in den Tiefschlafphasen Gedächtnisinhalte konsolidiert werden (Inostroza und Born 2013).

Langsame EEG-Rhythmen mit hohen Amplituden treten nicht nur im
Tiefschlaf, sondern auch unter Narkose, im Koma und bei einigen Epilepsieformen (Absenceepilepsie) auf (Abb. 3.4a). Auch unter diesen (pathophysiologischen) Bedingungen gehen die langsamen Hirnrhythmen mit einem
Verlust des Bewusstseins einher. In anderen Phasen des Schlafes, im REM-
Schlaf, zeigen wir hingegen schnellere Rhythmen, teilweise sogar Beta-Wellen. REM ist die Abkürzung für *rapid eye movement,* und diese Bezeichnung
wurde gewählt, da wir während dieser Schlafphasen mit geschlossenen
Augen rasche Augenbewegungen durchführen. Beim Erwachsenen nehmen die REM-Schlafphasen etwa 2 h der Gesamtschlafdauer von 7 bis 8 h
pro Nacht ein. Während des REM-Schlafes träumen wir. Träume sind für
uns der tägliche Beweis, dass unser Gehirn, wenn das Tor zum Bewusstsein geschlossen ist, andere „Wirklichkeiten" und eine andere Bewusstseins-
form erzeugen kann (Luhmann 2015). Üblicherweise können wir weder
die Inhalte unserer Träume beeinflussen, noch erinnern wir uns an die in
der Nacht erträumten „Wirklichkeiten". Addiert man die durchschnitt-
liche Gesamtdauer des Traumschlafs, so hat ein 80-jähriger Mensch etwa
60.000 h seines bisherigen Lebens geträumt. Wie bereits oben dargestellt,
nimmt der Tiefschlaf 2 weitere Stunden pro Nacht ein. Wir verbringen also
fast 7 Jahre unseres Lebens im Traumschlaf und 7 weitere Jahre im bewusst-
losen Tiefschlaf. Diese Zahlen sind nicht ganz richtig, da sie sich auf den
physiologischen Schlaf eines Erwachsenen beziehen. Bei Kindern sieht das
EEG-Schlafmuster und damit der REM-Schlaf anders aus. EEG-Messungen an frühgeborenen Babys haben gezeigt, dass spontane Aktivitätsmuster
im Gehirn bereits 3 bis 4 Monate vor dem normalen Geburtstermin zu
beobachten sind. Die schnellen EEG-Rhythmen (alpha, beta, gamma) treten
bei kleinen Kindern jedoch noch nicht auf und entwickeln sich erst nach
und nach während der ersten 12 bis 14 Lebensjahre.

Wir können am EEG-Muster den Grad der Aufmerksamkeit oder eine
Bewusstlosigkeit erkennen. Das Fehlen jeglicher neuronaler Aktivität im
EEG, das sogenannte Nulllinien-EEG, dient als klinisches Kriterium für den
Hirntod und stellt nach Ansicht vieler Menschen, auch nach meiner Mei-
nung, das Ende des Individuums dar.

Kontinuierliche Aktivitätsmuster sind im Gehirn auf unterschiedlichen
Systemebenen zu finden und treten nicht nur im EEG auf der Ebene relativ großer neuronaler Netzwerke (z. B. in einem corticalen Areal), sondern

auch in kleinen Netzwerken, in einzelnen Neuronen und in den Synapsen auf (Abb. 3.4b). Spontane postsynaptische Potentiale entstehen an den Synapsen, indem auf der präsynaptischen Seite ein Aktionspotential eintrifft, dort einen Neurotransmitter freigesetzt und postsynaptisch am nachgeschalteten Neuron durch den Transmitter (z. B. Glutamat) entsprechende Rezeptoren aktiviert werden. Eine weitere Form von spontaner synaptischer Aktivität ist zu beobachten, wenn pharmakologisch Aktionspotentiale blockiert werden. Dann treten sogenannte postsynaptische Miniaturpotentiale oder -ströme auf, die durch die stochastische, also zufällige Freisetzung von Transmittermolekülen aus der Prä-synapse ausgelöst werden. Auf dieser molekularen und für Hirnfunktionen fundamentalen synaptischen Ebene finden also zufällige, nicht deterministische Prozesse statt! Auf diesen wichtigen Punkt werden wir in Abschn. 5.3 noch einmal eingehen.

Es stellt sich nun die Frage, welchen Einfluss ein sensorischer Stimulus aus der Umwelt (z. B. ein Lichtblitz) auf die spontane, kontinuierliche EEG-Aktivität ausübt. Die Antwort auf diese Frage lautet, der Reiz hat nahezu keinen Einfluss auf das corticale Netzwerk. Nur auf der Ebene von einzelnen Nervenzellen kann die Antwort auf einen einzelnen Sinnesreiz detektiert werden (s. Abb. 3.2). Wie bereits zuvor erwähnt, können sensorische Reize im EEG erst sichtbar gemacht werden, wenn 100 oder sogar 1000 Einzelsignale gemittelt werden. Ein visuell evoziertes Potential ist mit dem EEG über dem visuellen Cortex erst sichtbar, wenn mindestens 100 Antworten auf den gleichen visuellen Reiz gemittelt werden, und dieser visuelle Reiz muss zudem sehr stark sein, z. B. ein Lichtblitz oder ein alter-nierendes Schachbrettmuster. Ähnliche Verhältnisse haben wir im auditori-schen und im somatosensorischen System. Wie bereits dargestellt ist der Cortex überwiegend mit sich selbst beschäftigt. Zwischen 85 und 90 % aller Synapsen im Cortex sind corticalen Ursprungs, d. h., sie stammen von anderen corticalen Neuronen, überwiegend von Pyramidenzellen. Nur 10 bis 15 % der Synapsen im Cortex stammen aus dem Thalamus. Einzelne Sinnesreize, die über den Thalamus schließlich in den Cortex gelangen, modulieren auf Netzwerkebene nur die kontinuierliche EEG-Aktivität im Cortex. Wir können den Cortex und eine Vielzahl weiterer Hirnbereiche als aktive, Muster-generierende Systeme betrachten. Wahrnehmung ist also ein Prozess, bei dem selbstgenerierte Spontanaktivität mit den eingehenden sensorischen Signalen verglichen werden! Diese Aussage ist sehr wichtig und wird in Abschn. 5.6 noch von großer Bedeutung sein.

Textbox: Der neuronale Fluss

Die populäre Vorstellung, dass das Gehirn Informationen über unsere Sinnesorgane empfängt, diese verarbeitet und dann ggf. darauf reagiert, z. B. in Form einer motorischen Handlung, trifft nicht zu. Das Gehirn ist vergleichbar mit einem Papierschiffchen auf einem Fluss, das durch die kontinuierliche (neuronale) Strömung in seinem weiteren Verlauf durch äußere Einflüsse beeinflusst wird. Die Strömung kann schwach oder auch sehr stark sein. Die Wasseroberfläche kann ruhig sein und nur kleine Wellen aufweisen oder auch sehr unruhig mit hohen Wellen. Ein Windstoß (Sinnesreiz) kann den weiteren Verlauf des Papierschiffchens beeinflussen. Während eine schwache Brise den Verlauf nur wenig verändert, kann ein kräftiger Sturm das Schiffchen in ein anderes Fahrwasser bewegen. Bei starker Strömung und hohen Wellen (Tiefschlaf, epileptischer Anfall) wird das Schiffchen auch durch einen kräftigen Windstoß nur wenig beeinflusst.

Welche Möglichkeiten haben wir, den Informationsfluss im Cortex zu untersuchen? An dem folgenden Beispiel soll erläutert werden, welche technologischen Möglichkeiten und Grenzen derzeit bestehen, um diese Frage experimentell zu untersuchen. Stellen Sie sich das an einem Samstagnachmittag mit 80.000 Besuchern nahezu vollbesetzte Stadion des Fußballerstligisten Borussia Dortmund vor. Vor Spielbeginn und bevor die hochsynchronen Fangesänge ertönen, herrscht ein Durcheinander von Gesprächen in kleinen Gruppen. Nun erhalten 40 Stadionbesucher gleichzeitig auf ihr Handy eine identische sprachliche Kurznachricht, und auf diese Nachricht reagieren die 40 Besucher annähernd gleich und nahezu synchron. Es ist sehr unwahrscheinlich, dass Sie als unbeteiligter Besucher irgendwo im Stadion erfahren werden, wann der Handyanruf erfolgte und welchen Inhalt die Kurznachricht hatte. Dieses Beispiel soll auf der Grundlage unseres heutigen Kenntnisstandes in den Neurowissenschaften verdeutlichen, welchen Einfluss der sensorische Eingang (von den Augen oder den Ohren) auf die spontane Aktivität im (visuellen bzw. auditorischen) Cortex hat. Neuronale Information wird im Gehirn nur „spärlich" codiert *(sparse coding)*! Dieses Prinzip wird im folgenden Abschn. 3.6 noch näher beschrieben.

In unserem Beispiel ist die Situation des Hirnforschers vergleichbar mit einer Person, die sich in einem Zeppelin über dem Stadion befindet und wie ein Spion einzelne Gespräche abhören kann. Mit den derzeit zur Verfügung stehenden Technologien, wie intracorticale Multielektrodenableitungen, kann er jedoch bestenfalls nur 4000 der insgesamt 80.000 Besucher belauschen. In unserem Beispiel sollten sich statistisch unter den abgehörten 4000 Besuchern zwei Personen befinden, die zeitgleich die identische Kurznachricht erhalten haben. Die Herausforderung für den Hirnforscher besteht nun darin, diese zwei Personen aus dem Wirrwarr der Gespräche zwischen den Besuchern zu identifizieren. Dieses Beispiel soll verdeutlichen, dass experimentelle Studien zur komplexen Verarbeitung neuronaler Aktivität technisch und analytisch überaus anspruchsvoll sind. Unter physiologischen Bedingungen herrscht im Cortex ein Wirrwarr von neuronaler Aktivität vor. Hingegen sind die Fangesänge vergleichbar mit hoch synchronen Aktivitätsmustern, wie sie beispielsweise im Tiefschlaf, im Koma oder bei einer Absenceepilepsie vorliegen. Eine sensorische Aktivierung von nur 40 Neuronen hat unter diesen Bedingungen keinerlei Einfluss mehr auf den Cortex und wird regelrecht „niedergebrüllt".

Mittels bildgebender Verfahren wurde im menschlichen Gehirn noch ein weiteres Prinzip in der Organisation neuronaler Netzwerke entdeckt. Im Wachzustand unter entspannten Ruhebedingungen und weitgehender Abwesenheit sensorischer Eingänge von den Sinnesorganen (Somnolenz) ist in beiden Hemisphären ein neuronales Netzwerk aktiv, das als Ruhezustandsnetzwerk (engl. *resting state* oder auch *default mode network*) bezeichnet wird (Raichle 2015a). Der präfrontale Cortex und Teile des parietalen Cortex zählen neben weiteren Hirnregionen als neuronale *hubs* zu diesem Ruhezustandsnetzwerk. Das menschliche Gehirn weist also in Ruhe einen intrinsischen Funktionszustand auf, der jedoch keineswegs stabil ist, sondern ebenfalls spontane, dynamische Änderungen aufweist (Deco et al. 2011). Störungen in diesem Ruhezustandsnetzwerk sind vermutlich an psychiatrischen Störungen beteiligt oder stellen sogar deren Ursache dar (Buckholtz und Meyer-Lindenberg 2012).

Die vorangegangenen Abschnitte haben gezeigt, wie Nervenzellen miteinander kommunizieren und wie neuronale Netzwerke untereinander interagieren. Unklar ist jedoch die spannende Frage, wie neuronale Information codiert wird.

3.6 Die Suche nach dem neuronalen Code

Die Suche nach dem genetischen Code, also der Frage, wie die genetische Information in die Aminosäuresequenz eines Proteins übersetzt wird, begann in der Mitte des vorangegangenen Jahrhunderts und hatte 1962 ihren ersten Höhepunkt. In diesem Jahr erhielten der Physiker Francis Crick und der Biologe James Watson gemeinsam mit dem Physiker Maurice Wilkins den Nobelpreis für Physiologie oder Medizin „für ihre Entdeckungen über die Molekularstruktur der Nucleinsäuren und ihre Bedeutung für die Informationsübertragung in lebender Substanz". Die entscheidende Arbeit von Watson und Crick war eine Publikation in der renommierten Wissenschaftszeitschrift *Nature* im Jahr 1953 (Watson und Crick 1953). Für heutige Zeiten undenkbar, bestand diese Veröffentlichung aus einer knappen Seite Text und einer Schemazeichnung, dem Modell der DNA-Doppelhelix. Lesenswert ist der *Zeit*-Artikel über Watson und Crick mit dem Titel „Zwei Chaoten knacken die DNA". Francis Crick wird in diesem Buch noch bei dem Thema Bewusstsein (Kap. 4) eine wichtige Rolle spielen.

Die Zeit: Watson und Crick   Wiese und Metzinger

In den Neurowissenschaften sucht man erst seit etwa 30 Jahren intensiv nach dem neuronalen Code, und diese Suche steht in Verbindung mit überaus interessanten und wichtigen Fragen. Aus welchen Elementen besteht der neuronale Code? Wie wird Information im Gehirn codiert? Kann man aus dem elektrischen Aktivitätsmuster Rückschlüsse ziehen auf die Bedeutung dieser Aktivität? Können wir aus der neuronalen Aktivität herauslesen, was eine Person gerade denkt *(mind reading)?* Können wir vielleicht sogar bei einer Versuchsperson anhand der neuronalen Aktivitätsmuster Handlungen voraussagen, bevor die Person diese Handlung ausführt, oder sogar, bevor die Person sich entscheidet, diese Handlung auszuführen? Wenn wir die letztgenannte Frage mit einem „ja" beantworten, dann ist es um unsere Freiheit schlecht bestellt. Dann sind wir nur Marionetten unseres Gehirns und wir hängen an physikalisch-chemisch determinierten Fäden. Aber bevor wir uns mit dem schwierigen Thema des freien Willens in Kap. 5 auseinandersetzen, müssen zunächst weitere Grundlagen gelegt werden. Ein besseres Verständnis der Mechanismen, wie unser Gehirn Information verarbeitet, ist nicht nur für die Grundlagenforschung und das Selbstverständnis des Menschen von zentraler Bedeutung, sondern auch von höchster klinischer Relevanz. Zum Beispiel wäre es für die Weiterentwicklung von Brain-Computer-Interfaces überaus hilfreich, wenn wir Information aus dem Gehirn besser „herauslesen" könnten.

Beginnen wir mit der ersten der oben genannten Fragen: Aus welchen Elementen besteht der neuronale Code? Die Elemente der Schrift sind Zeichen und Buchstaben. Daraus ergeben sich Worte, Sätze, Gedichte und Bücher, wie die Bibel. Die Elemente des genetischen Codes sind Tripletts von drei aufeinanderfolgenden Nucleinbasen. Daraus ergeben sich Aminosäuren, Proteine, Zellen, Zellverbände und Organismen, wie der Mensch. Die Elemente des neuronalen Codes sind Aktionspotentiale einzelner Nervenzellen. Daraus ergeben sich zeitliche Abfolgen von Aktionspotentialen (Frequenzmuster), Netzwerkaktivitäten und globale Hirnrhythmen. Damit ist die erste Frage beantwortet. Die zweite Frage „Wie wird Information im Gehirn codiert?" ist weitaus schwieriger zu behandeln, da hierzu derzeit fünf verschiedene Modelle diskutiert werden. Die experimentellen Daten zu diesen fünf Modellen wurden z. T. an unterschiedlichen Tieren, Hirnstrukturen oder während verschiedener Funktionszustände des Gehirns erhoben. Möglicherweise nutzt das Gehirn Kombinationen dieser verschiedenen Codes, aber auch das ist zum jetzigen Zeitpunkt noch nicht geklärt.

1. Das Modell des *rate coding* (Ratencodierung) besagt, dass mit zunehmender Reizstärke das stimulierte Neuron mehr Aktionspotentiale pro Zeiteinheit (z. B. in den ersten 100 ms nach Beginn des Reizes) generiert, die Aktionspotentialrate nimmt also zu. Wenn wir dieses Zeitintervall von 100 ms in 10 Segmente von jeweils 10 ms gliedern und das Auftreten eines Aktionspotentials mit „1" darstellen, das Fehlen eines Aktionspotentials mit „0", dann würde bei geringer Reizstärke beispielsweise ein Aktionspotentialmuster von 0010100000 entstehen, also 2 Aktionspotentiale pro 100 ms. Bei Erhöhung der Reizstärke würde sich das Muster vielleicht ändern in 0101110101, also 6 Aktionspotentiale pro 100 ms. Diese Reiz-Antwort-Beziehungen sind keinesfalls linear und weisen bei identischen Reizen große Variationen auf.
2. Nach dem Modell des *temporal coding* (zeitliche Codierung) wird die neuronale Information durch die zeitliche Präzision und die zeitliche Abfolge von Aktionspotentialen vermittelt. Danach beinhaltet das Muster 0101110101 eine andere Information als das Muster 1110011100, obwohl beide Muster 6 Aktionspotentiale, also den gleichen *rate code,* aufweisen.
3. Das Modell des *population coding* (Populationscodierung) besagt, dass neuronale Information nicht primär in der Frequenz oder zeitlichen Abfolge von Aktionspotentialen in einzelnen Nervenzellen codiert ist, sondern vielmehr in der Aktivität von Neuronenpopulationen, sogenannten Ensembles. Unklar ist jedoch, aus wie vielen Neuronen diese Ensembles bestehen können und über welche Distanzen sie zu einem Netzwerk verbunden sind. Das Modell des *population coding* bietet den Vorteil, dass die Variabilitäten im Antwortverhalten einzelner Nervenzellen (s. Abb. 3.2b)

die relativ stabile Antwort eines Ensembles nicht wesentlich beeinflussen. Eine besondere Form des Population-Coding-Modells stellt das *correlation coding* (Korrelationscodierung) dar, das in den vergangenen Jahren in den Neurowissenschaften zunehmend an Bedeutung gewonnen hat. Danach beinhaltet das gleichzeitige Auftreten von Aktionspotentialen in unterschiedlichen Neuronen die relevante Information. Diese Korrelationen können in bestimmten Frequenzbereichen auftreten. Bei den Gamma-Oszillationen sind Nervenzellen im Frequenzbereich von etwa 40 bis 50 Hz gleichzeitig aktiv *(binding)*.

4. Im Gegensatz zum Population-Coding-Konzept wird die Information im Modell des *sparse coding* (spärliche Codierung) durch wenige Nervenzellen codiert. Ein Extremfall des *sparse coding* stellt das Konzept des Großmutterneurons dar. Danach existieren im Gehirn hochspezialisierte Nervenzellen, die nur auf ganz spezifische Reize, im übertragenen Sinn nur beim Betrachten unserer Großmutter, reagieren.

5. Nach dem Modell des *predictive coding* (prädiktive Codierung) generiert unser Gehirn ständig ein Modell der Außenwelt und des eigenen Körpers, macht gewissermaßen Voraussagen über die Zukunft und gleicht diese mit dem Istzustand ab. Nach diesem Modell arbeitet das Gehirn kreativ und energieeffizient mit dem Ziel, seinen eigenen Zustand stabil zu halten (homöostatische Regulation). Die von den Sinnesorganen kommenden Informationen werden mit dem internen Modell kontinuierlich verglichen und Abweichungen werden registriert und weiterverarbeitet. Danach wird unsere Wahrnehmung im Wesentlichen durch die internen Modelle bestimmt und weniger von den sensorischen Informationen. Nach dem Modell des *predictive coding* sind unsere Wahrnehmungen, Einsichten, Handlungen und Erinnerungen nur ein Mittel des Gehirns, möglichst energieeffizient Überraschungen zu minimieren. Ncah deiser Teorhie ist es nciht witihcg, in wlecher Rneflogheie die Bstachuebn in deisem Txet setehn, slonage der estre und der leztte Bstabchue an der ritihcegn Pstoiin snid. Der Rset knan ein ttoaelr Bsinöldn sein, tedztorm knan man den Txet onhe Pemoblre lseen. Wir leesn ncith jeedn Bstachuben enzelin, snderon enkreenn das Wrot als Gzeans, wiel usner Giehrn Vroasusaegn tiffrt. Das Modell des *predictive coding* wird in den folgenden Abschnitten und bei der Diskussion um den freien Willen noch eine wichtige Rolle spielen. Für Neugierige sei an dieser Stelle schon an den Open-access-Artikel „Vanilla PP for Philosophers: A Primer on Predictive Processing" von Wanja Wiese und Thomas Metzinger verwiesen (Wiese und Metzinger 2017); ein Beispiel für einen exzellenten neurowissenschaftlichen Artikel von zwei Philosophen.

Es ist zum jetzigen Zeitpunkt noch nicht geklärt, welches der oben genannten Modelle das richtige ist. Vielleicht sind im Gehirn alle Formen der neuronalen Codierung, möglicherweise auch in Kombination und in weiteren Unterformen, realisiert. Nach dem Motto „Viele Wege führen nach Rom" war die Evolution vielleicht auch bei der Entwicklung des neuronalen Codes sehr erfindungsreich. Es wäre auch nicht überraschend, wenn neue Entdeckungen in diesem Bereich zu überarbeiteten oder neuen Modellen führen werden. Schließlich erschien 35 Jahre nach der Publikation von Watson und Crick (Watson und Crick 1953) in *Nature* eine Publikation, die die Existenz eines zweiten genetischen Codes vermuten lässt (De Duve 1988).

3.7 Interne neuronale Modelle

In Abschn. 2.4 wurde bereits dargestellt, dass im cerebralen Cortex topographische Karten der Umwelt und des eigenen Körpers *(Homunculus)* existieren (Abb. 2.1c). Eine sensorische Stimulation löst gemäß der jeweiligen Repräsentation eine Aktivierung der Hirnregion aus, die genau den Ort der Stimulation abbildet. Die Wahrnehmung unserer Umwelt wird aber auch durch vorangegangene Wahrnehmungsprozesse beeinflusst (John-Saaltink et al. 2016). Das Gehirn generiert auf der Basis früherer Erfahrungen kontinuierlich interne Modelle über die Umgebung und über die Konsequenzen zukünftiger Handlungen (Stavisky et al. 2017). Diese internen Modelle stellen aber nur eine Prognose dar. Sie können also auch fehlerhaft oder sogar vollkommen falsch sein! Wir nehmen die Umwelt proaktiv wahr, indem die internen Modelle ständig aktualisiert werden (Panichello et al. 2012). Dadurch wird ein Überraschungseffekt minimiert und nach der Hypothese „reduce surprise – live longer" verbessert sich so unsere Überlebenschance. Fahren wir mit unserem Auto an eine Kreuzung mit einer Verkehrsampel heran und die Ampel wechselt von Grün auf Gelb, so ist es ratsam anzuhalten, denn sehr wahrscheinlich wird die Ampel in Kürze auf Rot schalten und Autos werden kreuzen. Die sensorische Wahrnehmung (in diesem Fall visuell) und neuronale Verarbeitung der Umweltreize trägt auf der Basis unserer Erfahrungen zur Generierung eines internen Modells bei, das voraussagt, wann die Ampel auf Rot schalten wird und was geschehen könnte, wenn ich nicht an der Ampel anhalte.

Welche enorme Komplexität diese internen Modelle aufweisen können, kann man samstags live im Fußballstadion oder auch im Fernsehen bei der Sportschau beobachten (leider wird dort ohnehin fast nur noch Fußball gezeigt). Wenn beim Fußballspiel ein Stürmer mit dem Ball Richtung gegnerisches Tor sprintet, dann generiert sein Gehirn ein internes Modell der komplexen Spielsituation und prognostiziert die möglichen Laufwege der Mitspieler, der gegnerischen Abwehrspieler, die Stellung des Torwarts und die Gefahr eines Abseitsspiels. Zudem muss dieses neuronale Modell in Bruchteilen von Sekunden ständig aktualisiert werden. Noch beeindruckender sind diese Leistungen beim wesentlich rasanteren Handball- oder Basketballspiel. Ein professioneller Handballtorwart nutzt unbewusst kleinste Körperbewegungen des Siebenmeterschützen, um den mit 100 km/h geworfenen Ball abzuwehren. Ein professioneller Basketballspieler kann mit hoher Trefferquote und bereits sehr früh an den Handbewegungen des Freiwurfschützen erkennen, ob der Ball im Korb landen wird oder nicht (Aglioti et al. 2008). Ein erfahrener Cricketschlagmann nutzt Informationen in den Körperbewegungen des Werfers, um den mit 160 km/h geworfenen Ball zu treffen. Profis in diesen und anderen Sportarten, wie Tennis, sind wahre Meister im *predictive coding* und in der schnellen und nahezu fehlerfreien Generierung von internen Modellen. Um dieses Level zu erreichen, ist jedoch sehr viel Training erforderlich, mindestens 10.000 h verteilt über 10 Jahre. Der Übersichtsartikel „Inside the brain of an elite athlete: the neural processes that support high achievement in sports" (Yarrow et al. 2009) liefert weitere Informationen, welche neuronalen Mechanismen diesen außergewöhnlichen Fähigkeiten von Top-Athleten zugrunde liegen.

Nach dem britischen Neurowissenschaftler Karl Friston funktioniert das Gehirn beim *predictive coding* nach dem „freien Energieprinzip" *(free energy principle)*. *Free energy* bzw. „freie Energie" ist hier nicht im Sinne thermodynamischer Prozesse zu verstehen. Friston definiert „freie Energie" als die Differenz zwischen der neuronalen Voraussage (dem internen Modell) und den aktuellen Wahrnehmungen. Nach Friston arbeitet das Gehirn nach dem Prinzip, diese Differenz zu minimieren, d. h., Überraschungen zu vermeiden (Hypothese *surprise-reduction*) (Friston et al. 2012). Die „freie Energie" erreicht einen minimalen Wert, wenn die neuronalen Vorhersagen mit den tatsächlichen Wahrnehmungen weitgehend übereinstimmen, also das interne Modell möglichst gut die bevorstehende Situation vorhersagt. Das wird wiederum erreicht, wenn das Gehirn aufgrund seiner genetischen, epigenetischen, sensorischen (sinnesphysiologischen), neuronalen, sozialen und kulturellen Ausstattung die Umwelt möglichst gut abbilden und auf Umweltänderungen rasch reagieren kann. Neben intakten Sinnesorganen sind adäquate neuronale Schaltkreise erforderlich, um genau diese Leistungen zu erfüllen. Friston und Kollegen vermuten auf der Basis der corticalen Columne (s. Abschn. 2.3, Textbox „Die corticale Columne – ein evolutionäres Erfolgskonzept") einen neuronalen Mikroschaltkreis im cerebralen Cortex, der diese Funktion des *predictive coding* erfüllen könnte (Bastos et al. 2012).

Die Theorie des *predictive coding* besagt, dass wir die Welt nicht als Perzeptionen wahrnehmen, sondern als Prädiktionen. Neuronale Verarbeitungsalgorithmen nach dem Prinzip *des predictive coding* ermöglichen nicht nur bei relativ einfachen Situationen, wie der Verkehrsampel, eine effiziente Reaktion auf ein zukünftiges Ereignis, sondern auch bei komplexen Reizkonstellationen, wie den zuvor beschriebenen Situationen im Sport. Wie alle Primaten so weist auch der Mensch ein vielschichtiges Sozialverhalten auf. Interne Modelle über die sozialen Beziehungen im Freundeskreis, in der Familie und im Berufsleben vereinfachen die Interaktionen und zukünftige Handlungen in der jeweiligen Gruppe. Um erfolgreich mit anderen Personen zu interagieren, müssen wir deren Gedanken, Gefühle und (Re-)Aktionen antizipieren können (Tamir und Thornton 2018). Im Jahre 2014 wurde in der renommierten Zeitschrift *Cell* eine Studie publiziert, die zeigt, dass Ratten in ihren Verhaltensantworten ebenfalls auf interne Modelle zurückgreifen (Tervo et al. 2014). In dieser experimentellen Studie wurden sogar die Hirnregion und der Neurotransmitter identifiziert, die für die Generierung des internen Modells von zentraler Bedeutung waren: der anteriore cinguläre Cortex bzw. der Transmitter Noradrenalin. Die Frage, ob diese an der Ratte gewonnenen Erkenntnisse auf den Menschen übertragbar sind, ist in naher Zukunft nicht zu beantworten. Aber die Vergangenheit hat gezeigt, dass Homo sapiens in sehr vielen biologischen Funktionen sich nicht von anderen Säugetieren unterscheidet.

3.8 Zusammenfassung des Kapitels

Dieses Kapitel hat gezeigt, dass neuronale Netzwerke aus *hubs* und *rich clubs* bestehen, die eine effiziente Verarbeitung neuronaler Information ermöglichen. Neuronale Netzwerke und einzelne Nervenzellen weisen eine kontinuierliche, nichtdeterministische Aktivität auf. Kurz- und langfristige plastische Veränderungen in den synaptischen Übertragungseigenschaften stellen einerseits die Grundlage von Lern- und Gedächtnisprozessen dar, andererseits gewährleisten sie eine gewisse funktionelle Stabilität (neuronale Homöostase). Nach der Theorie der prädiktiven Codierung *(predictive coding)* generiert unser Gehirn bei der Verarbeitung von Sinnesreizen und der Wahrnehmung der Umwelt und unseres Körpers interne Modelle. Wir nehmen die Welt als Prognose wahr.

4

Bewusstsein

Inhaltsverzeichnis

4.1 Die Fragen in diesem Kapitel

In Kap. 4 werden die folgenden Fragen behandelt:

- Wie kann man den Begriff Bewusstsein definieren?
- Warum ist es so schwierig, Bewusstsein zu untersuchen?
- Gibt es unterschiedliche Formen und Tiefen von Bewusstsein?
- Wo ist das Bewusstsein lokalisiert, wie entsteht es und warum haben wir überhaupt ein Bewusstsein?
- Wann verschwindet unser Bewusstsein?
- Haben neugeborene Kinder ein Bewusstsein?
- Welche Tiere verfügen über ein Bewusstsein?

© Springer-Verlag GmbH Deutschland, ein Teil von Springer Nature 2020
H. J. Luhmann, *Hirnpotentiale*, https://doi.org/10.1007/978-3-662-60578-3_4

4.2　Eine schwierige Ausgangslage

Ich sehe das Rot einer reifen Tomate, empfinde Schmerzen, stelle mir das Gesicht meiner Partnerin vor oder erinnere mich an den ersten Kuss, aber all diese persönlichen Erfahrungen sind subjektiv und nur mir zugänglich. Diese innere Sichtweise wird Erste-Person-Perspektive bezeichnet. Im Gegensatz dazu wird bei der Dritten-Person-Perspektive von außen mittels objektiver Methoden untersucht, wie beispielsweise der wahrgenomme Schmerz mit der elektrophysiologisch gemessenen Aktionspotentialfrequenz einer Schmerzfaser korreliert. Die Zweite-Person-Perspektive besteht in der Interaktion zwischen zwei Menschen, z. B. wenn mich eine andere Person detailliert über meine Schmerzwahrnehmung befragt, wie beim klassischen Arzt-Patienten-Gespräch. Ein unlösbares Problem besteht nun darin, dass wir weder aus der Zweiten- noch aus der Dritten-Person-Perspektive verstehen und erklären können, wie sich für jemand anderen (die erste Person) der Schmerz anfühlt oder wie das Rot einer Tomate wahrgenommen wird.

Unter Kenntnis dieses grundsätzlichen und vermutlich nicht lösbaren Problems, wollen wir uns trotzdem dem Phänomen Bewusstsein nähern. Gibt man *consciousness,* die englische Übersetzung für den Begriff Bewusstsein, in die internationale Literatursuchmaschine *PubMed* ein, so erhält man über 45.000 Treffer (Stand März 2020). Aus biomedizinischer und psychologischer Sicht können wir also auf eine recht beeindruckende Datenbasis zurückgreifen. Bevor wir im Folgenden das Thema Bewusstsein aus neurowissenschaftlicher Sicht näher betrachten, muss dieser Begriff zunächst definiert werden. Nur so kann eine Basis für die weiteren Darstellungen geschaffen werden. An dieser Stelle sollte der Leser sich jedoch zunächst eigene Gedanken zum Thema Bewusstsein machen und sich mit Abb. 4.1 beschäftigen. Bitte tragen Sie dort Ihre Sichtweise in die leeren Felder ein und schauen Sie sich diese Abbildung noch einmal an, wenn Sie Kap. 4 durchgelesen haben.

Wie kann man den Begriff Bewusstsein definieren? Mit ein wenig Zeit und Mühe sind Dutzende von unterschiedlichen Definitionen zu finden, die sich zudem erheblich widersprechen. Des Weiteren treten im Zusammenhang mit dem Ausdruck „Bewusstsein" Begriffe wie Ich, Ego, Psyche, Persönlichkeit, Geist, Seele, Wille, Selbst usw. auf. Damit nicht genug. Wir können z. B. das Selbst noch unterscheiden in ein transzendentales, empirisches, physikalisches, minimales, mentales, geistiges, räumliches, emotionales, faziales, verbales, soziales und Proto-Selbst (Northoff und Lüttich 2012). Um die Verwirrung noch zu erhöhen, kann man dem Brei von Begriffen

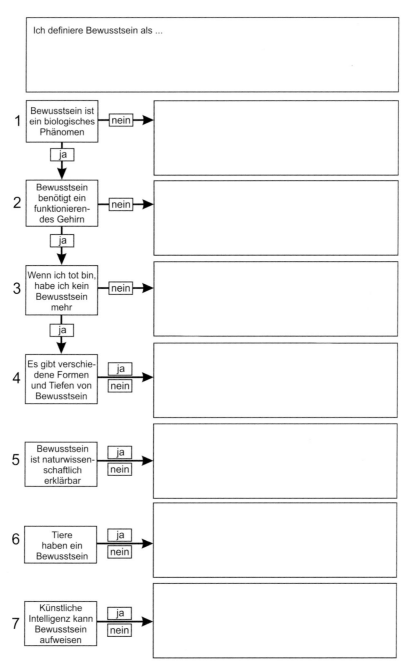

Ich definiere Bewusstsein als ...

1 Bewusstsein ist ein biologisches Phänomen — nein →

ja

2 Bewusstsein benötigt ein funktionierendes Gehirn — nein →

ja

3 Wenn ich tot bin, habe ich kein Bewusstsein mehr — nein →

ja

4 Es gibt verschiedene Formen und Tiefen von Bewusstsein — ja / nein →

5 Bewusstsein ist naturwissenschaftlich erklärbar — ja / nein →

6 Tiere haben ein Bewusstsein — ja / nein →

7 Künstliche Intelligenz kann Bewusstsein aufweisen — ja / nein →

Abb. 4.1 Welche Vorstellungen haben Sie zum Thema Bewusstsein? Wenn Sie möchten, tragen Sie Ihre Sichtweise und Meinungen in die leeren Felder ein. Fügen Sie Pfeile in das Diagramm ein, wo Sie diese für sinnvoll oder notwendig erachten. Am besten machen Sie all das mit einem Bleistift, um ggf. zu einem späteren Zeitpunkt Ihre veränderte Sichtweise eintragen zu können

noch den englischen Ausdruck *mind* oder den französischen Begriff *ésprit* hinzufügen, die eine eigenständige Bedeutung haben. Geben wir noch ein paar weitere Begriffe aus fernöstlichen Religionen und Philosophien hinzu, so ist man im Dschungel von unterschiedlichen Definitionen und Begriffshorizonten vollständig verloren. Allein der Achtgliedrige Pfad in der buddhistischen Lehre besteht aus acht unterschiedlichen Erkenntnis- bzw. Bewusstseinsstufen. Interessanterweise besteht dieses Problem der immensen Begriffsvielfalt vor allem in nichtnaturwissenschaftlichen Disziplinen. Wenn jemand über Bewusstsein spricht, fragen Sie also zunächst nach der jeweiligen Definition.

In diesem Buch wird überwiegend der alleinige Begriff Bewusstsein verwendet und ist folgendermaßen definiert: *„Bewusstsein ist ein vom Gehirn generierter physiologischer Zustand des subjektiven Erlebens von Prozessen in der Umwelt oder dem Körperinneren"* (Luhmann 2019a). Ohne Bewusstsein oder bewusstlos bedeutet danach, dass

1. das Gehirn diesen physiologischen Zustand nicht mehr generiert oder generieren kann und dass
2. äußere und innere Signale nicht mehr subjektiv erlebt werden.

Diese Definition stimmt weitgehend mit der Definition des Begriffs phänomenales Bewusstsein überein, und vermutlich können Naturwissenschaftler, Mediziner, die Mehrzahl der Psychologen und wohl auch einige Geisteswissenschaftler dieser Definition zustimmen.

Kehren wir zu Ihren Antworten in Abb. 4.1 zurück, unabhängig davon, wie Sie den Begriff Bewusstsein definiert haben. Vermutlich stimmen Sie der Aussage 1 zu und sind der Ansicht, dass Bewusstsein ein biologisches Phänomen ist oder biologische und damit letztendlich physikalisch-chemische Prozesse zumindest eine wichtige Rolle spielen. Sollten Sie sich hier für ein „nein" entschieden haben, so sind nach Ihrer Meinung nichtbiologische Prozesse von Bedeutung oder vielleicht sogar zentral für das Bewusstsein verantwortlich. Vielleicht denken Sie an theologische oder soziologische Aspekte. Soziologische Faktoren sind durchaus relevant und werden noch in Abschn. 4.10 diskutiert. Theologische Aspekte sind interessant, sollen hier aber nicht weiter diskutiert werden.

Wenn Sie ein Vertreter des gemäßigten Materialismus oder Naturalismus sind, wie die Mehrzahl der Naturwissenschaftler und Mediziner, dann haben Sie nicht nur Aussage 1, sondern vermutlich auch Aussage 2 bejaht. Bewusstsein ist ein biologischer Prozess und benötigt ein funktionierendes Gehirn. Man mag argumentieren, dass diese Aussage nicht gerechtfertigt ist, da wir das Bewusstsein naturwissenschaftlich bisher nicht erklären können (Gabriel 2015). Das stimmt, ändert aber nichts an der Tatsache, dass naturwissenschaftliche Methoden und Parameter, z. B. in der Medizin, benutzt werden und gut geeignet sind, um Bewusstsein in seinen unterschiedlichen Ausprägungen zu untersuchen, zu identifizieren und zu klassifizieren. Dazu mehr in Abschn. 4.9. Als Zwischenfazit halten wir fest „Ohne Gehirn, kein Bewusstsein!" (das sollte eigentlich niemand in Frage stellen) und beschäftigen uns nun mit unterschiedlichen Formen und Tiefen von Bewusstsein, denn es handelt sich nicht um ein Alles-oder-nichts-Phänomen.

4.3 Unterschiedliche Formen und Tiefen von Bewusstsein

Wenn Sie Aussage 3 („Wenn ich tot bin, habe ich kein Bewusstsein mehr") verneint haben, denken Sie vielleicht an eine über den Tod hinausgehende Existenz in irgendeiner Form. Wenn Ihre Definition von Bewusstsein den Begriff Seele, Geist oder Karma enthält, dann beinhaltet Ihre Vorstellung von Bewusstsein vermutlich religiöse Aspekte, die mit den Vorstellungen einer oder mehrerer Religionen übereinstimmen. In den fünf großen Weltreligionen Christentum, Judentum, Islam, Hinduismus und Buddhismus gibt es eine Existenz des Individuums nach dem Tod, auch wenn die Vorstellungen darüber zwischen diesen Religionen variieren. Ich möchte religiöse Aspekte bei der Betrachtung des Phänomens Bewusstsein keineswegs bewerten, jedoch sind diese mit meiner oben genannten Definition von Bewusstsein nicht vereinbar. Es gibt keine naturwissenschaftlichen Erkenntnisse zur Untermauerung der Aussage, dass Bewusstsein (z. B. Geist, Seele, Karma) nach dem Tod eines Individuums existieren kann. Man kann hier aber auch mit einer Geschichte aus dem Zen-Buddhismus argumentieren (Quelle unbekannt):

> „Meister, gibt es ein Leben nach dem Tod?"
> „Das weiß ich nicht."
> „Aber bist du denn nicht der Meister?"
> „Ja, aber kein toter Meister."

Betrachten wir nun Aussage 4 und kommen somit zum eigentlichen Thema dieses Kapitels. Welche Formen von Bewusstsein können wir unterscheiden? Hier eine unvollständige Liste:

- phänomenales, primäres, perzeptuelles Bewusstsein,
- explizites und implizites Bewusstsein,
- externes und internes Bewusstsein,
- Aktual- und Hintergrundbewusstsein,
- Zustandsbewusstsein und (rationales) Zugriffsbewusstsein,
- Monitoringbewusstsein,
- Intentionalbewusstsein,
- Metabewusstsein,
- Kontrollbewusstsein,
- Selbstbewusstsein,
- Individualitätsbewusstsein,
- B1- und B2-Bewusstsein.

Es existieren offensichtlich verschiedene Formen von Bewusstsein. Nach meiner Ansicht ist es jedoch nicht so einfach, diese unterschiedlichen Begriffe genau zu definieren und eindeutig voneinander zu trennen. Am Beispiel des Aktual- und Hintergrundbewusstseins soll das kurz erläutert werden. Das Aktualbewusstsein besteht aus den momentanen Inhalten unseres subjektiven Erlebens und umfasst die Wahrnehmungen von Sinnesreizen aus der Umwelt und dem eigenen Körper, aber auch kognitive Prozesse wie Denken, Vorstellen, Erinnern oder Emotionen, Wünsche, Absichten, Bedürfniszustände (z. B. Hunger). Das Hintergrundbewusstsein besteht aus dem Erleben der eigenen Identität, der Verortung des eigenen Körpers in Raum und Zeit und dem Unterscheidungsvermögen zwischen Realität und Vorstellung. Jedoch sind diese beiden Formen des Bewusstseins nicht so klar voneinander zu trennen. Beispielsweise nutzen wir für die Verortung des eigenen Körpers im Raum ständig Sinnesinformationen aus der Umwelt und dem eigenen Körper (s. Abschn. 2.4). Beide Begriffe erscheinen also wenig hilfreich und werden im Folgenden nicht weiter verwendet. Auch die anderen oben genannten Begriffe zu unterschiedlichen Bewusstseinsformen werden in diesem Buch weitgehend vermieden.

Tagtäglich macht jeder von uns die Erfahrung von unterschiedlichen Bewusstseinszuständen. Nachts schlafen wir und „erleben" in unseren Träumen andere Welten oder wir versinken im Tiefschlaf in einen Zustand der Bewusstlosigkeit (Luhmann 2015). Morgens sind wir schläfrig und vor dem ersten Kaffee vielleicht kaum präsent. Tagsüber sind wir wach und beim Lösen einer schwierigen Aufgabe höchst konzentriert. Bei dem anschließenden Gruppenmeeting versinken wir in einen Dämmerzustand oder tagträumen vom letzten Strandspaziergang während wir mit interessiertem Blick dem Vortragenden scheinbar lauschen. All diese Vorgänge sind physiologisch und uns auch bestens bekannt. Schlaf, vom Philosophen Arthur Schopenhauer (1788–1860) als *der kleine Bruder des Todes* bezeichnet, kann im Vergleich zum Wachsein als ein veränderter Bewusstseinszustand betrachtet werden. Für den in den USA tätigen Psychiater, Schlaf- und Bewusstseinsforscher Giulio Tononi ist der traumlose Tiefschlaf ein Zustand von Bewusstlosigkeit: „Jeder weiß, was Bewusstsein ist: Es ist das, was jede Nacht verschwindet, sobald wir in einen traumlosen Schlaf fallen, und wiederkommt, sobald wir aufwachen oder träumen. So gesehen ist der Begriff Bewusstsein synonym mit Erleben." Diese Definition ist recht präzise, und Bewusstsein kann danach beim Erwachsenen anhand des EEGs eindeutig identifiziert werden (Abb. 4.2a). Nach Tononi verfügen wir über Bewusstsein, wenn wir wach sind und Reize aus der Umwelt oder dem Körperinneren bewusst verarbeiten; dann weisen wir schnelle Beta- und Gamma-Wellen auf (s. Abschn. 3.5). Auch wenn wir träumen, im REM-Schlaf mit überwiegend Beta-Wellen, sind wir nach Tononi bewusst. Im Gegensatz zum Wachzustand sind wir während des REM-Schlafs jedoch von der Außenwelt regelrecht abgekoppelt; dann dominiert endogene Hirnaktivität, und die Schwelle für das Aufwecken durch äußere Reize ist sehr hoch. In seinem Buch *Der Ego-Tunnel* betrachtet der Philosoph Metzinger den REM-Schlaf als idealen Zustand, um Bewusstsein zu untersuchen, da während des REM-Schlafs die Hirnaktivität ausschließlich auf interne neuronale Prozesse beruht und äußere (Sinnes-)Reize keinen Einfluss haben (Metzinger 2014). Neurowissenschaftler stimmen dieser Einschätzung zu und schlagen vor, bei der Analyse der ontogenetischen und phylogenetischen Entwicklung (Individual- bzw. evolutionären Entwicklung) von Bewusstsein primär den REM-Schlaf zu betrachten (Hong et al. 2018).

Mit Ausnahme der Atem- und Augenmuskeln sind wir während des REM-Schlafs paralysiert, andernfalls würden wir unsere Träume in Bewegungen umsetzen und ggf. vor den erträumten Monstern davonlaufen oder zum Fliegen aus dem Fenster springen. Die neuronalen Ursachen dieser Muskellähmung liegen vermutlich in der Brücke (Pons), wo die geträumten Bewegungskommandos aus dem motorischen Cortex gehemmt und so die Motoneurone im Rückenmark nicht aktiviert werden. Innerhalb der corticalen Netzwerke erfolgt jedoch ein Austausch der Trauminhalte. Geträumte Bewegungen lösen beispielsweise eine spezifische Aktivierung des somatosensorischen Cortex aus (Dresler et al. 2011). Wir träumen also nicht nur die motorische Komponente der Bewegung infolge der Aktivität im motorischen Cortex, sondern wir haben auch das Gefühl der Bewegung infolge der Aktivität im somatosensorischen Cortex. Eine perfekte Illusion!

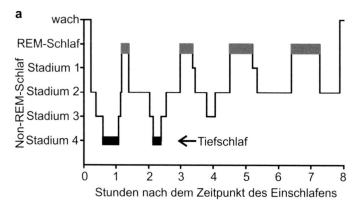

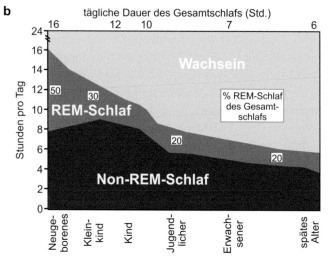

Abb. 4.2 Bewusstsein und Schlaf. **a** Physiologisches Schlafmuster eines gesunden Erwachsenen bestehend aus REM-Schlaf und Non-REM-Schlaf (Stadium 1 bis 4). Wenige Minuten nach dem Einschlafen erreichen wir über das Schlafstadium 1, 2 und 3 schließlich den Tiefschlaf (Stadium 4). Aus diesem gelangen wir in den REM-Schlaf *(rapid eye movement),* in dem wir rasche Augenbewegungen ausführen und träumen. Während des etwa achtstündigen Schlafs wiederholt sich dieser Zyklus, wobei während der Nacht die Tiefschlafphasen kürzer werden bzw. verschwinden und die REM-Phasen zum Morgen hin zunehmend länger werden. Die längsten Traumphasen haben wir also vor dem Aufwachen. **b** Änderungen im Schlafmuster im Laufe unseres Lebens. Neugeborene schlafen (mehrphasig) etwa 16 h täglich, davon hälftig im REM-Schlaf und Non-REM-Schlaf. Bei Kindern verkürzt sich die Gesamtschlafdauer auf 10 bis 12 h, und etwa 30 % des Schlafs werden im REM-Schlaf verbracht. Erwachsene schlafen 6 bis 7 h täglich, davon nur noch etwa 20 % im REM-Schlaf. Aus eigener Erfahrung möchte ich darauf hinweisen, dass Neugeborene und Kleinkinder das in **b** dargestellte Diagramm weder kennen noch befolgen und bei ihren Eltern das in **a** gezeigte Schlafmuster eines Erwachsenen zugrunderichten (**b** adaptiert nach Birbaumer und Schmidt 2010; mit freundlicher Genehmigung von © Springer-Verlag 2019)

Wachheit und REM-Schlaf stellen also zwei physiologische Formen von Bewusstsein mit unterschiedlichen Zugängen zur „Realität" dar. Hingegen verlieren wir unser Bewusstsein im traumlosen Tiefschlaf (Stadium 4) mit langsamen Delta- und Theta-Wellen, wenn im Gehirn Informationen unbewusst verarbeitet und Gedächtnisinhalte konsolidiert werden. Tononis oben genannte Definition von Bewusstsein weist jedoch einige Unzulänglichkeiten auf. Träume, vor allem Angstträume, treten nicht nur im REM-Schlaf, sondern auch im non-REM-Schlaf auf (Siclari et al. 2017). Unklar ist auch die Funktion der Schlafstadien zwischen dem REM- und dem Tiefschlaf (Abb. 4.2a). Sind die Schlafstadien 1 bis 3 eher dem Bewusstseinszustand während der Wachheit oder während des Tiefschlafs zuzuordnen oder reflektieren sie graduell abnehmende Bewusstseinszustände?

Die in Abb. 4.2b dargestellte Graphik beginnt mit dem Zeitpunkt der Geburt eines Kindes nach einer üblicherweise 40 Wochen dauernden Schwangerschaft. In Deutschland kommt etwa jedes zehnte Kind zu früh auf die Welt, per Definition vor Vollendung der 37. Schwangerschaftswoche. Sehr kleine Frühgeborene kommen sogar noch 5 Wochen vorher zur Welt und wiegen dann weniger als 1500 g. Im Klinikum Fulda kam 2010 ein Kind nach knapp 22 Schwangerschaftswochen und mit einem Gewicht von nur 460 g zur Welt. Dank der guten klinischen Versorgung haben sich die Überlebenschancen von Frühgeborenen enorm verbessert. Auf den Frühchenstationen der Kliniken werden eine Vielzahl von physiologischen Parametern gemessen, um Störungen in vitalen Körperfunktionen dieser sehr kleinen Babys möglichst früh zu erkennen und behandeln zu können. Auch EEG-Messungen werden durchgeführt und aufwendig analysiert, um den Funktionszustand des sehr unreifen Gehirns zu untersuchen (Sarishvili et al. 2019). Obwohl der cerebrale Cortex bei den extrem frühgeborenen Kindern noch nicht seine charakteristische Struktur und Funktion erreicht hat, weist das Gehirn zu diesem Zeitpunkt eine überraschende Komplexität von spontanen Hirnrhythmen auf. Das EEG zeigt sehr hohe und langsame Wellen im Delta-Frequenzbereich, die auch schnelle Rhythmen von 10 bis 20 Hz enthalten, die *Delta-brush*-Aktivität (Milh et al. 2007). Ähnliche Hirnaktivitäten wurden auch im Cortex von neugeborenen Mäusen und Ratten beobachtet, deren Gehirn zum Zeitpunkt der Geburt strukturell vergleichbar ist mit dem eines frühgeborenen Babys (Khazipov und Luhmann 2006). Wenn Sie Ihr neugeborenes Kind „Mäuschen" nennen, liegen Sie aus neurowissenschaftlicher Sicht also nicht so ganz falsch. Auf der Website „Translating Time across developing mammalian brains" können Sie die Entwicklung unterschiedlicher Hirnregionen zwischen verschiedenen Säugetierspezies, einschließlich Mensch und Maus, vergleichen.

Die im Cortex von extrem frühgeborenen Kindern auftretenden Aktivitätsmuster ähneln nicht nur denen im Cortex von neugeborenen Kleinnagern, sondern sind sogar unter künstlichen in-vitro-Bedingungen zu beobachten. Am 29. August 2019 veröffentlichte die *New York Times* einen Artikel mit der Überschrift „Organoids are not brains. How are they making brain waves?". Dieser Artikel bezieht sich auf eine Publikation in der Zeitschrift *Cell Stem Cell*, in der die elektrischen Aktivitätsmuster in humanen corticalen Organoiden beschrieben werden. Aus pluripotenten Stammzellen können dreidimensionale Minimodelle des menschlichen Gehirns *(mini brains)* erzeugt werden, die nicht nur auf der molekularen und zellulären Ebene der in-vivo-Situation des intakten menschlichen Gehirns ähneln, sondern die auch spontane Hirnrhythmen generieren, die denen von Frühgeborenen ähneln (Trujillo et al. 2019). Das primäre Ziel dieser an der University of California in San Diego durchgeführten Studie ist ein besseres Verständnis der Mechanismen der Entwicklung und Fehlentwicklung des menschlichen Gehirns, aber in dem *NYT*-Artikel werden die beteiligten Wissenschaftler auch mit der Frage konfrontiert, ob diese menschlichen „Minigehirne" ein Bewusstsein aufweisen können. Der Studienleiter ist sich einer Antwort nicht so sicher, und der renommierte Neurowissenschaftler Christof Koch antwortet auf diese Frage mit: „The closer we come to his goal, the more likely we will get a brain that is capable of sentience and of feeling pain, agony and distress." Die Wissenschaftler in San Diego sind mittlerweile sogar noch einen Schritt weiter gegangen. Die mittels Elektroden registrierte elektrische Aktivität eines menschlichen „Minigehirns" wurde über einen Computer mit einem Roboter verbunden, der Bewegungen ausführen und so ggf. mit der Umwelt interagieren kann. Wenn wir diesem System noch eine Sensorik, also Sinneszellen, hinzufügen (die Wissenschaftler denken an Schmerzzellen), dann hätten wir die Bauteile für ein „Minigehirn" mit Spontanaktivität, das Umweltreize aufnehmen, ggf. in einem dynamischen neuronalen Netzwerk verarbeiten und schließlich mit einer Bewegung reagieren kann! Nach meiner Ansicht bewegen wir uns hier im Bereich des Science-Fiction, und ich bezweifle, dass wir in naher Zukunft Bewusstsein im Plastikschälchen erzeugen können. Spontane Aktivitätsmuster sind auch in sich entwickelnden Zellkulturen von Mäuseneuronen zu beobachten (Abb. 3.1) (Sun et al. 2010), und auch diese Muster ähneln in gewisser Weise den Rhythmen im Cortex von Frühgeborenen (Khazipov und Luhmann 2006). Nach meiner Ansicht erfüllt jedoch das Vorhandensein von synchronisierter Netzwerkaktivität in einem derartigen in-vitro-Modell noch nicht die Voraussetzungen für die Entstehung von Bewusstsein.

Wir haben keine Vorstellung davon, wie das Bewusstsein eines Frühgeborenen oder kleinen Kindes beschaffen ist. Psychologen und Verhaltensforscher nutzen den Spiegeltest als Maß für die Selbsterkenntnis, eine Form von (Ich-)Bewusstsein. Dabei wird dem Kleinkind zunächst heimlich ein Farbfleck auf die Stirn gebracht. Anschließend wird beobachtet, ob das Kind bei Betrachten seines Spiegelbildes eine Reaktion auf den Farbfleck zeigt. Bis zum Alter von etwa 1,5 Jahren erkennen sich Kleinkinder nicht selbst im Spiegel. Andere Tests, wie das False-Belief-Experiment, stellt der Berliner Philosoph Michael Pauen in dem interessanten dasGehirnInfo-Interview vor. Nach Ansicht der US-amerikanischen Psychologin Alison Gopnick verhalten sich Kleinkinder wie Wissenschaftler, die neugierig sind, ständig Hypothesen bilden und diese ggf. rasch verwerfen (Gopnik 2012). Um den Inhalt dieser Aussage und den Zusammenhang zum Bewusstsein bei Kleinkindern zu verstehen, empfehle ich den unterhaltsamen TED-Talk von Alison Gopnik.

New York Times	Interview Pauen	TED-Talk Gopnik

Verlassen wir an dieser Stelle das schwierige Terrain der Bewusstseinsbildung bei früh-, neugeborenen und kleinen Kindern. Dieses Thema wird uns später in Abschn. 4.6 noch einmal beschäftigen. Im Folgenden sollen die Betrachtungen zum Bewusstsein bei Erwachsenen fortgesetzt werden. Hierzu erbrachten neue Studien spannende und wichtige Resultate mit weitreichenden Konsequenzen. Wir sind bisher von der Prämisse ausgegangen, dass ein Erwachsener nach der oben genannten Definition im Wachzustand kontinuierlich Bewusstsein aufweist. Der US-amerikanische Psychologe und Philosoph William James (1842–1919) verglich das Bewusstsein mit einem Fluss, der stets weiterfließt und sich ständig ändert. Wir haben den gleichen Gedanken kein zweites Mal, auch wenn wir uns das fest vornehmen. Auch jedes EEG-Muster ist einzigartig. Ich stelle die nicht überprüfbare Behauptung auf, dass jede Sekunde unserer Hirnaktivität einzigartig ist! Sie tritt weder im Laufe unseres Lebens noch im Leben einer anderen Person ein weiteres Mal auf. Wenn Sie Aussage 1 bis 4 in Abb. 4.1 mit einem „Ja" beantwortet haben, können Sie vielleicht auch meiner Behauptung zustimmen, dass jede Sekunde Ihres und meines Bewusstseins einzigartig ist. Aber stimmt die oben genannte Behauptung, dass wir im Wachzustand kontinuierlich Bewusstsein aufweisen? Die folgende Studie soll zeigen, dass wir diesbezüglich vorsichtiger argumentieren müssen.

An der renommierten US-amerikanischen Yale Universität wurden neun Erwachsene untersucht, die unter einer pharmakoresistenten Epilepsie litten (Herman et al. 2019). In der prächirurgischen Diagnostik werden bei diesen Patienten üblicherweise Messelektroden direkt auf die Hirnoberfläche (Elektrocorticogramm) oder in das Gehirn hinein (Tiefenelektroden) positioniert (Kral et al. 2002). Spontane Hirnströme können so mit hoher zeitlicher und sehr guter räumlicher Auflösung registriert werden, um den epileptischen Fokus möglichst genau zu lokalisieren. Diese Information ist notwendig, um den Fokus im Rahmen eines neurochirurgischen Eingriffs präzise zu entfernen und mit einer hohen Erfolgsrate beim Patienten eine deutliche Verbesserung, im besten Fall sogar eine Anfallsfreiheit, zu erzielen. In der an der Yale Universität durchgeführten Studie wurden bei jedem der 9 Patienten 114 bis 286 Elektroden implantiert. Die Position aller 1621 Messelektroden bei den 9 Patienten sind in Abb. 4.3a als kleine farbige Punkte dargestellt. Nach Einwilligung der Patienten und Zustimmung der lokalen Ethik-Kommission wurde ein Verhaltenstest durchgeführt und gleichzeitig die Hirnaktivität über die implantierten Elektroden gemessen (weitere Details in Herman et al. 2019). In einem Prä-Stimulus-Intervall von 6 bis 10 s wurde dem Patienten eine große, graue Fläche gezeigt, und er musste kontinuierlich ein weißes Kreuz in der Mitte der Fläche fixieren (Abb. 4.3b). Während des gesamten Experiments wurden die Augenbewegungen genau registriert, um zu kontrollieren, ob der Patient auch wirklich ununterbrochen das weiße Kreuz fixierte. Dann wurde in einer der vier Ecken für 50 ms ein neutrales Gesicht präsentiert. Nach einem Post-Stimulus-Intervall von 1 oder 15 s musste der Patient durch Drücken einer Taste mitteilen, ob er ein Gesicht gesehen hatte oder nicht. Schließlich musste der Patient berichten, in welcher Ecke er das Gesicht gesehen hatte. Vergleicht man die Hirnaktivitätsmuster mit bewusster Wahrnehmung und fehlender bewusster Wahrnehmung, so sind einige interessante Unterschiede in der Hirnaktivität zu beobachten. Wie zu erwarten, tritt unter beiden Bedingungen anfangs bei etwa 125 ms Post-Stimulus eine Aktivierung des visuellen Cortex (V1, Area 17) auf (schwarzer Kreis in Abb. 4.3c1, c2). Nach diesem Zeitpunkt sind jedoch markante Unterschiede in der weiteren Hirnaktivierung zu beobachten. Wenn der Proband das Gesicht bewusst wahrgenommen hatte, erfolgte eine Aktivierung von Hirnregionen, die seitlich (parietal) und weiter vorn (frontal) liegen (weiße Kreise in c1). Wurde das Bild nicht bewusst

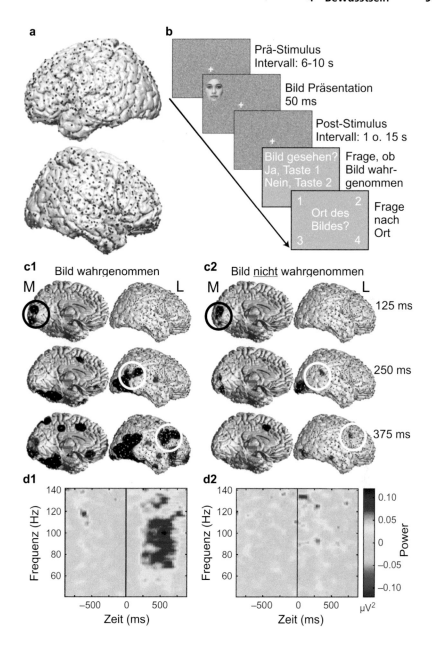

Abb. 4.3 Die bewusste Wahrnehmung eines Sinnesreizes erfordert die Aktivierung vieler Hirnregionen. **a** Darstellung der Position aller 1621 Messelektroden im cerebralen Cortex der linken (oben) und der rechten Hemisphäre (unten); jeweils Ansicht von der Seite, sog. Lateralansicht (s. Abb. 2.1b). Alle an einem der 9 Patienten implantierten Elektroden sind durch eine Farbe repräsentiert. **b** Durchführung der Verhaltensaufgabe während der Registrierung der Hirnaktivität mit den implantierten Elektroden. **c** Farbcodierte Darstellung des Aktivierungsmusters 125,

◀ 250 und 375 ms nach dem Stimulus (von oben nach unten) bei bewusster Wahrnehmung des Reizes (**c1**) und bei fehlender Wahrnehmung (**c2**). Die drei linken Hirnbilder zeigen jeweils die Ansicht der rechten Hemisphäre von der Hirnmitte (Medialansicht, M), die drei linken Hirnbilder zeigen die Ansicht der rechten Hemisphäre von der Seite (Lateralansicht, L). Die Präsentation des visuellen Reizes im linken Gesichtsfeld (Position 1 in **b**) führt anfangs zu einer Aktivierung des rechtshemisphärischen visuellen Cortex V1 (Area 17), unabhängig davon ob der Reiz wahrgenommen wird oder nicht (schwarzer Kreis in **c1** und **c2**). Nur wenn der Reiz bewusst wahrgenommen wird, ist ab 250 ms Post-Stimulus eine zunehmende Aktivierung weiterer Hirnregionen zu beobachten (weiße Kreise in **c1**) (s. Abb. 2.1d). Diese Aktivierung fehlt hingegen, wenn der Reiz nicht wahrgenommen wird (weiße Kreise in **c2**). **d** Analyse der Frequenzmuster über alle Elektroden und alle Patienten. Dargestellt ist farbcodiert die sog. *Power* (Stärke) der Hirnaktivität im Frequenzbereich von 40 bis 140 Hz und im Zeitraum vor und nach dem Stimulus (0 ms). Wenn das Bild bewusst wahrgenommen wird, tritt etwa 250 bis 800 ms Post-Stimulus eine deutliche Zunahme der Aktivität im Gamma-Frequenzbereich auf (**d1**, roter Bereich). Wenn der identische Reiz nicht wahrgenommen wird, fehlt diese Aktivierung (**d2**) (Adaptiert nach Herman et al. 2019; mit freundlicher Genehmigung von © Oxford University Press 2019)

wahrgenommen, fehlte diese Aktivierung (weiße Kreise in c2). Analysiert man die gemessenen Hirnströme mit einem mathematischen Verfahren, der sogenannten Fourier-Analyse, so zeigt das Spektrum, dass nur bei bewusster Wahrnehmung Hirnaktivitäten im hohen Gamma-Frequenzbereich von etwa 70 bis 120 Hz auftraten, und zwar zwischen etwa 250 und 700 ms Post-Stimulus (vgl. Abb. 4.3d1 mit d2). Diese Studie zeigt, dass man mit einer physikalischen Methode, nichts anderes sind die elektrophysiologischen Registrierungen mit Elektroden, sehr zuverlässig eine Aussage darüber treffen kann, ob eine Person einen Reiz bewusst wahrgenommen hat oder nicht. Offensichtlich reicht eine alleinige Aktivierung des primären visuellen Cortex (V1) nicht aus, um einen visuellen Reiz bewusst wahrzunehmen. Es müssen auch parietale und frontale Cortexareale aktiviert werden. Genau das ist auch das Ergebnis einer älteren fMRI- und EEG-Studie an einem 67-jährigen Patienten, bei dem nach einem Hirninfarkt in der rechten Hemisphäre der parietale und frontale Cortex geschädigt, der visuelle Cortex in beiden Hirnhälften aber intakt war (Vuilleumier et al. 2001). Der Patient konnte Bilder von Objekten und Gesichtern nicht bewusst erkennen, wenn sie im linken Gesichtsfeld präsentiert wurden.

Die in Abb. 4.3 dargestellte Studie beinhaltet aber noch ein weiteres interessantes und wichtiges Ergebnis. Offensichtlich nehmen wir nicht alle Sinnesreize bewusst wahr, viele Inhalte gehen im Gehirn „verloren". Nur ein Bruchteil der neuronalen Informationen von den verschiedenen Sinnessystemen wird uns bewusst! In Abschn. 2.4 haben wir schon festgestellt, dass der überwiegende Teil an Informationen aus der Umwelt und unserem Körperinneren nicht bewusst wahrgenommen wird. Spüren Sie momentan die Erdanziehung oder etwa Ihren Blutzuckerspiegel? Auch motorische Handlungen, wie die Atmung, laufen in der Regel unbewusst ab. Wenn Sie einmal das Radfahren erlernt haben, bewältigen Sie jeden Parcours in einer Großstadt, ohne sich die Auf- und Abwärtsbewegungen Ihrer Beine bewusst zu machen. Auch höhere kognitive Leistungen können unbewusst ablaufen. Eine Studie an erfahrenen Schachspielern mit einer durchschnittlichen Deutschen Wertungszahl von 1746 (entspricht nach dem Deutschen Schachbund dem Niveau eines überdurchschnittlichen Vereinsspielers) können im Vergleich zu Anfängern (mit weniger als 100 Spielen Erfahrung) die Spielsituation anhand der Konfigurationen der Schachfiguren unbewusst, also intuitiv, verstehen (Kiesel et al. 2009). Diese Filterung von sensorischen, motorischen und kognitiven Signalen ist überaus sinnvoll, da die Ressourcen zur Verarbeitung neuronaler Information im Gehirn begrenzt sind und effizient eingesetzt werden müssen. Nur wenn wir einem Reiz eine erhöhte Aufmerksamkeit widmen, entgeht er vermutlich nicht unserer Wahrnehmung. Das in Abschn. 2.3 beschriebene ARAS fungiert dann als „Wecker".

Kehren wir zur anfangs genannten Definition des Begriffs Bewusstsein zurück: Bewusstsein ist ein vom Gehirn generierter physiologischer Zustand des subjektiven Erlebens von Prozessen in der Umwelt oder dem Körperinneren. Führen wir an dieser Stelle einen kleinen Selbstversuch zum subjektiven Erleben eines Prozessen in der äußeren Umwelt durch. Schauen Sie sich die beiden Bilder in der folgenden Abbildung an. Was erkennen Sie?

Sofern Sie diese Bilder schon einmal gesehen haben, werden Sie sofort den Dalmatinerhund im oberen und die Kuh im unteren Bild erkennen. Ihr visuelles System wird das in weniger als einer Sekunde leisten. Wenn Ihnen diese Bilder jedoch zuvor nicht bekannt waren, gibt es drei Möglichkeiten. Erstens: Sie haben zwar etwas erkannt, aber nicht einen Dalmatinerhund oder eine Kuh, sondern irgendetwas anderes. Zweitens: Sie haben nichts erkannt. Sollten Sie zu einer dieser beiden Gruppen zählen, dann versuchen Sie es bitte noch einmal mit einer kleinen Hilfe. Der Kopf des Dalmatinerhundes befindet sich oben in der Bildmitte und ist dem Betrachter abgewandt. Das linke Drittel des unteren Bildes zeigt einen Kuhkopf mit Frontalansicht. Die schwarzen Flächen sind die Ohren. Vielleicht gehören Sie aber auch zur dritten Gruppe und Sie haben nach einiger Zeit den Dalmatinerhund, die Kuh oder sogar beides erkannt. Glückwunsch! Sie haben damit eine Leistung vollbracht, die bisher von keiner künstlichen Intelligenz erreicht wurde. Es geht um das Problem der Figur-Hintergrund-Wahrnehmung. Unser visuelles

System ist in der Lage aus dem Wirrwarr von schwarz-weißen Flächen eine Figur zu erkennen, und wir verstehen mittlerweile recht gut, was zum Zeitpunkt der bewussten Wahrnehmung des Bildes in unserem Gehirn geschieht. Der chilenische Neurobiologe Francisco Varela (1946–2001) konnte mittels EEG-Messungen zeigen, dass die bewusste Wahrnehmung derartiger Bilder (in seiner Studie wurden sog. Mooney-Gesichter benutzt) mit einer Gamma-Aktivität über große Teile des cerebralen Cortex einhergeht (Rodriguez et al. 1999), ganz ähnlich wie die in Abb. 4.3d1 dargestellte Hirnaktivität. Der Frankfurter Neurophysiologe Wolf Singer konnte mit seinem Team die Netzwerkmechanismen dieser möglicherweise für das Bewusstsein relevanten Gamma-Aktivität aufklären (Singer 2013). Wir werden darauf in Abschn. 4.6 zurückkommen. Im Folgenden sollen zunächst unterschiedliche Formen und Tiefen von Bewusstsein dargestellt werden, wie sie aus medizinischer Sicht relevant sind. Wir werden die Themen Narkose, Epilepsie, Koma und Locked-in-Syndrom behandeln.

Viele von Ihnen haben schon eine Lokalanästhesie erlebt, zum Beispiel beim Zahnarzt. Die Betäubungsspritze garantiert eine schmerzfreie Behandlung Ihrer Zahnprobleme, obwohl Sie bei Bewusstsein sind. Das Lokalanästhetikum verhindert die Fortleitung von Aktionspotentialen in den Schmerzfasern, die aus Ihrer Kieferregion kommen. Hingegen wird beispielsweise bei einer Blinddarmoperation oder einer Entfernung der Nasenpolypen eine Allgemeinanästhesie (Vollnarkose) durchgeführt. Diese Form der Anästhesie ist vergleichbar mit einem kontrollierten Tiefschlaf. Die in der Klinik genutzten Narkosemittel wirken im Gehirn über unterschiedliche Mechanismen (Alkire et al. 2008). Sie hemmen thalamische Kerngebiete, stören die Synchronisation von schnellen (gamma) Hirnwellen und unterdrücken die lokalen und insbesondere die weitreichenden Interaktionen zwischen den corticalen *rich club* Regionen. Die Tiefe der Bewusstlosigkeit während einer Allgemeinanästhesie korreliert linear mit dem Funktionsverlust corticocorticaler Verbindungen, wobei *hub*-Regionen des Ruhezustandsnetzwerks (s. Abschn. 3.2) besonders betroffen sind (Boveroux et al. 2010). Im Gegensatz zum Tiefschlaf bleiben thalamocorticale Interaktionen und Aktivierungen von primären sensorischen Cortexarealen während einer Allgemeinanästhesie weitgehend intakt (Mashour und Hudetz 2018). Wie im Tiefschlaf so treten auch in der tiefen Narkose langsame EEG-Wellen mit hohen Amplituden auf (Abb. 3.4a). Daher wird unter Berücksichtigung von Altersunterschieden das EEG auch zur (automatisierten) Bewertung der Narkosetiefe genutzt. Bei einer aufwendigen Operation muss sichergestellt sein, dass der Patient den chirurgischen Eingriff weder wahrnimmt,

noch sich daran erinnert. Dies ist jedoch nicht immer der Fall. Nach einer
an knapp 20.000 erwachsenen Patienten erhobenen Studie an sieben renommierten Kliniken der USA weisen trotz gründlicher EEG-Überwachung 1
bis 2 von 1000 Patienten während der Operation ein gewisses Level von
Bewusstsein auf (Sebel et al. 2004).

Ein pathophysiologischer Verlust des Bewusstseins tritt spontan während eines epileptischen Anfalls auf. Bei den generalisierten Anfällen, wie
der Absenceepilepsie (absence, franz. Abwesenheit), verlieren die betroffenen
Personen komplett ihr Bewusstsein. Bei der Absenceepilepsie, die vor
allem bei Kindern und Jugendlichen auftritt, zeigt das EEG große Wellen im 3-Hertz-Rhythmus, ganz ähnlich wie im Tiefschlaf. Diese Epilepsie-
form beginnt plötzlich während des Wachseins, dauert einige Sekunden und
endet auch wieder abrupt. Selbst für einen Nichtmediziner ist aus dem EEG
der genaue Zeitpunkt der Bewusstlosigkeit unzweifelhaft zu erkennen. Tierexperimentelle Studien haben ganz wesentlich dazu beigetragen, dass man
die zugrunde liegenden Mechanismen der Absenceepilepsie verstanden hat
(Pape et al. 2005; Tringham et al. 2012) und ein gut wirksames Medika-
ment entwickeln konnte (Rosati et al. 2018). Die endogene und synchrone
Schrittmacheraktivität der thalamischen Schaltneurone mit ihren spezifischen
funktionellen Eigenschaften steuern physiologisch den 3-Hertz-Rhythmus im
Tiefschlaf (s. Abschn. 3.5) und pathophysiologisch die Absenceepilepsie aufgrund kleiner Veränderungen in den Eigenschaften spannungsgesteuerter
Kanäle. Das Vorhandensein oder kurzzeitige Fehlen von Bewusstsein lässt
sich mit den biophysikalischen Eigenschaften der Nervenzellen im Thalamus vollständig und eindeutig beschreiben. Genau aus diesem Grund kann
bei einem Kind die Absenceepilepsie mit dem Wirkstoff Ethosuximid erfolgreich behandelt werden. Das Bewusstsein verschwindet nicht nur während
der Absenceepilepsie mit den typischen 3-Hertz-EEG-Wellen, sondern auch
bei Epilepsieformen mit schnelleren Frequenzen (höher als 30 Hz), darunter
auch die Gamma-Wellen (Engel, Jr. und da Silva 2012). Diese Beispiele aus
der Epileptologie zeigen, dass das Bewusstsein auch dann verlorengeht, wenn
Nervenzellen eine sehr hohe und synchrone (gamma) Aktivität aufweisen.

Ein weiteres klinisches Beispiel für den Verlust des Bewusstseins ist das
Koma (altgriechisch κῶμα, tiefer Schlaf), die schwerste Form einer Bewusst-
seinsstörung. Ein Koma kann nach großen Verletzungen des Gehirns
infolge eines Hirninfarkts oder Schädel-Hirn-Traumas, nach einer längeren
Sauerstoffunterversorgung oder nach einer Vergiftung, z. B. bei Drogenmissbrauch, auftreten. Während bei der Epilepsie das Bewusstsein nur
für Sekunden oder wenige Minuten verlorengeht, kann beim Koma eine
Bewusstlosigkeit über viele Jahre auftreten. Die EEG-Aktivität im Koma

besteht überwiegend aus sehr langsamen, hohen Wellen und kann mit der Aktivität im Tiefschlaf verglichen werden. Im Koma fallen mit Ausnahme einiger Reflexe die neuronalen Funktionen weitgehend aus (Tab. 4.1). Im Gegensatz zum Koma sind beim sogenannten vegetativen Zustand, auch Wachkoma oder fälschlicherweise apallisches (ohne Großhirnrinde) Syndrom genannt, Schlaf-Wachen-Phasen und Reaktionen auf Schmerzreize oder Schreckreaktionen auf starke auditorische und visuelle Reize intakt.

Große Läsionen im cerebralen Cortex und Thalamus infolge eines Hirninfarkts, Schädel-Hirn-Traumas, Sauerstoffmangels oder einer Vergiftung stellen auch für den vegetativen Zustand die häufigsten Ursachen dar. Es wurde vermutet, dass vor allem die neuronalen Verbindungen von höheren corticalen Arealen geschädigt sind (Boly et al. 2011). Eine neuere fMRI-Studie an 47 gesunden Probanden und 112 Patienten im vegetativen oder minimal bewussten Zustand hat gezeigt, dass Bewusstsein bei Gesunden mit starken Interaktionen zwischen benachbarten, aber auch weit voneinander entfernten Cortexarealen einhergeht (Abb. 4.5a) (Demertzi et al. 2019). Diese Interaktionen sind durch eine hohe Korrelation oder Antikorrelation gekennzeichnet. Im Gegensatz dazu interagieren die Cortexareale bei Patienten im vegetativen Zustand kaum untereinander (Abb. 4.5b). Der vegetative Zustand wird herkömmlich auch dadurch definiert, dass die Patienten kein Bewusstsein ihrer selbst oder ihrer Umgebung zeigen. Hier ist jedoch eine gewisse Vorsicht geboten. 2006 wurde in der renommierten Wissenschaftszeitschrift *Science* ein Artikel publiziert, der das Dilemma der behandelnden Ärzte und das Problem der klinischen Klassifizierung verdeutlicht (Owen et al. 2006). Eine 23-jährige Frau erlitt bei einem Verkehrsunfall ein massives Schädel-Hirn-Trauma und wurde nach eingehender Untersuchung durch ein multidisziplinäres Ärzteteam und auf der Basis der internationalen klinischen Richtlinien als im vegetativen Zustand befindlich diagnostiziert. An dieser Patientin durchgeführte fMRI-Messungen erbrachten jedoch überraschende Ergebnisse. Während die Patientin im MRI-Scanner lag, wurde sie mündlich aufgefordert, sich vorzustellen, dass sie Tennis spielen würde. Es war eine Aktivierung des motorischen Areals SMA zu beobachten. Dann wurde sie aufgefordert, sich vorzustellen, sie würde durch alle Räume ihres Hauses gehen, beginnend bei der Eingangstür. Es trat eine Aktivierung parahippocampaler, parietal corticaler und prämotorischer Areale auf. Derartige Aktivierungsmuster waren bei beiden Aufgaben auch bei gesunden Probanden zu beobachten. Diese wichtige Studie zeigt, dass die Patientin die mündlichen Kommandos nicht nur verstanden, sondern darauf auf neuronaler Ebene auch adäquat reagiert hat. Es wird vermutet, dass bei einigen Patienten, eine europäische Studie geht sogar von 20 % der Komapatienten aus (Cruse et al. 2011), lokale Netzwerke funktionell noch intakt

Tab. 4.1 Hirnfunktionen bei unterschiedlichen klinischen Zuständen mit gestörtem und intakten Bewusstsein (Modifiziert nach Giacino et al. 2002)

	Bewusstsein	Schlaf-Wach-Phasen	Motorische Funktionen	Auditorische Funktionen	Visuelle Funktionen	Kommunikation	Emotionen
Koma	0	0	Reflexe	0	0	0	0
Vegetativer Zustand	0 (?)	Vorhanden	Reaktion auf Schmerzreiz	Schreckreaktion	Schreckreaktion	0	0
Minimal Bewusster Zustand	Partiell	Vorhanden	Automatisierte Bewegungen (z. B. Kratzen)	Lokalisation von Reizen	Augenfolgebewegungen	Vokalisationen und Gesten	Zufälliges Lächeln, Weinen
Locked-in Syndrom	Intakt	Vorhanden	Vollständige Lähmung	Intakt	Intakt	Vertikale Augenbewegungen	Intakt

sind und derartige Leistungen ermöglichen. Zu Recht fordern daher Ärzte, den Begriff vegetativen Zustand nicht mehr zu verwenden und stattdessen vom Syndrom reaktionsloser Wachheit zu sprechen.

Beim minimal bewussten Zustand ist das Bewusstsein partiell intakt, und es können eine Reihe sensorischer, kognitiver und emotionaler Funktionen auftreten (Tab. 4.1). Bei diesen Patienten ist häufig auch eine Tendenz zur Besserung zu beobachten, d. h., sie werden allmählich bewusster – ein weiterer Beweis dafür, dass wir Bewusstsein nicht als ein Alles-oder-nichts-Phänomen betrachten sollten, sondern als einen graduellen Prozess. Im Gegensatz zu Patienten im sogenannten vegetativen Zustand sind die höheren corticalen Areale bei Patienten im minimal bewussten Zustand funktionell intakt (Boly et al. 2013). Letztere zeigen im Gehirn bei repetitiver transkranieller Magnetstimulation (rTMS) auch komplexere Aktivierungssequenzen (Rosanova et al. 2012). In *Nature* wird über einen Patienten berichtet, der sich 6 Jahre im minimal bewussten Zustand befand und nach tiefer Hirnstimulation im Thalamus Verbesserungen in seinen motorischen und kognitiven Leistungen zeigte (Schiff et al. 2007).

Schließlich soll das Locked-in-(Eingeschlossensein-)Syndrom, als ein weiterer interessanter und wichtiger klinischer Zustand, dargestellt werden. Locked-in-Patienten sind vollständig gelähmt und können ggf. nur noch vertikale Augenbewegungen gewollt ausführen. Locked-in-Patienten zeigen jedoch ein relativ normales Schlaf-Wach-Muster und weisen vollkommen intakte sensorische, kognitive und emotionale Hirnfunktionen auf (Tab. 4.1). Ein bekannter Locked-in-Patient war der französische Journalist Jean-Dominique Bauby (1952–1997), der nach einem Hirninfarkt nur noch sein linkes Augenlid bewegen konnte. So diktierte er das überaus beeindruckende und lesenswerte Buch *Schmetterling und Taucherglocke* (im Original *Le scaphandre et le papillon)*. Beim totalen Locked-in-Syndrom sind auch die Augenmuskeln paralysiert. Diesen Patienten kann über ein Brain-Computer-Interface die Möglichkeit der Kommunikation mit der Umwelt ermöglicht werden. Der Artikel „Lernen von Hirnkontrolle – Klinische Anwendung von Brain-Computer Interfaces" (Birbaumer und Chaudhary 2015) bietet einen sehr guten Überblick über die Technologie der Brain-Computer-Interfaces und ihre Möglichkeiten.

Am Ende dieses Kapitels sollen Sie entscheiden, wann ein Erwachsener Bewusstsein aufweist. Ziehen Sie im linken Block der Abb. 4.6 bitte dort eine horizontale Linie, wo nach Ihrer Ansicht bei einem Erwachsenen Bewusstsein vorliegt. Wenn Sie möchten, können Sie auch eine Linie im mittleren und rechten Block der Abb. 4.6 einfügen. Diese Themenblöcke werden in den nächsten Kapiteln behandelt.

4.4   Welche Hirnregionen sind an Bewusstseinsprozessen beteiligt?

Sofern Sie der Meinung sind, dass Bewusstsein kein körperloser Prozess ist, sondern ein funktionierendes Gehirn benötigt (Aussage 2 in Abb. 4.1), können wir uns nun auf die Suche nach dem Ort des Bewusstseins begeben. Sowohl Magnet- und Elektroenzephalographie (MEG, EEG) als auch bildgebende Verfahren, wie fMRT und PET, werden genutzt, um die Hirnregionen und neuronalen Netzwerke zu identifizieren, die an Bewusstseinsprozessen beteiligt sind. Sind bestimmte Bereiche des Gehirns, Areale, Kerne, Schichten, Nervenzellen oder Rezeptoren für Bewusstsein notwendig oder verantwortlich? Die Suche nach dem Ort des Bewusstseins verlief bisher leider ähnlich erfolgreich wie die Suche nach dem Heiligen Gral. Noch in 2018 wird in *Nature* die provokative Frage gestellt, ob das neuronale Korrelat von Bewusstsein hinten oder vorn im Gehirn ist („in the back or the front of the brain", Mashour 2018; s. Boly et al. 2017)?

Die im vorigen Abschnitt dargestellten physiologischen und pathophysiologischen Bewusstseinszustände, z. B. Tiefschlaf bzw. Koma, mögen einen ersten Hinweis auf den Ort des Bewusstseins geben. Beginnen wir unsere Suche im cerebralen Cortex. Die Großhirnrinde, der Neocortex, stellt die evolutionär jüngste Entwicklung des Gehirns dar und hat beim Menschen und anderen „höheren" Säugetieren sein größtes Volumen erreicht. Die corticale Columne (Abb. 2.2) stellt nicht nur ein leistungsfähiges und effizientes Grundmodul für die Verarbeitung von neuronaler Information in sensorischen Cortexarealen dar, sondern erfüllt in (prä-)frontalen Hirnregionen auch andere Funktionen, wie Sprachproduktion, Mitgefühl, Emotionskontrolle oder soziale Interaktionen. Der am Montreal Neurological Institute tätige Neurochirurg Wilder Penfield (1891–1976) publizierte 1959 in *Science* eine Arbeit mit dem Titel „Der interpretierende Cortex – Der Bewusstseinsstrom im menschlichen Gehirn kann elektrisch reaktiviert werden" (*The interpretive cortex – The stream of consciousness in the human brain can be electrically reactivated*) (Penfield 1959). In dieser Veröffentlichung beschreibt Penfield das im Rahmen der prächirurgischen Epilepsiediagnostik beobachtete subjektive Erleben einer wachen Patientin, wenn bestimmte Teile ihres Gehirns elektrisch gereizt wurden:

Eine Frau hörte ein Orchester spielen solange die Elektrode am Ort verblieb. Die Musik hörte auf, als die Elektrode entfernt wurde. Sie kam zurück, wenn die Elektrode wieder eingeführt wurde. Auf Bitte summte sie das Orchester begleitend die Melodie, während die Elektrode am gleichen Ort verblieb. Immer wieder produzierte die Restimulation am selben Ort das gleiche Lied. Die Musik schien immer an der gleichen Stelle zu beginnen und im normal erwarteten Tempo voranzugehen. Alle Bemühungen, sie in die Irre zu führen, scheiterten. Sie glaubte, dass im Operationssaal bei jeder Gelegenheit ein Grammophon eingeschaltet wurde.

(A woman heard an orchestra playing an air while the electrode was held in place. The music stopped when the electrode was removed. It came again when the electrode was reapplied. On request, she hummed the tune, while the electrode was held in place, accompanying the orchestra. Over and over again, restimulation at the same spot produced the same song. The music seemed always to begin at the same place and to progress at the normally expected tempo. All efforts to mislead her failed. She believed that a gramaphone was being turned on in the operating room on each occasion).

Auf der Grundlage dieser und weiterer Beobachtungen an unterschiedlichen Patienten kommt Penfield zu folgender Schlussfolgerung:

Der Teil, der als „interpretierend" bezeichnet wird, befindet sich in Teilen der beiden Temporallappen. Aus diesen beiden homologen Bereichen und von keinem anderen Ort aus löst die elektrische Stimulation gelegentlich körperliche Reaktionen aus, die in (i) Erlebnisreaktionen und (ii) Interpretationsreaktionen unterteilt werden können.

(The portion that is labeled "interpretive" covers a part of both temporal lobes. It is from these two homologous areas, and from nowhere else, that electrical stimulation has occasionally produced physical responses which may be divided into (i) experiential responses and (ii) interpretive responses.)

Eine lokale elektrische Stimulation im cerebralen Cortex kann offensichtlich bei den Patienten das subjektive Erleben von sehr spezifischen und komplexen Ereignissen auslösen und erfüllt somit unsere zu Beginn dieses Kapitels gegebene Definition von Bewusstsein. Die von Penfield vor mehr als 60 Jahren berichteten Ergebnisse wurden mittlerweile vielfach bestätigt und durch weitere Studien ergänzt. Die technologischen Fortschritte und heutigen Möglichkeiten erlauben nichtinvasive Experimente zur Lokalisation von Bewusstseinsprozessen an normalen Probanden. Mittels transkranialer Magnetstimulation (TMS) konnte gezeigt werden, dass in Übereinstimmung mit den an Phineas Cage (Abb. 2.3) beobachteten Störungen, der präfrontale Cortex für das Bewusstsein eine wichtige Rolle spielt (Rounis et al. 2010). Neue Befunde zeigen, dass der präfrontale Cortex für die „Zündung" *(ignition)* von großen und weitreichenden corticalen Netzwerken bei bewussten Wahrnehmungen von zentraler Bedeutung ist (van Vugt et al. 2018; Joglekar et al. 2018). Visuelle Reize erreichen nur dann unser Bewusstsein, wenn der präfrontale Cortex zeitgleich eine ausreichend starke Aktivierung aufweist. Liegt das Aktivitätsniveau unterhalb einer „Schwelle", werden Reize nicht wahrgenommen. Diese Schwelle wird nicht unter Einwirkung diverser Anästhetika erreicht, die insbes. die Konnektivität im frontoparietalen Bereich hemmen (Lee et al. 2013; Mashour und Hudetz 2018). Jean-Pierre Changeux, der renommierte französische Neurobiologe und Autor des 1984 publizierten Sachbuchs *Der neuronale Mensch: Wie die Seele funktioniert – die Entdeckungen der neuen Gehirnforschung,* bezeichnet den präfrontalen Cortex auch als „Diversitätsgenerator" *(generator of diversity,* mit der nicht ernst zu nehmenden Abkürzung *god)* (Dehaene und Changeux 2000), denn hier werden kontinuierlich Kombinationen von Objekten und Ereignissen erstellt. Klinische Befunde an Patienten im sog. vegetativen Zustand geben Hinweise, dass der präfrontale Cortex insbesondere an der bewussten Wahrnehmung der Umwelt („externes Bewusstsein") zentral beteiligt ist (Demertzi et al. 2013a, b). Betrachten wir noch einmal die anfangs genannte Definition von Bewusstsein, als ein vom Gehirn generierter physiologischer Zustand des subjektiven Erlebens von Prozessen in der Umwelt (externes Bewusstsein) oder dem Körperinneren (internes Bewusstsein). Abb. 4.5c, d zeigt, dass dabei unterschiedliche neuronale Netzwerke aktiviert werden, jedoch ist der präfrontale Cortex sowohl an externen wie auch internen Bewusstseinsvorgängen beteiligt (weiße Kreise in Abb. 4.5c, d). Auch wenn der präfrontale Cortex eine Schlüsselrolle zu spielen scheint, so ist unzweifelhaft das Bewusstsein an ein weitreichendes corticales Netzwerk gebunden (s. Abb. 4.3c1).

Für einige Hirnstrukturen kann eine Beteiligung am Bewusstsein weitgehend ausgeschlossen werden. Das Kleinhirn (Cerebellum, s. Abb. 2.1b) an der Rückseite des Kopfes enthält zwar mehr als viermal so viele Neuronen wie der cerebrale Cortex, jedoch scheint es an Bewusstseinsprozessen weitgehend unbeteiligt. Patienten mit Kleinhirnläsionen infolge eines Hirninfarkts zeigen Bewegungs- und Sprachprobleme, jedoch keine Bewusstseinseinschränkung. Sogar bei einem vollständigen Fehlen des Cerebellums sind kognitive Funktionen und das Bewusstsein größtenteils intakt (Yu et al. 2015). Anders sieht es beim Claustrum aus. Das Claustrum (lat. die Schranke) befindet sich beidhemisphärisch unterhalb des cerebralen Cortex und ist eng mit dem präfrontalen Cortex verbunden. Der Nobelpreisträger Francis Crick (1916–2004) und sein Kollege Christof Koch publizierten 2005 einen Artikel, wonach das Claustrum bei der Integration von bewussten Wahrnehmungsinhalten eine wichtige Funktion erfüllt (Crick

und Koch 2005). In seinem Buch *Bewusstsein – Bekenntnisse eines Hirnforschers* berichtet Koch, dass Crick an diesem Artikel „buchstäblich bis zum
letzten Atemzug" auf dem Totenbett gearbeitet hat (Koch 2013).

Verlassen wir nun die makroskopische Ebene und setzen unsere Suche
nach dem Bewusstsein auf mikroskopischer, also zellulärer Ebene fort. In
einem Übersichtsartikel schlagen Christof Koch, Giulio Tononi und weitere Autoren einen Untertyp von Pyramidenzelle als zelluläres Korrelat von
Bewusstsein vor (Koch et al. 2016). Corticale Pyramidenzellen der Schicht
Vb weisen im Vergleich zu den anderen Neuronen im cerebralen Cortex
eine ungewöhnliche Anatomie und Physiologie auf. Sie sind relativ groß,
entladen sich salvenartig in *bursts,* stehen unter schwacher inhibitorischer
Kontrolle und sind über lokale und weitreichende Axone sehr gut im corticalen Netzwerk integriert (Chagnac-Amitai et al. 1990; Schubert et al.
2001). Einem anderen Typ von Pyramidenzelle, den sogenannten Von-Eco-
nomo-Neuronen, wird ebenfalls eine Rolle bei Bewusstseinsprozessen
zugesprochen (Allman et al. 2005; s. Video des US-amerikanischen Neurobiologen John Allman). Diese sind in Schicht V von präfrontalen Cortexarealen und des Inselcortex zu finden. Von-Economo-Neurone sind sehr
große Pyramidenzellen, die aufgrund ihres großen Dendritenbaums neuronale Informationen von großen Bereichen integrieren können. Sie sind bisher nur bei sozial lebenden Säugetierarten, wie Menschenaffen, Elefanten,
Delphinen und Walen, nachgewiesen worden.

John-Allman-Video

Diese Zuordnungen von Bewusstseinsprozessen zu den Eigenschaften und
Funktionen von bestimmten Nervenzellen sind sehr kritisch zu beurteilen.
Im Gegensatz zu den zuvorgenannten experimentellen und klinischen Daten
zur Physiologie und Pathophysiologie des Bewusstseins konnten diese zellulären Daten bisher nicht mit Bewusstseinsprozessen korreliert werden.

Im folgenden Abschnitt soll dargestellt werden, dass bei der Diskussion
des Phänomens Bewusstsein eine rein cortico- oder besser neurozentrische
Sichtweise nicht ausreicht.

4.5 Ich bin meine Schilddrüse!

„Wir sind unser Gehirn" lautet der Titel eines lesenswerten Sachbuchs des international anerkannten Hirnforschers Dick Swaab (Swaab 2011). Niemand kann ernsthaft bezweifeln, dass unsere Wünsche, Handlungen, Pläne und unser Verhalten letztendlich durch unser Gehirn gesteuert werden. In den vorangegangenen Kapiteln wurden eine Vielzahl von experimentellen Ergebnissen und klinischen Beispielen zur Untermauerung dieses Sachverhalts vorgestellt. Jedoch stellt sich die Frage, ob sich das „Ich" bzw. das Bewusstsein tatsächlich vollständig durch das Gehirn beschreiben lässt. Sind wir wirklich nur unser Gehirn? Das möchte ich bezweifeln.

In Abschn. 2.8 kamen wir bereits zu der Schlussfolgerung, dass aus physiologischer Sicht das Gehirn im Grunde genommen als ein ganz gewöhnliches Organ unseres Körpers betrachtet werden kann. Selbstverständlich erfüllt das Gehirn eine überaus wichtige Funktion, aber das gilt auch für das Herz, die Leber und die Haut. Schädigungen dieser Organe können immerhin zum Tode führen. Zur Aufrechterhaltung seiner Funktion ist das Gehirn auf die Versorgung durch andere Organe angewiesen. Hört beispielsweise das Herz auf zu schlagen, so ist die Sauerstoffversorgung des Gehirns unterbrochen, und es kommt infolge des Energiemangels innerhalb weniger Minuten zum Absterben von Nervenzellen und ggf. zum Tod. Eine an der Charité-Universitätsmedizin Berlin durchgeführte Studie an neun Patienten mit irreversibler Hirnschädigung hat gezeigt, dass zum Zeitpunkt unseres Todes eine terminale Depolarisation großer Amplitude im cerebralen Cortex auftritt (Dreier et al. 2018). Was wir zum Zeitpunkt dieser massiven Depolarisation wahrnehmen, ist unklar. Bei Nahtoderfahrungen, beispielsweise nach einer Reanimation, berichten die betroffenen Personen häufig von einem hellen Licht, vielleicht aufgrund einer massiven Depolarisation der Neuronen im visuellen Cortex. Im Anschluss dieser terminalen Depolarisation ist im EEG keine Aktivität mehr zu beobachten. Zu diesem Zeitpunkt geht unser Bewusstsein, wenn Sie wollen unser Ich, Geist oder unsere Seele, unwiderruflich verloren. Einige Leser mögen diesbezüglich eine andere Meinung vertreten.

Unser Gehirn wird in seiner Funktion noch durch weitere Organe des Körpers kontinuierlich reguliert. Unter Kontrolle des Hypothalamus und der Hypophyse bildet die Schilddrüse u. a. die beiden Hormone Triiodthyronin (T_3) und Thyroxin (T_4), die über Feedbackschleifen wieder zurück auf das Gehirn wirken und so ihre eigene Produktion und Freisetzung regulieren. Beide Hormone sind u. a. für das Wachstum während unserer Kindheit wichtig. Recht häufig liegt eine Über- oder Unterfunktion der Schilddrüse mit einer daraus resultierenden Störung des Hormonhaushalts vor. Bei der *Hashimoto*-Krankheit, die nach dem japanischen Arzt Hakaru Hashimoto (1881–1934) benannt wurde, liegt eine Unterfunktion vor, und die betroffenen Personen leiden u. a. häufig unter depressiven Verstimmungen, Müdigkeit, Antriebslosigkeit, Konzentrations- und Gedächtnisstörungen. In seltenen Fällen können sogar neurologische Störungen, wie Epilepsie, oder psychiatrische Symptome, wie Halluzinationen, auftreten. Wenn unsere Hirnfunktion, unser Befinden und unser Verhalten durch diese Schilddrüsenerkrankung derartig verändert sein können, müssen wir dann nicht konsequenterweise behaupten „Ich bin meine Schilddrüse"?

Es gibt noch weitere, beeindruckende Beispiele für den Einfluss von Körperorganen auf unsere Hirnfunktion und damit auf unser Bewusstsein. In der renommierten Wissenschaftszeitschrift *Science Translational Medicine* erschien 2018 das Ergebnis einer internationalen Studie, wonach der Blinddarm das Risiko erhöht, an Morbus Parkinson zu erkranken (Killinger et al. 2018). Der Blinddarm, besser Wurmfortsatz (lat. *Appendix vermiformis*), ist ein etwa zehn Zentimeter langes Anhängsel am Blinddarm. Lange Zeit war man der Meinung, dass der Wurmfortsatz ein funktionsloses Relikt der Evolution darstellt. Heute wissen wir, dass er bei der Bekämpfung von Durchfallerkrankungen durchaus nützliche Aufgaben erfüllt. In der Publikation konnte anhand der Daten von über 1,6 Mio. Individuen nachgewiesen werden, dass die Entfernung des Wurmfortsatzes, wie sie routinemäßig bei einer Wurmfortsatz- bzw. Blinddarmentzündung durchgeführt wird, das Auftreten von Parkinson-Symptomen um durchschnittlich 3,6 Jahre verzögert (Killinger et al. 2018). Bei der Parkinson-Krankheit treten neben den typischen motorischen Störungen häufig auch psychische Veränderungen auf. Fast die Hälfte der Patienten zeigt als Frühsymptom bereits Jahre vor der Diagnose eine niedergedrückte Stimmung. Die Entfernung des Wurmfortsatzes verzögert offensichtlich diese psychischen Störungen. In der Publikation wurden auch die zugrunde liegenden Mechanismen aufgeklärt. Das Protein Alpha-Synuclein, dessen Ablagerung als Ursache des Morbus Parkinson diskutiert wird, ist bei uns lebenslang im Wurmfortsatz zu finden. Es wird vermutet, dass Alpha-Synuclein über einen sogenannten retrograden Transport im *Nervus vagus* in das Gehirn gelangen kann und sich dort anreichert. Wird der Wurmfortsatz entfernt, kann dieser Prozess nicht mehr stattfinden, und die Parkinson-Krankheit tritt nicht so früh auf (Smith und Parr-Brownlie 2019).

Als ein weiteres Beispiel soll der Einfluss unseres Gastrointestinaltraktes, also unseres Darms, auf das Gehirn und unser Bewusstsein dargestellt werden.

In dem Übersichtsartikel „How the mircobiome challenges our concept of self" („Wie das Mikrobiom unser Konzept des Ichs in Frage stellt") diskutiert der Kieler Biologe Thomas Bosch gemeinsam mit Kollegen aus den USA und Kanada die Rolle des Mikrobioms (Rees et al. 2018). Das Mikrobiom bezeichnet die Gesamtzahl der Mikroorganismen im menschlichen Körper. Ein Erwachsener wird von etwa 100 Bio., überwiegend im Darm vorkommenden Mikroorganismen besiedelt, die zehnfache Anzahl aller menschlichen Zellen im Körper. Das Mikrobiom besteht aus 300 bis 3000 verschiedenen Spezies, man kann einen menschlichen Organismus also durchaus als einen Super-organismus bezeichnen (Liang et al. 2018). Im Angesicht der Tatsache, dass 90 % der Zellen in unserem Körper nichtmenschlichen Ursprungs sind, soll-ten wir vielleicht besser nicht mehr egozentrisch von uns als „Ich", sondern besser als „Wir" sprechen. Vielleicht denken Sie bei Ihrer nächsten Getränke- und Speisebestellung im Restaurant daran. Entweder Sie sprechen gleich in der Wir-Form, oder Sie bestellen für sich und Ihre 100 Bio. Mitbewohner. In einer Reihe von Studien konnte gezeigt werden, dass das Mikrobiom an der Entstehung von psychischen und neurologischen Erkrankungen beteiligt ist, darunter Depressionen, ADHS, bipolare Störungen und Schizophrenie (Liang et al. 2018). Es wird diskutiert, dass die Zunahme dieser Erkrankungen auch auf Änderungen unserer Lebensgewohnheiten und den daraus resultierenden Veränderungen im Mikrobiom zurückzuführen ist. Die zelluläre Zusammen-setzung des Mikrobioms wird wesentlich durch die aufgenommenen Nahrungsmittel bestimmt, und der vermehrte Verzehr von Fleischprodukten und Zucker in den westlichen Industrienationen verändert das Mikrobiom (Zarrinpar et al. 2014). Eine Mangel- oder Fehlernährung beeinflusst während der ersten Lebensjahre die Entwicklung des Mikrobioms und damit auch die Hirnentwicklung (Goyal et al. 2015). Insbesondere Bewohner von Städten zeigen im zunehmenden Maße eine Intoleranz gegen traditionelle Speisen, die Milch, Eier und Gluten enthalten. Immer mehr experimentelle und klini-sche Studien unterstützen die Aussage „Du bist, was du isst!" und mittlerweile spricht man bereits von einer Darm-Hirn-Achse und einer Darm-Hirn-Psycho-logie (Liang et al. 2018). Müssen wir aus all dem nicht schlussfolgern „Ich bin mein Wurmfortsatz und Dickdarm"?

4.6   Wie und wann entsteht Bewusstsein?

In den vorangegangenen Kapiteln wurde dargestellt, welche Hirnregionen am Bewusstsein beteiligt sind und durch welche Organsysteme es beein-flusst wird. Da Bewusstsein jedoch keine Struktur, sondern ein Prozess ist,

soll nun diskutiert werden, wie Bewusstsein entsteht. Die Betrachtungs-
ebenen reichen von der molekularen, subzellulären Ebene bis zu großen
Netzwerken. Der theoretische Physiker Roger Penrose und der Anästhesist
Stuart Hameroff haben gemeinsam eine Hypothese vorgeschlagen, die das
Bewusstsein als ein Problem der Quantenphysik beschreibt (Hameroff und
Penrose 2003). Danach stellen quantenmechanische Prozesse an den Mikrotubuli die Grundlage für Bewusstseinsprozesse dar. Mikrotubuli sind röhren-
förmige Proteinkomplexe von etwa 100 µm Länge und 20 nm Durchmesser,
die das Zellskelett stabilisieren und an intrazellulären Transportvorgängen
beteiligt sind. Aus biologischer Sicht ist diese Hypothese jedoch zu kritisie-
ren, da Mikrotubuli nicht nur in tierischen Zellen, wie Neuronen, sondern
auch in pflanzlichen Zellen vorkommen. Sofern man nicht dem Panpsychismus anhängt und an eine generelle „Beseeltheit" aller Dinge glaubt, ist diese
Sichtweise jedoch abzulehnen, denn Pflanzen verfügen nach unserem naturwissenschaftlichen Kenntnisstand nicht über Bewusstsein. Die derzeitige
Flut an populärwissenschaftlichen Artikeln und Büchern zu diesem Thema
sollte nicht darüber hinwegtäuschen, dass die sogenannte „Pflanzenneuro-
biologie" diesbezüglich keine überzeugenden Daten vorweisen kann. Eine
kritische Betrachtung erfolgt in dem kürzlich publizierten und lesenswerten
Übersichtsartikel „Plants Neither Possess nor Require Consciousness" (Taiz
et al. 2019). Bäume haben kein (geheimes) Bewusstsein!

Spezifischen Neurotransmitterrezeptoren oder spannungsgesteuerten
Kanälen wird eine zentrale Rolle bei Bewusstseinsprozessen zugeschrieben.
Viele dieser membranständigen Proteinkomplexe, wie der exzitatorische
NMDA-Rezeptor (Flohr 2000), werden auch durch Anästhetika beeinflusst.
Ähnliches gilt für den inhibitorischen GABA-Rezeptor. Substanzen, wie
Benzodiazepine und Alkohol, die den GABA-Rezeptor modulieren, beeinflussen unser Bewusstsein. Auch die Mehrzahl der spannungsgesteuerten
Kanäle üben einen Einfluss auf Bewusstseinsprozesse aus. In Abschn. 3.5
wurde bereits dargestellt, dass durch die Interaktionen zwischen spannungsgesteuerten Kanälen in thalamischen Neuronen physiologisch der Tiefschlaf
und pathophysiologisch die Absenceepilepsie induziert wird. Beide Zustände
sind durch einen zeitweiligen Verlust des Bewusstseins gekennzeichnet. Es
ist daher nicht sinnvoll, Bewusstsein auf spezifische Rezeptoren oder Kanäle
zurückzuführen, denn diese beeinflussen in der Regel ubiquitär die funktionellen Eigenschaften von Neuronen und damit häufig auch die Aktivität
des ganzen Gehirns oder zumindest des cerebralen Cortex. Niemand käme
auf die Idee, den spannungsgesteuerten Natrium-Kanal als den Schlüssel-
mechanismus für Bewusstsein zu betrachten, denn dieser ist für das Aktionspotential in allen Neuronen verantwortlich. Blockiert man diesen Kanal

Abb. 4.4 Achtung! Die Betrachtung dieser Bilder kann zu einer permanenten Änderung in der Struktur und Funktion Ihres Gehirns führen. Was sehen Sie in der oberen und in der unteren Abbildung? Weitere Erläuterungen im Text (**a** aus https://michaelbach.de/ot/index.html. **b** aus Wikimedia Commons 2019, https://commons.wikimedia.org/wiki/File:Cow_Illusion.jpg)

spezifisch mit Tetrodotoxin, dem Gift des Kugelfisches, dann weist das Gehirn keine neuronale Aktivität mehr auf, und selbstverständlich ist dann auch das Bewusstsein verschwunden.

Verlassen wir die molekulare und zelluläre Ebene und begeben uns bei der Suche nach den Mechanismen, die dem Bewusstsein zugrunde liegen, auf die mehr erfolgversprechende Ebene von neuronalen Netzwerken. Die in Abb. 4.3 dargestellten Resultate zur bewussten Wahrnehmung von visuellen Reizen erlauben zwei wichtige Aussagen. Erstens: Am Bewusstsein sind große corticale Netzwerke beteiligt. Zweitens: Synchronisierte Hirnaktivität im Gamma-Frequenzbereich in einem definierten Zeitfenster korreliert mit der bewussten Wahrnehmung eines Sinnesreizes. Der Frankfurter Neurophysiologe Wolf Singer untersucht mit seinem Team seit drei Jahrzehnten die Funktion corticaler Gamma-Rhythmen und die zugrunde liegenden Mechanismen. EEG-Messungen und intrakranielle elektrophysiologische Ableitungen an unterschiedlichen Spezies haben gezeigt, dass ein Gamma-Rhythmus im Cortex bei erhöhter Aufmerksamkeit auftritt (Engel et al. 2001). Eine transiente Gamma-Aktivität tritt im Cortex auch im Moment der bewussten Gestaltwahrnehmung der in Abb. 4.4 dargestellten Bilder auf. Interessanterweise weisen Schizophrenie- und Autismuspatienten bei der Wahrnehmung derartiger Bilder Defizite und eine reduzierte Gamma-Synchronisation in corticalen Netzwerken auf (Uhlhaas und Singer 2012). Danach ist Bewusstsein an globale Synchronisationsprozesse im Gamma-Frequenzbereich gekoppelt. Weitreichende horizontale Verbindungen von corticalen Pyramidenzellen vermitteln diese effiziente Kopplung von räumlich getrennten, oszillierenden Netzwerken (Singer 2015). Synchrone Gamma-Oszillationen treten jedoch nicht nur bei erhöhter Aufmerksamkeit, Gestaltwahrnehmung und Bewusstseinsprozessen auf, sondern ggf. auch während eines epileptischen Anfalls, wenn Bewusstsein fehlt (Koch et al. 2016; Mashour und Hudetz 2018).

Die Möglichkeiten, das Bewusstsein mittels technologischer Hilfsmittel in seiner Funktion zu beeinflussen und kausal zu untersuchen, sind begrenzt. Die transkraniale Magnetstimulation (TMS) erlaubt die nichtinvasive Aktivierung des Cortex während unterschiedlicher Bewusstseinszustände. Bei einem wachen und aufmerksamen Probanden löst eine TMS eine komplexe und globale Veränderung im EEG-registrierten corticalen Ruhezustandsnetzwerk aus. In Zuständen reduzierten oder fehlenden Bewusstseins, wie im Tiefschlaf, während einer Vollnarkose oder im Koma, fällt die Antwort auf die identische TMS jedoch anders aus. Dieses Ergebnis nutzte eine internationale Forschungsgruppe, um mittels TMS den Bewusstseinszustand bei wachen und narkotisierten Probanden, bei Locked-in-Patienten und bei Patienten im vegetativen oder minimal bewussten Zustand zu bestimmen (Casali et al. 2013). Das gleiche TMS-Protokoll rief bei den gesunden wachen Probanden die größten Störungen hervor, während im Tiefschlaf und unter Narkose nur kleine Modifikationen im corticalen Ruhezustandsnetzwerk auftraten. Auch die Patienten im vegetativen oder minimal bewussten Zustand zeigten bei TMS nur kleine Veränderungen im Ruhezustandsnetzwerk. Wie in Abschn. 4.9 noch beschrieben wird, erlaubt diese Methode sogar eine quantitative Beurteilung der Bewusstseinstiefe (Casali et al. 2013).

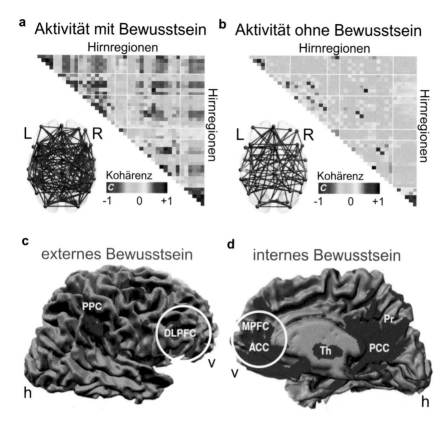

a Aktivität mit Bewusstsein   **b** Aktivität ohne Bewusstsein

Abb. 4.5 Hirnaktivität bei unterschiedlichen Bewusstseinszuständen. (a und b) Kohärenz in der lokalen Hirnaktivität zwischen verschiedenen Cortexarealen bei gesunden Probanden mit intaktem Bewusstsein (a) und Patienten im vegetativen Zustand (b). Bei Bewusstsein treten über kurze und weite Entfernungen sowohl starke Korrelationen auf (rot, Kohärenz größer als 0) als auch starke Antikorrelationen (blau, Kohärenz kleiner als 0). Bei Patienten im vegetativen Zustand (b) sind diese Korrelationen und Antikorrelationen deutlich reduziert (grün, Kohärenz bei 0). Links und rechts ist jeweils durch L bzw. R gekennzeichnet. (c und d) Aktivierung unterschiedlicher neuronaler Netzwerke beim externen (c) und internen Bewusstsein (d). In c ist eine Ansicht von der Seite, in d eine von der Hirnmitte gezeigt. Vorn und hinten ist jeweils durch v bzw. h gekennzeichnet. PPC =posteriorer parietaler Cortex, DLPFC =dorsolateraler präfrontaler Cortex, MPFC =medialer präfrontaler Cortex, ACC =anterior cingulärer Cortex, Th =Thalamus, Pr =Precuneus, PCC =posterior cingulärer Cortex (a und b adaptiert nach Demertzi et al. 2019; mit freundlicher Genehmigung von © Athena Demertzi 2019. c und d adaptiert nach Demertzi et al. 2013a; mit freundlicher Genehmigung von © Elsevier 2019)

Die Suche nach dem neuronalen Korrelat des Bewusstseins erbrachte in den letzten Jahren zwar einige erstaunliche Ergebnisse und interessante Hypothesen, aber von einem grundsätzlichen Verständnis sind wir noch sehr weit entfernt. Bewusstsein kann als eine neue emergente Eigenschaft aufgefasst werden, die durch die dynamischen Interaktionen zwischen komplexen Netzwerken neuronalen und nichtneuronalen Ursprungs entsteht. „Das Ganze ist mehr als die Summe seiner Teile" (Aristoteles 384–322 v. Chr.). Emergenz ist in der belebten und unbelebten Natur häufig zu beobachten. Sauerstoff und Wasserstoff bilden einzeln jeweils ein Gas, in Verbindung jedoch Wasser mit neuen physikalisch-chemischen Eigenschaften. Im Gegensatz zum Phänomen Bewusstsein verstehen wir hier jedoch mit unserem naturwissenschaftlichen Wissen die zugrunde liegenden Mechanismen, nämlich die Knallgasreaktion $2\,H_2 + O_2 -> 2\,H_2O$. Nach meiner Ansicht haben wir in Abb. 4.1 mit der Aussage 5 „Bewusstsein ist naturwissenschaftlich erklärbar" einen durchaus fragwürdigen Punkt erreicht. Die bisherigen Kapitel haben gezeigt, dass wir auf der Grundlage naturwissenschaftlicher Studien recht konkrete Vorstellungen haben, welche Hirnregionen und welche Prozesse am Bewusstsein beteiligt sind, aber möglicherweise ist dieser Ansatz unzureichend, um die Entstehung von Bewusstsein zu verstehen. Nach wie vor können wir nicht erklären, wie Bewusstsein entsteht!

Kommen wir nun zur zweiten Frage dieses Kapitels. Wann entsteht Bewusstsein? Zeigen Kleinkinder, neugeborene oder frühgeborene Kinder bereits Bewusstsein (s. mittlerer Block in Abb. 4.6)? Beginnen wir mit der höchsten Stufe in Abb. 4.6, einer 25-jährigen Person. Aus neurowissenschaftlicher Sicht ist erst zu diesem Zeitpunkt die Entwicklung des Gehirns weitgehend abgeschlossen (Johnson et al. 2009). Insbesondere der präfrontale Cortex zeigt noch bis zu diesem Alter signifikante Veränderungen in seiner Struktur, Funktion und Konnektivität (Arain et al. 2013). Statistische Analysen zum Drogenmissbrauch und zur Risikobereitschaft im Straßenverkehr sind ein weiterer Beleg, dass das menschliche Gehirn vor dem 25. Lebensjahr noch nicht vollständig ausgereift ist. Die 18- bis 24-Jährigen haben mit Abstand das höchste Unfallrisiko, im Straßenverkehr verletzt oder getötet zu werden. Mit 18 Jahren beginnt in Deutschland nach § 2 BGB die Volljährigkeit. In einer Kooperation mit Wolf Singer konnte der Psychologe Peter Uhlhaas zeigen, dass die corticale Synchronisation im Gamma-Frequenzbereich erst bei 18- bis 21-Jährigen vollständig ausgereift ist (Uhlhaas et al. 2009, 2010). Hingegen brach in der Gruppe der 15- bis 17-jährigen Jugendlichen die Gamma-Synchronisation zusammen und glich der von 9- bis 11-jährigen Kindern. Eltern pubertierender Jugendlicher können diesen ungewöhnlichen Verlauf in der Hirnentwicklung aufgrund

Bewusstsein

Wann?	Wer?	Was?
aufmerksam	25-jährige Person	Mensch
wach	18-jährige Person	Schimpanse
Tagträumen	14-jährige Person	Hund
REM-Schlaf	1,5-jähriges Kind	Maus
Tiefschlaf	Neugeborenes	Elster
Vollnarkose	Frühgeborenes	Fisch
Koma	Fötus	Oktopus
Null-Linien-EEG	befruchtetes Ei	Fliege

Abb. 4.6 Wann weist ein Erwachsener Bewusstsein auf? Sind wir im REM-Schlaf bewusst? Wann erscheint Bewusstsein in der menschlichen Entwicklung? Verfügt ein neugeborenes Baby über Bewusstsein? Welche Tierarten zeigen Bewusstsein? Hat ein Fisch Bewusstsein? Nehmen Sie einen Stift und ziehen Sie dort eine horizontale Linie oder eine Welle, wo nach Ihrer Ansicht Bewusstsein beginnt. Diese Abbildung soll keineswegs suggerieren, dass beispielsweise das Bewusstsein eines 18-Jährigen mit dem eines Schimpansen zu vergleichen ist. Die drei Blöcke sind unabhängig voneinander zu betrachten. Daher werden Sie vermutlich in den drei Blöcken eine Linie auf unterschiedlichen Ebenen einzeichnen

eigener Erfahrungen vermutlich bestätigen. Interessanterweise beginnt nach § 19 unseres Strafgesetzbuches mit 14 Jahren das Alter der Schuldfähigkeit, also etwa zu dem Zeitpunkt, wenn nach neurowissenschaftlichen Erkenntnissen im Gehirn massive Umbauprozesse stattfinden. Im Vergleich zu den Jugendlichen weisen die 12- bis 14-jährigen Kinder eine corticale Gamma-Synchronisation auf, die sich bereits der von Erwachsenen annähert. Etwa im Alter von 5 Jahren sind Kinder in der Lage, die Wahrnehmungen, Emotionen, Bedürfnisse, Absichten und Erwartungen von anderen Personen zu erkennen und vorauszusagen (Frith und Frith 2007). Diese Fähigkeit wird auch als *Theory of Mind* bezeichnet. Es ist kein Zufall, dass in vielen Ländern mit 5 bis 6 Jahren die Schulpflicht beginnt. Können wir bereits einem 1,5-jährigen Kind Bewusstsein zuschreiben? In Abschn. 4.3 wurde bereits erwähnt, dass Kinder in diesem Alter erfolgreich den Spiegeltest bestehen und sich selbst im Spiegel erkennen können. Wenn man den Spiegeltest als Kriterium für die Existenz von Bewusstsein heranzieht, muss man folglich 1,5-jährigen Kindern Bewusstsein zuschreiben.

Die Frage nach dem Vorhandensein von Bewusstsein bei neu- und frühgeborenen Babys ist nicht einfach zu beantworten. Das Gehirn eines neugeborenen Säuglings ist sehr aktiv und weist einen erstaunlich hohen Energiestoffwechsel auf. Der Blutglukoseverbrauch eines Neugeborenen liegt bei etwa 50 %, der des Erwachsenen nur bei etwa 20 % (Lagercrantz 2019). Ein großer Teil der Energie wird während früher Entwicklungsphasen für den Aufbau des Gehirns, d. h. Synaptogenese, Myelinisierungen etc., benötigt. In seinem Übersichtsartikel „Developmental Perspectives: is the Fetus Conscious?" (Brusseau 2008) diskutiert der an der Harvard University tätige Anästhesist Roland Brusseau die Frage, ob der menschliche Fötus über Bewusstsein verfügt. Er argumentiert dabei mit den Kriterien, wie sie in den vorangegangenen Kapiteln für das Vorhandensein von Bewusstsein bei Erwachsenen genannt wurden. Das Gehirn des menschlichen Fötus weist jedoch noch keinen sechsschichtigen cerebralen Cortex auf, und auch die synaptischen Eingänge in den Cortex aus anderen Hirnregionen sind sehr unreif oder noch nicht vorhanden. Hingegen existiert zu diesem frühen Entwicklungsstadium eine transiente corticale Schicht, die man als Subplatte *(subplate)* bezeichnet und die eine überaus wichtige Funktion für die weitere Hirnentwicklung spielt (Kanold und Luhmann 2010; Luhmann et al. 2018). Der bekannte schwedische Kinderarzt Hugo Lagercrantz vertritt die Meinung, dass Frühgeborene, die vor der 25. Schwangerschaftswoche zur Welt kommen, vermutlich noch kein Bewusstsein haben, da erst zu diesem Zeitpunkt die Verbindungen aus dem Thalamus in den Cortex einwachsen (Lagercrantz 2019). Die Kriterien für das menschliche Bewusstsein sind nach Lagercrantz Selbstwahrnehmung, die Herstellung von Augenkontakt und das Fühlen von Schmerz und Freude. Aber auch Lagercrantz ist sich nicht sicher, wann eine „minimale Bewusstseinsstufe" erstmals auftritt, und empfiehlt, dass nach 23 Wochen geborene Frühchen dieselbe Versorgung erhalten sollten wie nach 25 Wochen Geborene. Da die Wahrnehmung von Schmerz als ein wichtiges Element von Bewusstsein angesehen werden kann, stellt sich die Frage, ob und ggf. wann früh- oder neugeborene Babys Schmerzen empfinden können. Diese überaus wichtige Frage wird im folgenden Abschnitt näher behandelt.

Der cerebrale Cortex von neugeborenen Nagetieren, wie Mäusen und Ratten, ähnelt auf Zell- und Netzwerkebene dem menschlichen Cortex 2 bis 3 Monate vor der Geburt (Khazipov und Luhmann 2006). Experimente in meinem Labor haben gezeigt, dass die corticale Subplatte von neugeborenen

Nagern bereits Gamma-Rhythmen generieren kann (Dupont et al. 2006; Yang et al. 2009), jedoch unterscheiden sich diese von denen im ausgereiften Gehirn. Das sich entwickelnde Gehirn nutzt offensichtlich andere neuronale Netzwerke als das erwachsene Gehirn, um physiologisch relevante Aktivitätsmuster, wie die synchronen Gamma-Oszillationen, zu generieren (Minlebaev et al. 2011). Diese Aktivitätsmuster treten nicht nur spontan auf, sondern auch nach sensorischer Stimulation, wie bei auditorischer Reizung. Tatsächlich kann ein Kind bereits 2 bis 3 Monate vor der Geburt Musik (Partanen et al. 2013b) und Sprache (Partanen et al. 2013a) wahrnehmen und erkennen. Wie kann man das untersuchen? Im Rahmen einer an der Universität Helsinki durchgeführten Studie wurde im letzten Schwangerschaftstrimester dem Fötus fünfmal wöchentlich das Kinderlied „Twinkle, twinkle, little star" vorgespielt. Bei diesen Kindern wurde dann kurz nach der Geburt und noch einmal später im Alter von 4 Monaten das EEG gemessen, während das Kinderlied abgespielt wurde. Die „Twinkle, twinkle, little star" exponierten Kinder zeigten im Vergleich zu einer altersgleichen Kontrollgruppe von Kindern, die dieses Lied in utero nicht gehört hatten, veränderte EEG-Antworten auf (Partanen et al. 2013b). Offensichtlich erkannten die Kinder kurz nach ihrer Geburt und auch noch 4 Monate später das Lied. Ein weiterer interessanter Befund dieser Studie ist, dass das EEG Veränderungen aufwies, wenn 12,5 % der Noten zufällig vertauscht waren. Die Kinder konnten offensichtlich erkennen, dass mit dem Lied etwas nicht in Ordnung war. Nach diesen Resultaten sollten wir die Linie zum Vorhandensein von Bewusstsein im mittleren Block der Abb. 4.6 in Höhe des Begriffs Fötus einzeichnen.

4.7 Habeo dolorum ergo sum

In Anlehnung an den berühmten Ausspruch des französischen Philosophen und Naturforschers René Descartes (1596–1650) „Cogito ergo sum" („Ich denke, also bin ich") trägt dieser Abschnitt die Überschrift „Habeo dolorum ergo sum" („Ich habe Schmerzen, also bin ich"). Wenn wir uns die anfangs genannte Definition des Begriffs Bewusstsein in Erinnerung rufen (Bewusstsein ist ein vom Gehirn generierter physiologischer Zustand des subjektiven Erlebens von Prozessen in der Umwelt oder dem Körperinneren), dann ist der Schmerz ein geeigneter Gradmesser für die Bestimmung der Bewusstseinstiefe. Nach dieser Definition verfügt jedes Lebewesen potenziell über ein Bewusstsein, wenn es Schmerzen subjektiv empfinden kann.

In Abschn. 2.6 wurde bereits auf die besonderen Eigenschaften des Schmerzsinns hingewiesen. Die Nozizeptoren sind die einzigen Sinneszellen unseres Körpers, die durch chemische, mechanische und thermische Reize, also polymodal, aktiviert werden können. Weiterhin nehmen wir Schmerzen glücklicherweise nur selten wahr. Wenn jedoch Schmerzen auftreten, gibt es kein anderes Sinnessystem, das so intensiv in unser Bewusstsein eindringt. Auch gewöhnen wir uns nicht an die starken Rücken- oder Zahnschmerzen, die uns nachts sogar vom Schlaf abhalten. Nur wenn das Bewusstsein beeinträchtigt ist, z. B. während einer Allgemeinanästhesie, ist auch die Schmerzwahrnehmung reduziert oder sogar komplett ausgeschaltet.

Auch bei Komapatienten kann durch Überprüfung der Schmerzwahrnehmung der Bewusstseinszustand untersucht und mittels *Nociception Coma Scale* quantitativ bewertet werden (Schnakers et al. 2010). An Patienten im vegetativen oder minimal bewussten Zustand wird ein definierter, üblicherweise schmerzhafter Druckreiz auf den Fingernagel ausgeübt. Da Komapatienten verbal nicht antworten können, werden kleine motorische Reaktionen auf diesen Schmerzreiz, wie die Mimik oder eine Bewegung des Fingers oder der Augen, beobachtet und nach einer Punkteskala bewertet. Ein ähnlicher Test, die *Pain Assessment In Advanced Dementia Scale* (PAINAD), wird auch bei Patienten im fortgeschrittenem Demenzstadium benutzt.

Nicht nur bei Koma- und Demenzpatienten, sondern auch bei früh- und neugeborenen Babys ist die Bewertung des Bewusstseinszustands schwierig. Im vorangegangenen Abschnitt kamen wir bereits zu der Schlussfolgerung, dass wir einem Fötus Bewusstsein zuschreiben sollten, zumindest nach der Definition, wie sie in diesem Buch verwendet wird. Haben Föten, früh- und neugeborene Babys auch Schmerzen? Diese Frage ist überaus relevant, denn insbesondere bei sehr Frühgeborenen müssen häufig lebenserhaltende chirurgische Eingriffe durchgeführt werden, und die Einflüsse von Schmerz auf die weitere Entwicklung des Kindes ist noch nicht ausreichend geklärt. Babys, die bei einer normalen Geburt in der 40. Schwangerschaftswoche zur Welt kommen, verarbeiten Schmerz ähnlich wie Erwachsene mit Aktivierungen des somatosensorischen Cortex, Thalamus und insulären Cortex. Jedoch werden bei Säuglingen noch nicht die Amygdala und der orbitofrontale Cortex aktiviert (Goksan et al. 2015). Daher nehmen neugeborene Babys Schmerz vermutlich als ähnlich unangenehm wahr wie ein Erwachsener, jedoch verbinden sie Schmerz vermutlich nicht mit einer negativen Emotion. Eine in 2018 veröffentlichte internationale Studie an 155 sehr frühgeborenen Kindern hat gezeigt, dass frühe Schmerzerfahrungen mit einem langsameren Wachstum des somatosensorischen Thalamus korrelieren

(Duerden et al. 2018). Diese Erkenntnis ist sehr wichtig, da man noch vor einigen Jahren der Meinung war, dass Früh- und Neugeborene keine Schmerzen empfinden und daher ohne Einsatz von Narkosemitteln operiert werden können. Man könnte vermuten, dass auch der Geburtsvorgang für das Kind schmerzhaft sein muss. Neue Studien haben jedoch gezeigt, dass Babys während der Geburt durch das Hormon Oxytozin vor Schmerzen geschützt sind (Ben-Ari 2018). Dieses interessante Hormon, das bei der Schwangeren nicht nur den Geburtsprozess einleitet, sondern auch die Mutter-Kind-Bindung und die Paarbindung zwischen Erwachsenen steuert, wirkt bei Babys während der Geburt wie ein natürliches Anästhetikum und verhindert vermutlich die bewusste Schmerzwahrnehmung.

„Ich habe Schmerzen, also bin ich" – bedeutet dies, dass wir allen Lebewesen, die eine Schmerzwahrnehmung und eine Reaktion auf einen Schmerzreiz zeigen, meist eine Vermeidungsreaktion, Bewusstsein zuschreiben? Nein, das wäre ein Trugschluss und offenbart ein allgemeines Problem in den experimentellen Wissenschaften, nicht nur in den Neurowissenschaften. Ein typisches Experiment sieht nämlich folgendermaßen aus: Man stellt eine Hypothese auf, z. B. dass ein Reiz in einem System eine bestimmte Reaktion auslöst. Solange man das System in seiner Struktur und Funktion nicht vollständig versteht (und für das menschliche Gehirn trifft das sicherlich zu), kann man das System der Einfachheit halber als Black Box betrachten und postuliert aufgrund der bestehenden Datenlage eine interne Verschaltung x (mittlerer Weg in Abb. 4.7). Im Fall der Schmerzwahrnehmung würde diese Verschaltung, wie in Abschn. 2.6 beschrieben, vom Schmerzsensor über das Rückenmark zum Thalamus und schließlich in den Cortex gelangen. Dort wird der Schmerzreiz bewusst und subjektiv wahrgenommen und ggf. wird über motorische Bahnen (motorischer Cortex, Pyramidenbahn, Rückenmark) eine Muskelkontraktion bzw. Bewegung ausgelöst, z. B. das Anheben meines Fußes, wenn ich am Strand barfuß in eine spitze Muschelschale trete (oberer Weg in Abb. 4.7). Eine derartige Verschaltung und Reaktion ist sinnvoll, jedoch wäre sie zu langsam, um in dieser Situation einen tiefen Schnitt in meinen Fuß zu verhindern. Daher gibt es noch eine zweite interne Verschaltung, die wesentlich schneller ohne Beteiligung des Thalamus und Cortex abläuft und daher auch nicht bewusst wahrgenommen wird (unterer Weg in Abb. 4.7). Diese Reaktion wird als (Schutz-)Reflex bezeichnet und erfolgt ausschließlich über Verschaltungen vom Schmerzsensor über Rückenmark zum Muskel. Über diesen Weg ist zum Zeitpunkt der bewussten Schmerzwahrnehmung im Cortex der Fuß schon lange zurückgezogen. Ein intakter Cortex wird für diesen direkten Weg nicht einmal benötigt. Daher lassen sich einige Reflexe auch noch im

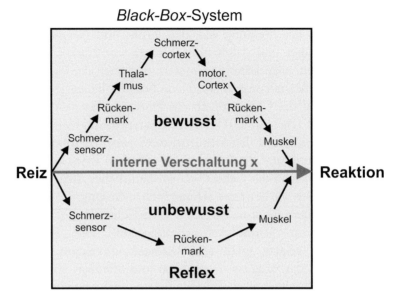

Abb. 4.7 Die neuronale Verarbeitung eines Schmerzreizes und die daraus resultierende Reaktion in einem Black-Box-System. Die im oberen Teil dargestellte interne Verschaltung über Thalamus, Cortex etc. führt zu einer bewussten Wahrnehmung des Schmerzreizes und über das motorische System ggf. zu einer Reaktion. Im Gegensatz dazu erfolgt die untere interne Verschaltung nur über das Rückenmark und ist damit schneller, aber auch unbewusst, da corticale Regionen nicht beteiligt sind

Koma, also unbewusst, auslösen (s. Tab. 4.1). Dieses Beispiel illustriert, dass man aus der Reaktion auf einen Reiz nicht notwendigerweise die Struktur und Funktion der internen Verschaltung herleiten kann! Ich werde auf dieses häufig unterschätzte Problem beim Thema „Haben wir einen freien Willen?" noch einmal zurückkommen.

Wir nehmen Schmerzen jedoch nicht nur bewusst und subjektiv wahr, wenn wir uns verletzen, sondern können auch unter Schmerz leiden, wenn wir sehen, wie ein anderer Mensch sich verletzt. Wir zeigen dann Mitleid. Zeigt man normalen Versuchspersonen Fotos von verletzten Menschen, z. B. das Bild eines Sportlers, der sich das Bein bricht, so spüren etwa ein Drittel der Versuchspersonen im gleichen Teil ihres Körpers ein unangenehmes Gefühl oder Schmerz und zeigen eine Aktivierung der entsprechenden Hirnregionen (Keysers et al. 2010). Die Fähigkeit, den Schmerz, die Gefühle und Absichten anderer Menschen zu verstehen und auf diese mit Mitleid, Trauer, Schmerz oder einem Hilfsimpuls zu reagieren, bezeichnet man als Empathie. Es wird vermutet, dass Empathie über eine bestimmte Gruppe von Nervenzellen vermittelt wird, die man als Spiegelneurone bezeichnet.

Spiegelneurone wurden erstmals im frontalen Cortex entdeckt und weisen außergewöhnliche funktionelle Eigenschaften auf. Sie sind nicht nur bei der Durchführung einer eigenen Bewegung aktiv, sondern auch bei der Beobachtung der gleichen Bewegung bei einem Artgenossen (Rizzolatti und Craighero 2004). Wir kennen den Drang zu gähnen, wenn wir bei unserem Sitzpartner beobachten, wie er beim Gähnen weit den Mund aufreißt. Spiegelneurone transformieren gewissermaßen visuelle Reize in die Kenntnis einer motorischen Handlung. Untersuchungen am Menschen haben gezeigt, dass die Beobachtung von Bewegungen in unserem Gehirn ein komplexes neuronales Netzwerk in okzipitalen, temporalen, parietalen und frontalen Cortexarealen aktiviert (Sinigaglia und Rizzolatti 2011). Es wird vermutet, dass das Spiegelneuronensystem auch eine sehr wichtige Funktion bei sozialen Interaktionen erfüllt. Dazu mehr im Abschn. 4.10.

4.8   Hat der Oktopus ein Bewusstsein?

Bevor Sie mit dem Lesen dieses Abschnitts beginnen, ziehen Sie bitte, sofern nicht schon geschehen, zunächst im rechten Block der Abb. 4.6 eine waagerechte Linie. Bei welcher Spezies tritt nach Ihrer Ansicht Bewusstsein erstmals auf? Glauben Sie, dass die Maus, der Tintenfisch oder sogar die Fliege über Bewusstsein verfügen?

Im Juli 2012 trafen sich am Churchill College der University of Cambridge im Rahmen der Francis Crick Memorial Conference eine Reihe von Wissenschaftern/Innnen zum Thema „Consciousness in Human and Non-Human Animals" (Bewusstsein bei Menschen und nichtmenschlichen Tieren). Zu den Teilnehmern zählten u. a. der Astrophysiker Stephen Hawking (1942–2018) und der bereits zuvor erwähnte Christof Koch, der über viele Jahre gemeinsam mit dem Nobelpreisträger Francis Crick am Thema Bewusstsein geforscht hatte. Auf der Internetseite des Kongresses sind die Themen und Videos der Vorträge aufgeführt und zum Teil einsehbar. Die Konferenzthemen lauten: Neural Correlates of Unconsciousness in Drosophila (Neuronale Korrelate von Nicht-Bewusstsein bei der Taufliege), Through the Eyes of an Octopus: An Invertebrate Model for Consciousness Studies (Durch die Augen eines Oktopus: Ein Wirbellosen-Modell für Bewusstseinszustände), Human-like Consciousness in Non-Humans: Evidence from Grey Parrots (Menschenähnliches Bewusstsein bei Tieren: Evidenzen bei Graupapageien). Diese Konferenz wurde beendet mit der Cambridge Declaration on Consciousness, in der erklärt wird, dass alle Säugetiere, Vögel und auch andere Tiere, wie der Oktopus, die neuronalen

Substrate für das Vorhandensein von Bewusstsein aufweisen. Bewusstsein erfordert nicht notwendigerweise einen cerebralen Cortex! Bewusstsein tritt nicht nur bei Menschen auf!

Francis-Crick-Kongress

Spiegeltest Elster

Man mag über die Vortragsthemen und die Abschlussdeklaration lächeln, aber ich möchte betonen, dass bei dieser Konferenz hoch angesehene Wissenschaftler über das Thema Bewusstsein bei Tieren diskutiert hatten. Viele von ihnen forschen seit Jahren oder sogar seit Jahrzehnten erfolgreich an diesem Thema. Wie sieht die aktuelle wissenschaftliche Datenlage zur Frage „Haben Tiere ein Bewusstsein" aus? Die Antwort hängt u. a. davon ab, mit welcher Methode wir das Vorhandensein von Bewusstsein an Tieren testen. Wenn wir den Spiegeltest als Kriterium verwenden, dann finden wir Bewusstsein bei Schimpansen, Delphinen und Elefanten, denn alle diese Säugetiere bestehen erfolgreich den Spiegeltest. Der bekannte Bochumer Biopsychologe Onur Güntürkün konnte zeigen, dass sogar Elstern den Spiegeltest erfolgreich absolvieren (Prior et al. 2008). Die Videos auf der Internetseite dieser Publikation (dort unter: Supporting Information) bestätigen dies in beeindruckender Weise. Aber vielleicht müssen wir uns bei der Suche nach Bewusstsein auf der evolutionären Leiter noch weiter nach unten begeben.

Im Februar 2019 wurde in der renommierten Zeitschrift *Plos Biology* ein Artikel publiziert, der die Schlussfolgerung zulässt, dass Bewusstsein auch bei Fischen zu finden ist (Kohda et al. 2019). An Blaustreifen-Putzerlippfischen (Labroides dimidiatus) wurde am Kopf eine kleine Farbmarkierung angebracht. Nachdem die Fische ihr Spiegelbild betrachtet hatten, versuchten sie, die Farbmarkierung zu entfernen, indem sie ihren Kopf wiederholt am Kiesboden oder an einem Stein rieben. Dieses Verhalten trat nicht bei farbmarkierten Fischen auf, die sich nicht im Spiegel betrachten konnten. Ob man aufgrund dieser Experimente auf das Vorhandensein eines (Ich-)Bewusstseins bei Putzerlippfischen schließen darf, ist fragwürdig und wird unter den Verhaltensforschern kontrovers diskutiert. Möglicherweise stellt der Spiegeltest kein geeignetes Verfahren für den Nachweis von Selbsterkenntnis und (Ich-)Bewusstsein dar. Dann sollten Psychologen ihre Spiegeltestuntersuchungen an Kleinkindern anzweifeln und andere Tests entwickeln.

Wenn wir jedoch den Fischen eine „primitive" Form von Bewusstsein zuschreiben, dann stellt sich die Frage, ob wir Hinweise auf ein Bewusstsein sogar bei Tieren finden, die zoologisch unterhalb der Fische stehen. Während der Fußball-Weltmeisterschaft 2010 wurde Kraken-Orakel Paul im Oberhausener Sea Life Centre berühmt, weil er den Ausgang aller sieben Spiele mit deutscher Beteiligung und auch das Endspiel richtig „voraussagte". Paul war ein Gewöhnlicher Krake (Octopus vulgaris) und zählte somit zoologisch zum Stamm der Weichtiere. Ich möchte bezweifeln, dass Paul über die Fähigkeit des Hellsehens oder der Präkognition verfügt. Für derartige Fähigkeiten gibt es grundsätzlich keine wissenschaftlichen Beweise. Unumstritten sind jedoch die überraschend hohen kognitiven Leistungen von Tintenfischen bei Lern- und Gedächtnisaufgaben und nicht nur die Teilnehmer der Francis Crick Memorial Conference schreiben diesen Tieren auch eine „primitive" Form von Bewusstsein zu (Mather 2008; Edelman und Seth 2009). Zu einer ähnlichen Schlussfolgerung kommt der australische Philosoph und leidenschaftliche Tiefseetaucher Peter Godfrey-Smith in seinem lesenswerten Buch *Der Krake, das Meer und die tiefen Ursprünge des Bewusstseins* (Godfrey-Smith 2019). Der Oktopus zeigt nicht nur erstaunliche emotionale, soziale und kognitive Leistungen, sondern weist nach der Definition in diesem Buch auch ein Bewusstsein auf.

Weder Vögel noch Fische oder Kraken verfügen über einen cerebralen Cortex. Den finden wir nur bei den Säugetieren, in Abb. 4.6 beginnend mit der Maus. Wenn wir jedoch den genannten Nichtsäugern ein Bewusstsein zuschreiben, dann sind in der Evolution offensichtlich neuronale Strukturen entstanden, die Bewusstsein auch ohne Großhirnrinde ermöglichen. Wir sollten uns diesbezüglich also von dem corticozentrischen Bild verabschieden. Im rechten Block der Abb. 4.6 ist unterhalb des Oktopus nur noch die Fliege genannt. Diese Reihung ist zoologisch nicht korrekt, denn in der Systematik der Tiere stehen die Insekten sogar „oberhalb" der Weichtiere, zu denen der Oktopus zählt. Es gibt keine ernstzunehmenden Studien, die zeigen, dass Fliegen über ein Bewusstsein verfügen. So besteht beispielsweise das Nervensystem der Taufliege Drosophila melanogaster aus nur etwa 100.000 Neuronen, und das reicht vermutlich nicht aus, um bei Insekten Bewusstsein entstehen zu lassen. Auch Douglas R. Hofstadter, Autor des Bestsellers *Gödel, Escher, Bach* (1979), vertritt diesbezüglich eine klare Meinung, wenn er schreibt:

„Mücken „erfahren" vielleicht das Qualium von Blutgeschmack, aber sie sind sich dieses Qualiums nicht bewusst, genauso wie Toiletten auf die unterschiedlichen Qualia verschiedener Wasserstände zwar reagieren, aber keinerlei Bewusstsein davon haben. Wenn jetzt natürlich die Mücken über Gehirne verfügten, die groß genug sind, dass sie *Freunde* haben könnten, dann könnten sie sich auch dieses großartigen Geschmacks *bewusst* sein! Aber leider ist den armen, kleinhirnigen Mücken dieses Glück nicht zuteil geworden" (Hofstadter 2008).

Hofstadter (2008) vertritt die Meinung, dass Bewusstsein kein Alles-oder-nichts-Phänomen darstellt, sondern dass Bewusstsein in der Evolution schon früh aufgetreten ist und sich graduell von der Mücke bis zum Menschen entwickelt hat. In Anlehnung an den Intelligenzquotienten schlägt Hofstadter einen Bewusstseinsquotienten vor, der seinen vorläufigen Maximalwert bei Homo sapiens erreicht. Eine ähnliche Meinung vertritt der bekannte Verhaltensforscher Frans de Waal, der zwar die oben genannten Spiegeltestexperimente an Putzerlippfischen sehr kritisch betrachtet (de Waal 2019), aber Bewusstsein ebenfalls als ein sich graduell in der Evolution entwickelndes Phänomen sieht. Wir können sicherlich davon ausgehen, dass aus evolutionsbiologischer Sicht der cerebrale Cortex (Neocortex) keine notwendige, sondern nur eine hinreichende Voraussetzung für das Vorhandensein von Bewusstsein ist. Vögel besitzen keinen cerebralen Cortex, wie er bei allen Säugetieren zu finden ist. Jedoch verfügen Vögel über eine dem Neocortex homologe Struktur, dem Pallium, das offenbar bei einigen Vogelarten erstaunliche kognitive Leistungen ermöglicht (Jarvis et al. 2005). Bei Fischen oder wirbellosen Tieren erfüllen vermutlich wiederum andere Hirnregionen diese Funktionen (Lacalli 2018).

Sollten wir aufgrund der Datenlage eine (primitive?) Form von Bewusstsein auch den sogenannten niederen Tieren zuschreiben? Diese Sichtweise eines graduellen Panpsychismus ist im Buddhismus zu finden und wird in der westlichen Philosophie u. a. von Platon, Spinoza, Leibniz und Goethe vertreten. Danach ist Bewusstsein in der Evolution nicht plötzlich entstanden, sondern hat sich über viele Millionen von Jahren graduell und zunehmend entwickelt. Dabei setzen wir in der uns typischen Zurückhaltung Homo sapiens selbstverständlich an die Spitze. Es scheint durchaus angebracht und sinnvoll, Abb. 4.6 zu erweitern. Bewusstsein ist kein Alles-oder-nichts-Prozess, sondern nimmt in jedem der drei Blöcke vom untersten Niveau graduell bis zum höchsten Niveau zu (Abb. 4.8). Der rechte Block in Abb. 4.8 zeigt, dass Primaten, wie Schimpansen und Menschen, über mehr oder eine höhere Form von Bewusstsein verfügen als Kraken oder Fische.

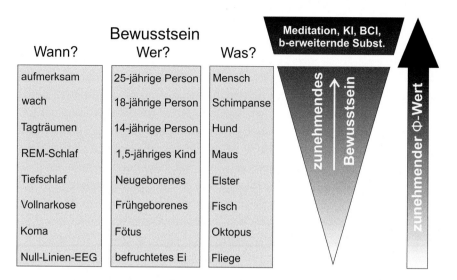

Abb. 4.8 Statt einer Alles-oder-nichts-Schwelle für das Auftreten oder Vorhandensein von Bewusstsein wird hier eine graduelle Zunahme von Bewusstsein vorgeschlagen. Ob Meditation, künstliche Intelligenz (KI), Brain-Computer-Interfaces (BCI) oder bewusstseinserweiternde Substanzen das Bewusstsein steigern können, wird am Ende dieses Kapitels diskutiert

Bewusstsein hat sich nicht nur in der Evolution (Phylogenese) graduell entfaltet, sondern auch in der Individualentwicklung (Ontogenese). Der mittlere Block in Abb. 4.8 illustriert, dass Bewusstsein bei einer erwachsenen Person höher entwickelt ist als bei einem Früh- oder Neugeborenen. Der linke Block schließlich zeigt, dass wir im wachen, aufmerksamen Zustand bewusster sind als in der Narkose oder im Koma. Können wir noch einen Schritt weitergehen und Bewusstsein, wie Intelligenz, sogar quantitativ bewerten und skalieren. Gibt es neben dem IQ einen BQ, einen Bewusstseinsquotienten, wie von Hofstadter vorgeschlagen?

4.9   Ein Maß für Bewusstsein

Der Schlaf- und Bewusstseinsforscher Giulio Tononi führt in seiner „Theorie der integrierten Information" ein quantitatives Maß für den Grad des Bewusstseins ein, den Wert Φ (Phi) mit der Einheit Bit. Die nicht ganz einfache mathematische Berechnung von Φ ist auf der Internetseite der Integrated Information Theory zu finden. Φ kann als ein Maß für die Synergie eines Systems betrachtet werden, also wie effizient die einzelnen Komponenten des Systems integrierend zusammenwirken und dadurch einen Mehrwert an Information erzeugen („Das Ganze ist mehr als die Summe seiner Teile", Aristoteles, verkürztes Zitat aus *Metaphysik VII*). Φ ist gleich Null, wenn alle Einzelkomponenten unabhängig voneinander arbeiten; die Anzahl der Komponenten kann dabei unendlich hoch sein. Φ ist groß, wenn das System aus vielen Einzelkomponenten besteht, die miteinander interagieren. Φ ist maximal, wenn das System aus einer möglichst großen Anzahl von Einzelkomponenten besteht, die alle effizient untereinander interagieren. Danach ist Φ beim Fadenwurm Caenorhabditis elegans recht klein, da sein Nervensystem nur aus 302 Neuronen besteht und diese Nervenzellen auch nur zum Teil miteinander in Verbindung stehen. Das Konnektom des Fadenwurms ist auf der Internetseite WormWiring zu finden. Auch unser Cerebellum weist im Vergleich zu unserem cerebralen Cortex einen kleineren Φ-Wert auf, obwohl es mehr Neuronen besitzt, aber die Nervenzellen im Cerebellum sind untereinander nicht so komplex verschaltet wie im Cortex. Tatsächlich führen Schädigungen des Cerebellums zwar zu motorischen Störungen, aber nicht zu Beeinträchtigungen des Bewusstseins.

WormWiring

Pertubational Complexity Index

Nach Tononi ist der cerebrale Cortex der Säugetiere aufgrund seiner strukturellen und funktionellen Eigenschaften in idealer Weise geeignet, einen sehr großen Φ-Wert zu generieren. Die corticale Columne dient dabei als leistungsfähiges Grundmodul (Abb. 2.2). Hoch integrierte Information benötigt ein Netzwerk, das funktionelle Spezialisierung mit funktioneller Integration verbindet. Genau diese Eigenschaften finden wir im Cortex mit einer vorläufigen Optimierung bei Homo sapiens. Auf unterschiedlichen Ebenen sind verschiedene Komponenten des Systems Großhirnrinde auf spezifische Funktionen spezialisiert. Die unterschiedlichen corticalen Areale sind beispielsweise auf Farbensehen, Objekterkennung oder Sprachproduktion spezialisiert. Fällt infolge eines Hirninfarkts im visuellen Cortexareal V4 die bewusste Farbwahrnehmung aus, so nimmt der Φ-Wert ab. Auch auf der Ebene einzelner Nervenzellen finden wir Spezialisierungen, z. B. für lokale oder weitreichende Interaktionen und für die Generierung bestimmter Aktivitätsmuster. Degenerieren bei der amyotrophen Lateral-sklerose (ALS) die Pyramidenzellen in Schicht V des motorischen Cortex, so tritt eine zunehmende Lähmung der Muskulatur ein. Nach der Theorie der integrierten Information wird auch dann der Φ-Wert kleiner.

Tononis Arbeitsgruppe konnte einige überzeugende Befunde zur Unter-mauerung der Theorie der Integrierten Information liefern. Wie bereits zuvor kurz beschrieben, untersuchten Tononi und Mitarbeiter an gesun-den Versuchspersonen und an Komapatienten die Frage, ob durch experi-mentelle Hirnstimulation bei diesen Personen ein Maß für Bewusstsein zu ermitteln ist (der *perturbational complexity index)* (Casali et al. 2013). Dabei nutzten Tononi und Mitarbeiter die transkranielle Magnetstimulation (TMS), registrierten mittels 60-kanaligen EEG die corticalen Antworten auf diesen Reiz und analysierten deren räumlich-zeitliche Verteilung. Bei gesun-den und wachen Versuchspersonen löst ein lokaler TMS-Reiz eine komplexe Antwort aus, die aus mehreren Hirnwellen besteht und sich über große Bereiche des Cortex ausbreitet. Befand sich die Versuchsperson hingegen im Tief-(Non-REM-)Schlaf, so löste der identische Reiz eine kürzere Antwort aus, die zudem lokal begrenzt war. Andere Antworten waren zu beobachten, wenn sich die Versuchsperson im Traum-(REM-)Schlaf befand. Unter dieser Bedingung, löste der TMS-Reiz ähnlich wie im Wachzustand eine komplexe Antwort aus, die sich weit ausbreitete (Massimini et al. 2010). Diese Studie belegt, dass wir uns im Traum-(REM-)Schlaf keinesfalls in einem Zustand der Bewusst(seins)losigkeit befinden, sondern in einem Zustand mit hohem Bewusstsein (großer Φ-Wert), der sich vom Wachzustand durch seine Beein-flussbarkeit durch äußere Reize unterscheidet (s. Abschn. 4.3).

Versetzte man die gesunden Probanden durch Gabe der Anästhetika Mida-zolam, Xenon oder Propofol in Narkose, so löste die TMS-Stimulation eben-falls nur eine kurze Antwort aus, die sich kaum ausbreitete, ähnlich wie im Tief-(Non-REM-)Schlaf (Casali et al. 2013). Schließlich wurden mit der glei-chen Methode auch Komapatienten untersucht, die sich in unterschiedlichen Stadien der Bewusstlosigkeit befanden (s. Tab. 4.1). Patienten im vegetativen Zustand bzw. mit dem Syndrom reaktionsloser Wachheit glichen in ihren corticalen Antwortmustern auf einen TMS-Reiz den gesunden Versuchs-personen im Tief-(Non-REM-)Schlaf oder in Narkose. Der Grad an Bewusst-sein war gering. Im Gegensatz zeigten Locked-in-Patienten Bewusstseinswerte wie gesunde, wache Versuchspersonen (Casali et al. 2013). Diese Ergebnisse sind nicht nur wissenschaftlich, sondern auch klinisch außerordentlich inte-ressant und wichtig. Mit der experimentellen Kombination von TMS-Sti-mulation und hochauflösender EEG-Registrierung steht eine Methode zur Verfügung, die tatsächlich ein quantitatives Maß für Bewusstsein schafft.

Zudem ermöglicht diese Methode den Einsatz an Patienten, die nicht über ihren Bewusstseinszustand berichten können, wie Locked-in-Patienten.

Tononis Theorie der integrierten Information zur Messung des Bewusstseins erscheint außerordentlich attraktiv. Sie bietet aber auch eine große Angriffsfläche für Kritik, denn sie kann als wissenschaftliche Version des Panpsychismus betrachtet werden, da sie allen Lebewesen einen Φ-Wert zuschreibt. Auch unbelebte Systeme würden über einen mehr oder weniger großen Φ-Wert, über ein Bewusstsein, verfügen. In einer 2014 publizierten theoretischen Arbeit mit dem Titel „Integrierte Informationstheorie 3.0" diskutieren Tononi und Mitarbeiter sogar die Möglichkeit, ob eine Photodiode Bewusstsein aufweisen kann (s. „Simple systems can be conscious: A ‚minimally conscious' photodiode", Oizumi et al. 2014). Verfügen unbelebte Systeme, wie Computer oder das Internet, über einen mehr oder weniger großen Φ-Wert, über ein Bewusstsein? Dazu mehr in Abschn. 6.6.

4.10 Funktion und Dysfunktion des Bewusstseins

Erfüllt das Bewusstsein eine Aufgabe oder ist es nur ein Epiphänomen? Bietet die Existenz von Bewusstsein einen Vorteil für das Überleben des Individuums und der Spezies oder stellt es eine Verschwendung von neuronalen Ressourcen und Energie dar, sozusagen ein neuronales Luxusgut? Nach Ansicht des australischen Hirnforschers Allan Snyder ist das „Bewusstsein nur eine PR-Aktion Ihres Gehirns, damit Sie denken, Sie hätten auch noch was zu sagen". Tatsächlich betrachten eine Reihe von Geistes- und Naturwissenschaftlern das Bewusstsein nur als ein Epiphänomen, als eine Begleiterscheinung in der evolutionären Entwicklung von leistungsfähigen Gehirnen. Danach könnten wir ebenso gut auch ohne Bewusstsein existieren, wir würden dann ein Leben als (philosophische) Zombies führen. Ein Zombie hat keine subjektiven Empfindungen, weder beim Essen eines Schokoladenstücks noch beim versehentlichen Schneiden in den Finger mit einem Brotmesser. Nach unserer Definition von Bewusstsein als ein vom Gehirn generierter physiologischer Zustand des subjektiven Erlebens von Prozessen in der Umwelt oder dem Körperinneren verfügt ein Zombie über kein Bewusstsein, denn ihm fehlt die Fähigkeit, etwas subjektiv zu erleben. Seine physikalisch-chemische Struktur würde es ihm aber ermöglichen, sich äußerlich genauso wie ein normaler Mensch zu verhalten. Könnten wir diesen Zombie von einem normalen Menschen unterscheiden? Hat das Bewusstsein überhaupt eine Funktion?

In Abschn. 4.5 wurde bereits darauf hingewiesen, dass unsere Hirnfunktionen und damit auch unser Bewusstsein nicht nur durch das Gehirn
gesteuert werden, sondern dass unser Gehirn als Teil des Körpers im
kontinuierlichen Wechselspiel mit anderen Organen steht (s. Abb. 2.7). Der
in Abb. 2.1c dargestellte Homunculus ist ein Beispiel für dieses Wechselspiel; die Repräsentation unseres Körpers im Gehirn, in diesem Fall im
cerebralen Cortex. Der Neurologe Antonio Damasio (2004) vertritt die
Meinung, „daß der Körper, wie er im Gehirn repräsentiert ist, möglicherweise das unentbehrliche Bezugssystem für die neuronalen Prozesse bildet,
die wir als Bewusstsein erleben. [...], daß sich unsere erhabensten Gedanken
und größten Taten, unsere höchsten Freuden und tiefsten Verzweiflungen
den Körper als Maßstab nehmen."
Nach Damasio konstruiert das Gehirn ständig neue Repräsentationen des Körpers, von denen jedoch nur ein Bruchteil in unser Bewusstsein
gelangt. Also kein Bewusstsein ohne Körper? Wenn wir Damasios Aussage
uneingeschränkt zustimmen, dann haben Locked-in-Patienten kein oder
nur ein sehr eingeschränktes Bewusstsein, denn sie sind gewissermaßen
„körperlos". Eine derartige Aussage ist jedoch sicherlich nicht zutreffend,
wie auch Tononis TMS-Hirnstimulationen an Locked-in-Patienten gezeigt
haben. Nach der in diesem Buch verwendeten Definition von Bewusstsein
liegt bei Locked-in-Patienten unzweifelhaft Bewusstsein vor, denn sie können beispielsweise Seheindrücke subjektiv erleben, sie träumen und können selbstverständlich über sich und ihre Situation nachdenken. Mit einem
Brain-Computer-Interface wird das „körperlose Gehirn" eines Locked-in-Patienten sogar wieder mit einer physikalischen Entität verbunden.
In Abschn. 4.5 wurde bereits erklärt, dass das Gehirn durch andere
Organe, wie die Schilddrüse oder den Darm, in seiner Funktion beeinflusst
wird. Die These einer engen Verknüpfung zwischen Körper und Bewusstsein,
die sogenannte Verkörperung von Bewusstsein (*embodiment of mind)*, wurde
u. a. auch durch den chilenischen Neurobiologen Francisco Varela vertreten
(Thompson und Varela 2001). Nach Varela ist Bewusstsein mehr als die subjektive Empfindung von äußeren und inneren Prozessen. Bewusstsein entsteht
erst aus den passiven und aktiven Wechselwirkungen zwischen Gehirn, anderen Körperorganen und der Umwelt, wie durch Beobachtung, Mimik oder
Sprache. Unsere Suche nach dem „neuronalen Korrelat des Bewusstseins"
darf daher nicht nur auf Prozesse innerhalb des Gehirns beschränkt sein, sondern erfordert auch die ganzheitliche Betrachtung des Gehirns als Teil unseres Körpers und unsere individuelle Einbettung in physikalisch-chemische
und soziale Umwelten. Diese Betrachtungsweise wird auch als Externalis-
mus bezeichnet. Für die sozialen Interaktionen ist es notwendig, dass wir die

Gefühle, Wünsche und Gedankengänge anderer Menschen verstehen, richtig deuten und ihre Handlungen voraussagen können. Wir benötigen dafür eine Theory of Mind (Przyrembel et al. 2012), und die zuvor genannten Spiegelneurone erfüllen bei diesen Prozessen eine zentrale Aufgabe (Sinigaglia und Rizzolatti 2011). Gleichzeitige EEG-Ableitungen bei sozial interagierenden Versuchspersonen haben gezeigt, dass diese eine synchrone Hirnaktivität im Spiegelneuronensystem aufweisen, darunter der präfrontale Cortex. Über diese interindividuelle Hirnsynchronisation werden Kommunikation, Aufmerksamkeit, Verhalten und Entscheidungen in der Gruppe koordiniert (Warnell und Redcay 2019). Der Psychologe Wolfgang Prinz spricht gar von einer sozialen Spiegelung (Prinz 2013). Kommt das Bewusstsein von Robinson Crusoe erst durch die Anwesenheit von Freitag zu seiner vollen Entfaltung? Erreichen wir erst durch unsere Dialoge mit anderen Menschen, unsere Einbettung in unterschiedliche soziale und kulturelle Umgebungen, unsere Empathie und unser soziales Engagement den Gipfel unseres bewussten Seins?

Kehren wir noch einmal zur Abb. 4.8 zurück und stellen die interessante Frage, wie es am oberen Ende des Spektrums aussieht. Gibt es dort Gipfelstürmer? Douglas Hofstadter (2008) sieht dort Individuen, die eine ausgeprägte Fähigkeit zur Empathie und ein außergewöhnliches soziales Engagement aufweisen, und nennt u. a. Mutter Teresa, Martin Luther King und Mahatma Gandhi, also Menschen mit einer „großen Seele" (*Mahatma* bedeutet große Seele). Wir werden selbstverständlich nie wissen, ob diese Personen einen überdurchschnittlich hohen Φ-Wert aufwiesen (sofern Tononis Theorie der integrierten Information überhaupt richtig ist), aber altruistische Menschen unterscheiden sich von egoistisch handelnden Personen tatsächlich in ihrer Hirnstruktur und ihren neuronalen Verbindungen. Eine internationale Gruppe von Neurowissenschaftlern publizierte 2016 eine Arbeit in *Science,* wonach altruistische Menschen im Vergleich zu egoistisch handelnden Personen signifikant stärkere Verbindungen zwischen dem cingulären und insulären Cortex aufweisen (Hein et al. 2016). Neuronale Konnektivität korreliert hier mit dem Persönlichkeitsmerkmal Empathiefähigkeit. Nach Tononi wäre zu erwarten, dass bei diesen Personen bei TMS-Stimulation überdurchschnittlich große und komplexe EEG-Antworten auftreten würden. Könnten wir mit diesen Methoden besonders altruistische und empathische Menschen mit sehr hohen Φ-Werten identifizieren?

Wären wir demnach auch in der Lage, Personen mit einem relativ geringen Φ-Wert zu identifizieren? Menschen, die egoistisch, skrupellos und vielleicht sogar kriminell handeln. Sollte man zukünftig Vorstandsmitglieder von DAX-notierten Unternehmen, wie Banken oder Autokonzernen, auf ihren Φ-Wert untersuchen? Wäre in der Vergangenheit bei einem derartigen Screening der eine oder andere Kandidat für das US-amerikanische Präsidentschaftsamt bereits im Vorfeld ausgeschieden? Diese Gedankenspiele sind selbstverständlich utopisch, enthalten aber durchaus einen realen Hintergrund. Eine in England an hochrangigen Managern durchgeführte Studie hat gezeigt, dass diese Personengruppe stark psychopathische Persönlichkeitsmerkmale aufweist (Board und Fritzon 2005). Sie waren oberflächlich charmant, selbstsüchtig, frei von Empathie, manipulativ, unehrlich und wiesen ein erhöhtes Selbstbild auf. Aus diesem Grund bezeichnen Board und Fritzon in ihrer Studie die untersuchten Manager als „erfolgreiche Psychopathen". Der kanadische Kriminalpsychologe Robert D. Hare erforscht seit vielen Jahren die Persönlichkeitsstruktur und mittels bildgebender Techniken die Gehirne von Psychopathen. Nach seiner Einschätzung liegt der Anteil von Psychopathen in der Bevölkerung von westlichen Industrienationen bei 1 bis 2 %. Hingegen zeigen nach Hare etwa 4 % der Manager, Makler und Banker extrem psychopathische Züge (Babiak und Hare 2019). Robert Hare ist optimistisch, dass er für seine Studien zu den Ursachen und Folgen von Psychopathie stets eine ausreichend große Anzahl von Versuchspersonen zur Verfügung haben wird und sagt scherzhaft: „Bekäme ich meine Probanden nicht kostenlos aus dem Gefängnis, würde ich mich einfach an der Börse umsehen." Auch der Tübinger Hirnforscher Niels Birbaumer geht von einer ähnlich hohen Anzahl von Psychopathen aus, jedoch sitzen nach seiner Ansicht die wenigsten davon im Gefängnis (Birbaumer 2014). Sehr empfehlenswert zu diesem Thema ist Birbaumers Videovortrag mit dem Titel „Neurobiologie des Bösen":

Aber was unterscheidet den Massenmörder vom psychopathischen Manager? Nach Birbaumer ist es der Faktor Intelligenz. Der Manager versteht es, Gefahren richtig einzuschätzen und zu vermeiden. Nur wenige Top-Manager, wie beispielsweise der frühere VW-Manager Oliver Schmidt, landen daher im Gefängnis. Robert Hare und Mitarbeiter untersuchten mit bildgebenden Methoden die Gehirne von Psychopathen und konnten neuronale Veränderungen beobachten, wie man sie nach den Darstellungen in

Abschn. 4.4 und nach Tononis Theorie der integrierten Information auch erwarten würde. Psychopathen wiesen im frontalen und Teilen des temporalen Cortex einen Verlust an grauer Substanz, also an Nervenzellen und neuronalen Verbindungen auf (Oliveira-Souza et al. 2008). Das Ausmaß an Hirnverlust korrelierte signifikant mit dem Grad der Psychopathie.

Dieses Kapitel enthält einige sehr provokative Fragen und Aussagen. Hier ist aber Vorsicht geboten. Ohne Zweifel gibt es eine Reihe von überzeugenden experimentellen und klinischen Befunden, die einen Zusammenhang zwischen Hirnfunktion und Bewusstsein herstellen. Bei der Korrelation zwischen Hirnstruktur oder -funktion und Charaktereigenschaften sollten wir jedoch sehr viel vorsichtiger sein! Angesichts der Tatsache, dass einige bildgebende Verfahren den lokalen Blutfluss messen, warnte der Tübinger Neurologe Johannes Dichgans vor einer hämodynamischen Phrenologie.

Am Ende dieses Kapitel soll noch die Frage gestellt werden, ob und ggf. wie wir eine Erweiterung oder Steigerung unseres Bewusstseins erreichen können (Abb. 4.8). Sogenannte bewusstseinserweiternde Drogen, wie Lysergsäurediethylamid (LSD), spielten vor einem halben Jahrhundert in der Hippiebewegung eine große Rolle. LSD ist ein synthetisch hergestelltes starkes Halluzinogen und wurde vor allem von dem US-amerikanischen Psychologen Timothy Leary (1920–1996) als ein ungefährliches Mittel für eine „Neuprogrammierung" des Gehirns propagiert. LSD und andere halluzinogene Drogen, wie Meskalin, Heroin, Cannabinoide und NMDA Antagonisten rufen einen Zustand der corticalen Übererregbarkeit hervor. Unter diesen Bedingungen erzeugt der Cortex eine erhöhte endogene Spontanaktivität und reagiert auf sensorische Reize wesentlich stärker als im Normalzustand. Die Einnahme dieser Rauschmittel führt zu positiv oder negativ („Horrortrip") empfundenen Wahrnehmungs- und Bewusstseinsveränderungen, die jedoch ein großes Sucht- und Gefahrpotential darstellen. Nicht nur die Entwicklung einer Psychose, sondern auch der häufig mit einem erhöhten Drogenkonsum einhergehende soziale Abstieg stellen daher eher Merkmale eines eingeschränkten und nicht eines erweiterten Bewusstseins dar.

Im Gegensatz dazu stellen Meditations- und Empathietraining ungefährliche und vermutlich recht wirksame Methoden zur Veränderung bzw. Steigerung des Bewusstseins dar. Das ist keineswegs überraschend, werden Meditationsübungen in fernöstlichen Ländern doch seit Jahrhunderten zur erfolgreichen Bewältigung des Alltags genutzt. In den Neurowissenschaften werden an gesunden und erkrankten Probanden die Folgen von Meditation auf die Hirnstruktur und -funktion seit zwei Jahrzehnten intensiv untersucht (Barinaga 2003; Singer und Ricard 2008; Tang et al. 2015). Die Mehrzahl der Studien zeigte bei Meditierenden im präfrontalen Cortex und in anderen bewusstseinsrelevanten Hirnregionen (s. Abschn. 4.4) eine erhöhte Aktivität, auch eine Zunahme der Aktivität im Ruhezustandsnetzwerk *(resting state)*. Meditation ist also keineswegs mit einem Zustand der Entspannung und eines reduzierten Bewusstseins zu vergleichen, sondern im Gegenteil, mit einem hochkonzentrierten und sehr bewussten Zustand. Die Gehirne von Personen mit langjähriger Meditationserfahrung weisen zudem nicht nur funktionelle Besonderheiten, wie stärkere Gamma-Oszillationen (Lutz et al. 2004), sondern auch strukturelle Veränderungen auf, wie ein größeres Volumen der grauen Substanz im Frontalcortex und Hippocampus (Luders et al. 2009). Derartige funktionelle und strukturelle Veränderungen würden wiederum die Voraussetzungen für eine Zunahme des Φ-Wertes darstellen. Daher ist es nicht überraschend, dass Meditationstraining auch erfolgreich zur Behandlung von psychiatrischen Erkrankungen eingesetzt wird, wie eine Auswertung von 142 klinischen Studien an insgesamt 12.000 Patienten belegt (Goldberg et al. 2018). Diese Auswertung zeigt aber auch, dass Meditationstraining nicht erfolgreicher ist als eine konventionelle medizinische Therapie. Es entbehrt nicht einer gewissen Ironie, dass insbesondere Top-Manager heutzutage vermehrt Kurse zum Aufmerksamkeitstraining besuchen, um „Mindful Leadership" zu erlernen. Möglicherweise gibt es bei diesen Personen einen internen Drang, den eigenen Φ-Wert auf ein normales Niveau zu erhöhen.

4.11 Zusammenfassung des Kapitels

Bewusstsein ist ein vom Gehirn generierter physiologischer Zustand des subjektiven Erlebens von Prozessen in der Umwelt oder dem Körperinneren. Wachheit und REM-Schlaf stellen zwei physiologische Formen von Bewusstsein mit unterschiedlichen Zugängen zur „Realität" dar. Im Wachzustand nehmen wir nur einen Bruchteil der neuronalen Informationen von den verschiedenen Sinnessystemen bewusst wahr und benötigen hierfür die Aktivierung von parietalen und frontalen Cortexarealen. Bewusstsein ist zum Teil an globale Synchronisationsprozesse im Gamma-Frequenzbereich gekoppelt. Tiefschlaf und Koma ist ein physiologischer bzw. pathophysiologischer Zustand der Bewusstlosigkeit. Ein pathophysiologischer Verlust des Bewusstseins tritt spontan während eines epileptischen Anfalls auf.

Bewusstsein entsteht aus den Wechselwirkungen zwischen Gehirn, anderen Körperorganen und der Umwelt. Die Wahrnehmung von Schmerz

5

Freier Wille

Inhaltsverzeichnis

5.1 Die Fragen in diesem Kapitel

Im Kap. 5 werden die folgenden Fragen behandelt:

- Warum macht uns unsere Biologie unfrei?
- Worin unterscheidet sich Willensfreiheit von Handlungsfreiheit?
- Was ist der Unterschied zwischen Determinismus und Indeterminismus?
- Warum helfen uns die oft zitierten Experimente von Benjamin Libet nicht weiter?
- Hat der Flusskrebs einen freien Willen?
- Ist das Gehirn eine Prädiktionsmaschine?
- Erlaubt das Konzept der prädiktiven Codierung einen freien Willen?

© Springer-Verlag GmbH Deutschland, ein Teil von Springer Nature 2020
H. J. Luhmann, *Hirnpotentiale*, https://doi.org/10.1007/978-3-662-60578-3_5

5.2   Biologische Unfreiheit

Niemand mag sich mit der Vorstellung anfreunden, dass man nicht frei in seinen Wünschen und Entscheidungen ist. Nur wenige vertreten die Meinung, dass die eigenen Pläne, Entscheidungen und Handlungen durch Hirnprozesse bestimmt sind, die man weder versteht noch bewusst beeinflussen kann. Wem gefällt schon die Idee, dass man eine Marionette des eigenen Gehirns und letztendlich durch chemische und biophysikalische Prozesse in den neuronalen Netzen determiniert ist. Wenn das zuträfe, würde unser Selbstbild von einem freien, eigenverantwortlichen und selbstbestimmten Individuum doch erheblich leiden. Immerhin heißt es doch im ersten Satz der *Allgemeinen Erklärung der Menschenrechte* „Alle Menschen sind frei"!

Was verstehen wir unter Freiheit? Frei von was oder wem? Frei von gesellschaftlichen Zwängen, frei von biologischen Zwängen? Die meisten von uns sind nicht so frei, den morgendlichen Wecker abzustellen, weiter zu schlafen und nicht zur Arbeit zu gehen. Der Kühlschrank muss wieder mit Lebensmitteln gefüllt werden, das neue Auto oder der nächste Urlaub müssen noch finanziert werden. Hinzu kommen die biologischen Zwänge, die uns morgens am Weiterschlafen und Träumen hindern. Die Blase ist mit Urin gefüllt, Durst und Hunger machen sich bemerkbar.

Aus biologischer Sicht sind wir in unseren Entscheidungen und Handlungen keineswegs frei. Ein einfacher Selbstversuch soll diese Aussage untermauern. Versuchen Sie, bei Ihrem nächsten Besuch im Schwimmbad ohne Hilfsmittel zwölf Minuten zu tauchen. Das wird Ihnen auch bei bestem Gesundheitszustand nicht gelingen. Schon nach etwa einer halben Minute spüren Sie den Drang, aufzutauchen und zu atmen. Vielleicht schaffen Sie eine Minute oder etwas länger, aber zwölf Minuten sicherlich nicht. Das hat bisher auch noch kein Mensch erreicht. Der derzeitige Weltrekord im Apnoetauchen liegt für Männer bei 11 min und 35 s. Unter physiologischen Bedingungen ist Atmung ein unwillkürlicher Vorgang, wir sind uns üblicherweise des Ein- und Ausatmens nicht bewusst. Wir können die Atmung jedoch auch bewusst steuern, z. B. bei der Aufforderung unseres Hausarztes „Nun atmen Sie einmal tief ein!". Auf den ersten Blick scheinen wir beim Atmen frei zu sein. Wir verlieren aber diese scheinbare Freiheit, wenn wir möglichst lange tauchen wollen, und das hat einen physiologischen Grund. Beim Tauchen steigt langsam der Kohlenstoffdioxydgehalt im Blut an und Chemosensoren in den arteriellen Blutgefäßen informieren die Neuronen im Atemzentrum des Hirnstamms über den

Kohlenstoffdioxydgehalt im Blut. Dadurch wird der Atemreiz ausgelöst, der bei zunehmender Atemnot nicht mehr willentlich zu unterdrücken ist. Wir müssen dann auftauchen und einatmen. Auf den letzten Seiten seines zum Teil autobiographischen Romans *Martin Eden* beschreibt Jack London eindrucksvoll, wie der Protagonist zunächst scheitert, seinem Leben durch tiefes Tauchen im Meer ein Ende zu setzen. Schließlich überlistet Martin Eden seinen Willen zu leben mit einem Trick.

Es gibt eine Vielzahl weiterer Beispiele aus der Physiologie, die beweisen, dass wir nicht frei sind, sondern durch biologische, chemische und physikalische Prozesse gesteuert werden. Fällt der Blutzuckerwert ab, vermindert sich die Hirnleistung, und wir können bewusstlos werden. Physiologische Regelkreise registrieren und regulieren den Blutzuckerspiegel innerhalb bestimmter Grenzen (Homöostase). Wenn jemand an Diabetes erkrankt ist, muss er selbst regelmäßig seine Blutzuckerwerte kontrollieren und regulieren, um zu verhindern, dass er in einen Zustand der Bewusstlosigkeit oder sogar ins Koma fällt. Durch Messung physiologischer Parameter können wir ablesen, in welchem Zustand wir uns aktuell befinden. Das Elektrokardiogramm (EKG) zeigt, ob wir aufgeregt und gestresst sind. Das Elektroenzephalogramm (EEG) zeigt, ob wir wach sind, tief schlafen oder träumen. Wir sind durch biologische Prozesse determiniert, nicht nur unmittelbar, sondern sogar über lange Zeiträume hinweg. Setzt bei einer jungen Frau der Menstruationszyklus aus und ist im Urin eine erhöhte Konzentration des Hormons Choriongonadotropin nachweisbar, so wird mit sehr großer Wahrscheinlichkeit die Frau in acht bis neun Monaten ein Kind gebären. Wird bei einem Patienten Bauchspeicheldrüsenkrebs diagnostiziert, so liegt die Fünf-Jahres-Überlebensrate leider nur bei 20 bis 30 %. Wo ist der freie Wille, wenn man ihn am dringendsten braucht?

Wir sind auch nicht frei und unabhängig von unserer Umwelt, unserer Gesellschaft und unserer Kultur. Unser Körper reagiert auf Umweltreize, z. B. wird sich bei zu starker Sonnenbestrahlung unsere Haut innerhalb weniger Stunden rot, später ggf. leicht braun färben. Unsere Freunde, Familienmitglieder und die Gesellschaft geben Verhaltensnormen und Gesetze vor, die sich im Laufe der Evolution als überaus hilfreich und nützlich erwiesen haben, um einen friedlichen und hoffentlich freundlichen Umgang im sozialen Umfeld zu gewährleisten. Schließlich gewinnt unser Leben an Qualität, und wir sind froh, wenn kulturelle Errungenschaften, wie Kunst und Musik, unser Leben bereichern. Glückshormone werden ausgeschüttet und neuronale Netzwerke des „Glücks" werden aktiv; wir sind dann gut gelaunt und unser Leben ist schön. Aber sind wir frei?

Textbox: Der Fall Charles Whitman

Charles Whitman wurde im Jahre 1941 in Florida geboren. Als Junge war er bei den Boy Scouts of America aktiv und erreichte dort als Eagle Scout den höchstmöglichen Rang. Später diente er als Marineinfanterist bei den USA-Marinekorps und begann anschließend sein Architektur-Studium an der University of Texas in Austin. Am 1. August 1966 änderte Charles Whitman sein Leben und das vieler anderer Menschen.

Nachdem er seine Mutter erstochen hatte, erstach er seine schlafende Ehefrau. Danach packte er seine Schusswaffen, Munition und andere Waffen für den Nahkampf in einen Koffer, fuhr zum Campus der Universität und begab sich dort auf die Aussichtsplattform des 27 Stockwerke hohen Turms des Hauptgebäudes. Von dort erschoss er 17 Menschen und verletzte 32 weitere Personen, bevor er von der Polizei erschossen wurde.

Im Haus von Charles Whitman fand man Abschiedsbriefe, die er vor dem Mord an seiner Mutter und seiner Ehefrau geschrieben hatte. Eine Textpassage lautet:

> I don't really understand myself these days. I am supposed to be an average reasonable and intelligent young man. However, lately (I don't recall when it started) I have been a victim of very unusual and irrational thoughts. It was after much thought that I decided to kill my wife,… I love her dearly, and she has been as fine a wife to me as any man could ever hope to have. I cannot rationally pinpoint any specific reason for doing this.

Die Autopsie seines Leichnams ergab einen Hirntumor, der auf eine Hirnregion mit der Bezeichnung Amygdala drückte. Die Amygdala ist Teil des limbischen Systems und hat eine zentrale Funktion bei der Wahrnehmung, Bewertung und Kontrolle von affekt- oder lustbetonten Empfindungen. Offensichtlich veränderte diese Hirnschädigung Charles Whitman in einer erschreckenden Weise, die er selbst nicht verstand. Er sah sich als „Opfer von sehr ungewöhnlichen und irrationalen Gedanken". Ist er Opfer seiner Hirnschädigung? Konnte er nicht mehr frei entscheiden?

Der Fall von Charles Whitman wird oft als Beispiel herangezogen, um den freien Willen in Frage zu stellen und zu belegen, dass wir durch die neuronalen Schaltkreise in unserem Gehirn determiniert sind. Gibt es dann auch das „kriminelle Gehirn"? Tatsächlich existieren eine Reihe von Hinweisen, dass dies der Fall ist (Eastman und Campbell 2006; Darby et al. 2018), aber hier ist allerhöchste Vorsicht geboten (Garland und Glimcher 2006). Nicht jeder Mensch mit einer Schädigung der Amygdala wird zum Massenmörder! Beim Urbach-Wiethe-Syndrom, eine seltene vererbte Erkrankung, kommt es zu einer frühen, oft schon im Kindesalter auftretenden Zerstörung der Amygdala. Patienten mit Urbach-Wiethe-Syndrom zeigen normale kognitive Fähigkeiten, jedoch treten emotionale Defizite auf, wie das Fehlen von Angst und eine gewisse „Gefühlskälte". Ein bekanntes Beispiel ist die Patientin S. M., über deren Leben interessante Informationen im Internet zu finden sind.

An dieser Stelle ist es notwendig, den Begriff der Willensfreiheit von dem der Handlungsfreiheit zu unterscheiden. Handlungsfreiheit bedeutet, dass ich tun kann, was ich tun will. Tatsächlich ist jedoch meine Handlungsfreiheit beispielsweise durch juristische Vorgaben (u. a. das Strafgesetzbuch) oder biologische Zwänge eingeschränkt. Ich mag den festen Willen haben, den Marathonlauf in einer Zeit unter dreieinhalb Stunden zu beenden, aber leider setzen meine Beinmuskeln mir diesbezüglich einen anderen Handlungsspielraum. Die oben genannten Beispiele aus der Physiologie und Medizin zeigen andere biologische Grenzen unserer Handlungsfreiheit auf.

Hingegen bedeutet Willensfreiheit, dass ich meinen Willen selbst bestimmen kann. In seiner 1839 veröffentlichten Preisschrift *Über die Freiheit des menschlichen Willens* schreibt *der* deutsche Philosoph Arthur Schopenhauer (1788–1860) zur Handlungs- und Willensfreiheit „Der Mensch kann zwar tun, was er will, aber er kann nicht wollen, was er will" und bestreitet vehement die Existenz eines freien Willens.

Tragische Beispiele aus den neurologischen Kliniken verdeutlichen den Unterschied zwischen Willens- und Handlungsfreiheit. Bei der Parkinson-Krankheit gehen aus noch nicht vollständig geklärten Gründen Dopamin-produzierende Neurone in einer Hirnregion namens Substantia nigra zugrunde. Ein typisches Merkmal dieser Krankheit ist im fortgeschrittenen Stadium die Bewegungslosigkeit (Akinese). Die Parkinson-Krankheit ist leider noch nicht heilbar. Aus Untersuchungen an Mäusen wissen wir, dass die Dopamin-produzierenden Nervenzellen in der Substantia nigra deutlich vor Bewegungsbeginn zeitweilig eine erhöhte Aktionspotentialfrequenz aufweisen und eine spezifische Rolle bei der Initiierung der Bewegung haben (da Silva et al. 2018). Parkinson-Erkrankte wollen eine Bewegung ausführen, jedoch können sie diese nicht mehr initiieren. Sie wollen die Türschwelle überschreiten, schaffen dies jedoch nicht und bleiben bewegungslos vor der Türschwelle stehen. Die motorischen Cortexareale erzeugen zwar die zur Bewegung notwendigen Aktivitätsmuster, aber die neuronalen Schaltkreise in den Basalganglien sind durch den Dopaminmangel nicht in der Lage, das Bewegungsprogramm zu starten. Der Parkinson-Patient Mensch kann nicht tun, was er tun will – ein Beispiel für eine neuronal bedingte Einschränkung der Willensfreiheit.

Ähnlich wie im vorangegangenen Kapitel zum Thema Bewusstsein soll auch zu Beginn dieses Kapitels der Leser sich zunächst eigene Gedanken zum Thema „Gehirn und freier Wille" machen. Bitte tragen Sie Ihre Sichtweise in Abb. 5.1 ein und schauen Sie sich diese Abbildung noch einmal an, wenn Sie Kap. 5 vollständig gelesen haben.

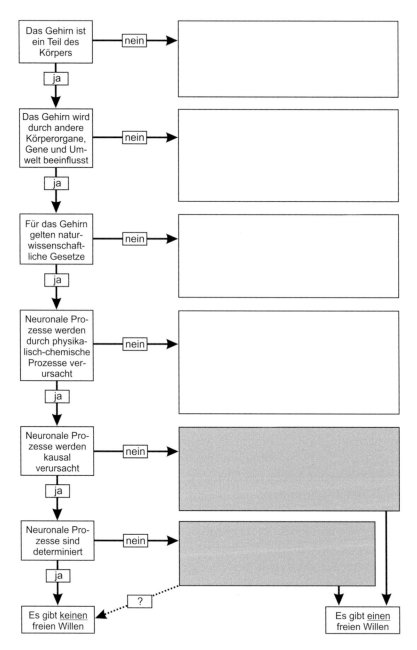

Abb. 5.1 Welche Vorstellungen haben Sie zum Thema „Gehirn und freier Wille"? Tragen Sie Ihre Sichtweise und Meinungen in die leeren Felder ein und ändern Sie das Diagramm nach Ihren Vorstellungen. Am besten arbeiten Sie auch hier zunächst mit einem Bleistift, denn vielleicht ändern Sie Ihre Meinung, wenn Sie dieses Kapitel durchgelesen haben

5.3   Determinismus und Indeterminismus

In seinem Vortrag „Vom Wesen der Willensfreiheit" vor der Deutschen Philosophischen Gesellschaft stellt Max Planck im November 1936 in Leipzig Folgendes fest:

> Was heißt nun aber: ein Vorgang, ein Ereignis, eine Handlung erfolgt mit gesetzlicher Notwendigkeit, ist kausal determiniert? Und wie stellt man die gesetzliche Notwendigkeit eines Vorganges fest? Ich wüßte nicht, wie man für die Notwendigkeit eines Vorganges einen deutlicheren und überzeugenderen Nachweis erbringen kann als dadurch, daß die Möglichkeit besteht, das Eintreten des betreffenden Vorganges vorauszusehen. Die Frage nach dem Wesen und nach dem Ursprung der Kausalität kann dabei ganz offen bleiben. Es genügt uns hier allein die Feststellung, daß ein Vorgang, welcher mit Sicherheit vorausgesehen werden kann, irgendwie kausal determiniert ist (Planck 1936).

Max Planck machte hier zwei wichtige Aussagen. Erstens: Determiniert ist ein Vorgang, wenn er mit Sicherheit vorausgesehen werden kann. Zweitens: Die Frage nach den zugrunde liegenden Mechanismen ist dabei zunächst nicht relevant.

Wie sieht es nun mit unserem Willen aus? Sind wir frei oder kausal determiniert? Für den Begriff „freier Wille" gibt es keine allgemein anerkannte Definition. Sowohl zwischen den einzelnen Wissenschaftsbereichen, den Geistes-, Natur- und Lebenswissenschaften, als auch innerhalb einzelner Wissenschaftsdisziplinen, wie z. B. der Philosophie oder Hirnforschung, gibt es stark abweichende Definitionen und Konzepte zum Thema Willensfreiheit. Im Folgenden sollen nur die wichtigsten Konzepte kurz und ohne Anspruch auf Vollständigkeit dargelegt werden. Der interessierte Leser findet bei einem Besuch der nächsten Bibliothek zu jedem Konzept eine Vielzahl klassischer und weiterführender Schriften.

Zwei Konzepte stehen sich weitgehend konträr gegenüber: der *Determinismus* und der *Indeterminismus* (Abb. 5.2). Der Determinismus besagt in seiner reinsten Form, dass alle vergangenen, derzeitigen und zukünftigen Ereignisse kausale Folge vorangegangener Ereignisse darstellen und von diesen eindeutig bestimmt sind. Einzige Ausnahme ist vielleicht der Urknall, denn dieser ist vermutlich nicht auf vorangegangene Ereignisse kausal zurückzuführen. Wenn der Determinismus wahr ist, dann sind alle zukünftigen Ereignisse bereits genau festgelegt. Der exakte Ort, Zeitpunkt und die Ursache Ihres Todes und aller Ihrer Angehörigen und Nachkommen

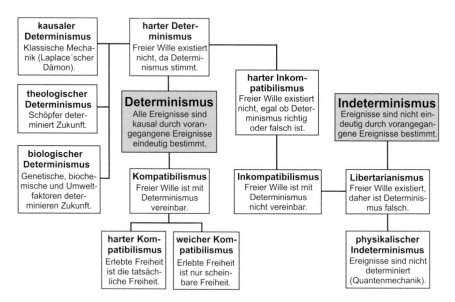

Abb. 5.2 Schematische und unvollständige Darstellung der unterschiedlichen Sichtweisen zum freien Willen

steht und stand bereits immer fest. Es ist determiniert, wer in 100 Jahren Präsident der USA sein wird. Nach diesem *harten Determinismus* kann ein freier Wille keinesfalls existieren, denn jede Handlung, jeder Wunsch und Gedanke sind durch die Vergangenheit eindeutig determiniert. Das Konzept der klassischen oder Newton'schen Mechanik und das Gedankenmodell des Laplace'schen Dämons besagen, dass die Welt in einem geschlossenen mathematischen System wie ein Uhrwerk funktioniert. Unter Berücksichtigung sämtlicher Naturgesetze (die möglicherweise noch nicht allesamt bekannt sind) und Kenntnis aller Initialbedingungen der im Kosmos vorhandenen Teilchen kann jeder vergangene und jeder zukünftige Zustand genau berechnet werden *(kausaler Determinismus)*. Weiterhin können wir noch zwischen Monokausalität (genau ein Ereignis verursacht ein anderes Ereignis) und Multikausalität (mehrere Ereignisse verursachen ein oder auch mehrere Ereignisse) unterscheiden. In einer Kausalkette treten mehrere mono- und/oder multikausale Prozesse zeitlich hintereinander auf (z. B. der Dominoeffekt). Dieses Konzept ist in Teilen mit der klassischen Mechanik vereinbar, jedoch nicht mit der modernen Quantenmechanik (s. physikalischer Indeterminismus). Nach dem *theologischen Determinismus,* eine andere Form des harten Determinismus, besitzt ein Schöpfer die vollständige Kenntnis aller zukünftigen Ereignisse und kann diese auch bestimmen. Eine weitere Form, der *biologische Determinismus,* besagt, dass wir in unseren

Handlungen, Denkweisen und Wünschen durch genetische, chemisch-physikalische, biochemische und neuronale Prozesse vollständig determiniert sind. Alle Formen des *harten Determinismus* implizieren, dass es nur eine mögliche Zukunft gibt und schließen die Existenz eines freien Willens aus.

Im Gegensatz zum harten Determinismus besagt der *Kompatibilismus*, dass der Determinismus mit dem freien Willen kompatibel ist. Willensfreiheit existiert, da eine Person eine Handlung will, aber auch anders handeln könnte, wenn sie anders handeln wollte (Thomas Hobbes). Nach dem *weichen Kompatibilismus* ist es dabei irrelevant, ob unsere Entscheidungen und Handlungen durch vorangegangene Ereignisse kausal bestimmt sind, da wir die determinierenden Faktoren ohnehin nicht vollständig kennen. Der erlebte freie Wille ist nur eine scheinbare Freiheit. Nach dem *harten Kompatibilismus* ist ein freier Wille möglich, wenn unsere Entscheidungen durch vergangene Ereignisse motiviert sind, die mit unseren Werten und Überzeugungen übereinstimmen. Die erlebte Willensfreiheit bei der Entscheidung sei die tatsächliche Freiheit.

Im Gegensatz zum Kompatibilismus steht der *Inkompatibilismus*, nach dem ein freier Wille mit dem Konzept des Determinismus inkompatibel ist. Danach verfügen wir über einen freien Willen, wenn wir der einzige und initiale Verursacher einer Entscheidung sind und in dem Moment auch eine andere Entscheidung hätten treffen können. Nach dem *harten Inkompatibilismus* wird der Determinismus nicht vollständig abgelehnt, ein freier Wille jedoch verneint. Das sogenannte Konsequenzargument des US-amerikanischen Philosophen Peter van Inwagen verdeutlicht das Konzept: Sollte der Determinismus wahr sein, dann haben wir weder einen Einfluss auf die Naturgesetze noch auf die vergangenen Ereignisse, die unseren jetzigen Zustand determinieren. Alle unsere Entscheidungen sind eindeutig durch Vorgänge determiniert, die vor unserer Geburt stattfanden. Da wir jedoch keinen Einfluss auf die Ereignisse vor unserer Geburt und auf die Naturgesetze haben, können wir folglich auch keine freien Entscheidungen treffen und verfügen daher über keinen freien Willen.

Dem Inkompatibilismus steht der *Libertarianismus* entgegen, der die Existenz eines freien Willens bejaht und den Determinismus ablehnt. Danach treffen wir (zumindest teilweise) unsere Entscheidungen nicht zufällig, sondern aufgrund eines substantiellen Willens, der nicht determiniert und frei ist. Der Libertarianismus kann dem *Indeterminismus* zugeordnet werden, wonach unsere Entscheidungen und Handlungen nicht durch vorangegangene Vorgänge determiniert und vorhersagbar sind. Der *physikalische Indeterminismus* geht im Wesentlichen auf die Quantenmechanik zurück, nach der Position und Geschwindigkeit eines

Quantenteilchens nicht determiniert und vorhersagbar sind. Dieses Konzept dient daher als physikalische Grundlage der Willensfreiheit. Es stellt sich jedoch die Frage, ob und inwieweit derartige spontane, zufällige Prozesse auf Quantenebene einen freien Willen fördern oder begrenzen.

Nachdem nun einige Konzepte und Begriffe erklärt wurden, sind noch Definitionen zu den Eigenschaften von Systemen erforderlich.

Textbox: Definitionen –

System

Unter einem System versteht man eine Gesamtheit von Elementen, die als eine aufgaben-, sinn- oder zweckgebundene Einheit miteinander verbunden sind und miteinander interagieren. Ein System ist im Allgemeinen durch Systemgrenzen gegenüber seiner Umwelt abgegrenzt. Diese Systemgrenzen können physikalischer Natur sein oder durch Symbol- und Sinnzusammenhänge bestimmt. Systeme werden durch Eingangssignale beeinflusst oder aktiviert und reagieren ggf. nach einer internen Verarbeitung mit Ausgangssignalen, die wiederum einen Effekt auf die Umwelt haben können (s. Black-Box-System in Abb. 4.8). Systeme, biologische wie auch gesellschaftliche, sind selbstorganisatorisch, sie regulieren ihr Weiterfunktionieren selbst (Autopoiesis).

Determinismus

In einem deterministischen System sind alle Ereignisse, auch die zukünftigen, durch die vorangegangenen Ereignisse und Vorbedingungen eindeutig festgelegt. Jede Veränderung hat somit nicht irgendeine Folge, sondern stets eine ganz bestimmte. Im klassischen Determinismus nach Pierre-Simon Laplace (1749–1827) sind alle zukünftigen Ereignisse bis zum Ende des Universums unausweichlich determiniert. Die Anzahl der möglichen zukünftigen Ereignisse kann jedoch sehr groß sein, wie bei einem Schach- oder Go-Spiel. Bei diesen Brettspielen sind die Anfangsbedingungen und die Spielregeln klar deterministisch, aber die Anzahl der möglichen Spielverläufe ist sehr groß.

Indeterminismus

In einem indeterministischen System sind nicht alle Ereignisse durch die vorangegangenen Ereignisse oder Vorbedingungen eindeutig festgelegt. Selbst wenn alle prinzipiell zugänglichen Informationen über den Anfangszustand des Systems genau bekannt sind, kann der zukünftige Zustand des Systems nicht vorhergesagt werden (Quantenmechanik). Grundlage eines indeterministischen Systemverhaltens ist der (objektive) Zufall.

Zufall

Geschieht ein Ereignis (objektiv) ohne Ursache, spricht man von (objektivem) Zufall. Geschieht ein Ereignis in einem System, von dem man die Einflussfaktoren zwar kennt, sie aber nicht messen oder beeinflussen kann, so ist das Ergebnis nicht vorhersehbar, und man spricht von empirisch-pragmatischen Zufall.

Stochastische Systeme
In einem stochastischen System kann der momentane Zustand durch vorangegangene Ereignisse oder Vorbedingungen nicht mit Sicherheit vorhergesagt werden. Im Gegensatz zu einem deterministischen System, gibt der momentane Zustand eines stochastischen Systems nur eine Wahrscheinlichkeitsverteilung für zukünftige Zustände an. Es kann also nicht mit Sicherheit vorhergesagt werden, welches Ereignis in Zukunft auftreten wird.

Chaotische Systeme
In einem chaotischen System sind Zustände und Ereignisse nicht vorhersagbar, obwohl die zugrunde liegenden Gleichungen deterministisch sind (deterministisches Chaos). Zukünftige Zustände und Ereignisse hängen empfindlich von den Anfangsbedingungen des Systems ab („Schmetterlingseffekt" beim Wetter). Chaotische dynamische Systeme sind nichtlinear.

Nichtlineare Systeme
Bei einem nichtlinearen System ist das Ausgangssignal nicht proportional zum Eingangssignal. Bei einem dynamischen nichtlinearen System ist das Ausgangssignal zudem abhängig von der Vorgeschichte des Systems, z. B. dem vorangegangenen Aktivitätsniveau im System. Nichtlineare dynamische Systeme sind schwer zu berechnen und selten analytisch lösbar.

Und welche Systemeigenschaften weist das menschliche Gehirn auf? Ein Laplace'scher Dämon ist im Gehirn wahrscheinlich nicht zu finden oder er hat sich zumindest sehr gut versteckt. Nach unserem heutigen Kenntnisstand funktioniert das Gehirn nicht auf der Grundlage der Newton'schen Gesetze. Die klassische Mechanik reicht für die Beschreibung neuronaler Prozesse nicht aus. Das Gehirn, der Mensch, die Natur und Gesellschaften sind nicht deterministisch im klassischen Sinn. Wir können weder das Wetter noch Wirtschaftskreisläufe oder die Ergebnisse zukünftiger Wahlen zuverlässig voraussagen. Erdbeben, Überschwemmungen und politische „Erdrutsche" überraschen uns immer wieder und widersprechen häufig unserer Intuition. Wir denken und handeln gemeinhin linear, weil diese einfache und heuristische Denk- und Herangehensweise zumeist einigermaßen zutreffende Voraussagen liefert und sich während der Hominidenentwicklung über viele Jahrtausende bewährt hat.

Aber im Gehirn finden wir auf unterschiedlichen Systemebenen stochastische, zufällige Prozesse. So ist beispielsweise das Ruhemembranpotential einer Nervenzelle keinesfalls ruhig, sondern schwankt um einen Potentialbereich, weil sich Ionenkanäle in der Zellmembran stochastisch öffnen und schließen („Membran- oder Kanalrauschen") (White et al. 2000). In Abschn. 3.5 (Abb. 3.4b) wurde bereits die Aktionspotential-unabhängige

Freisetzung von Neurotransmittern beschrieben (synaptische Miniatur-
ströme), wodurch postsynaptisch Rezeptor-gekoppelte Ionenkanäle stochastisch geöffnet werden (synaptisches Rauschen). Theoretische Modelle haben
gezeigt, dass dieses Rauschen die Informationsverarbeitung und -weiter-
gabe in neuronalen Netzwerken verbessert (Gatys et al. 2015). Stochastische Prozesse sind nicht nur auf der Ebene eines einzelnen Membrankanals
oder einer Synapse, sondern auch auf der Ebene eines einzelnen Neurons
und eines neuronalen Netzwerkes zu finden (Deco et al. 2009). Zwar generieren Nervenzellen nach dem Alles-oder-nichts-Prinzip auf einen Reiz
ein Aktionspotential, aber die Abfolge von Aktionspotentialen ist bei den
meisten Neuronen sehr variabel, nichtlinear und lässt sich nicht für jeden
Augenblick genau berechnen (s. Neuron a, c und d in Abb. 3.2b). Jedes in
seinem Entladungsmuster sich indeterministisch verhaltende Neuron steht
wiederum in Verbindung mit bis zu 10.000 anderen Neuronen, die sich
ebenfalls indeterministisch verhalten. Schon dieses relativ kleine neuronale Netzwerk würde so unglaublich viele Freiheitsgrade aufweisen, dass
eine Vorhersagbarkeit unmöglich ist. Auf all diesen Ebenen, vom einzelnen Membrankanal bis zu einem überschaubaren kleinen Netzwerk, wird
der jeweils nächste Zustand vom vorhergehenden Zustand zwar beeinflusst,
aber nicht determiniert. Der vorangegangene und aktuelle Zustand gibt
nur Wahrscheinlichkeiten für zukünftige Zustände an. Es kann also nicht
mit Sicherheit vorhergesagt werden, welchen Zustand der Kanal, die Synapse, das Neuron, das Netzwerk oder das Gehirn zukünftig annehmen werden. Auf all diesen Ebenen liegen sehr viele Freiheitsgrade vor. Wie bereits
dargestellt, verhält sich das Gehirn hochgradig nichtlinear (z. B. das plötzliche Entstehen eines Aktionspotentials bei einem überschwelligen EPSP)
und dynamisch (z. B. infolge von Kurz- und Langzeitplastizität). Wir können also bereits festhalten: *Das Gehirn ist ein stochastisches, nichtlineares und
dynamisches System!* Was ist damit gemeint?

Abb. 5.3a zeigt ein Galton-Brett. Francis Galton (1822–1911) war ein
britischer Naturforscher mit vielseitigem Interesse, u. a. an der Wahr-
scheinlichkeitsrechnung. Zur Demonstration und Veranschaulichung
von Verteilungsmustern bei zufälligen Prozessen entwickelte er ein Brett,
das nach ihm benannte Galton-Brett. Dieses Brett besteht aus einer regelmäßigen Anordnung von Hindernissen, in Abb. 5.3a illustriert durch die
sechs Reihen von schwarzen Kreisen. Nacheinander werden 64 Kugeln
(graue Kreise) durch eine Öffnung im oberen Teil in das Brett gegeben.
Die Kugeln durchlaufen das Hindernisfeld (schwarze Kreise), und die in
Abb. 5.3a dargestellten Quotienten (1/2, 1/4, 1/8 etc.) geben die mathematische Wahrscheinlichkeit wieder, welchen Weg die Kugel jeweils nehmen

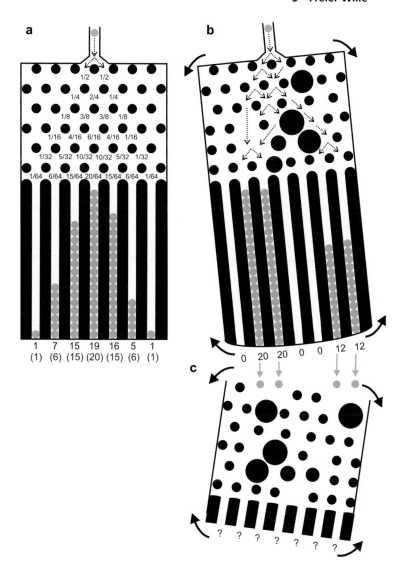

Abb. 5.3   Das Galton-Brett. **a** In eine obere Öffnung werden nacheinander 64 Kugeln (graue Kreise) in das senkrecht stehende Galton-Brett eingeworfen. Jede Kugel durchläuft ein Feld von Hindernissen (schwarze Kreise) und fällt schließlich in eines der sieben unteren Felder. Die im Hindernisfeld dargestellten Quotienten geben die mathematische Wahrscheinlichkeit für den Verlauf jeder Kugel an. Die unterhalb des Bretts dargestellten Zahlen zeigen die Anzahl der Kugeln in dem entsprechenden Fach nach mathematischer Wahrscheinlichkeit (Zahlen in Klammern) und nach deren tatsächlich beobachteten Verteilung. **b** Ein modifiziertes Galton-Brett mit unterschiedlich großen und fehlenden Hindernissen, das zudem nach links und rechts schwankt. **c** Aus dem Galton-Brett **b** fallen die Kugeln in ein zweites Galton-Brett, das ähnlich aufgebaut ist und ebenfalls schaukelt

wird. Schließlich werden die 64 Kugeln in 7 Kammern aufgefangen. Folgt man den Quotienten, so sollte in den 7 Kammern die Verteilung 1-6-15-20-15-6-1 vorliegen (untere Zahlen in Klammern). Tatsächlich findet man bei mehrmaliger Durchführung dieses Experiments sehr häufig eine andere Verteilung der 64 Kugeln, z. B. 1-7-15-19-16-5-1. Das Galton-Brett veranschaulicht das Verhalten eines stochastischen Systems. Es kann zwar die Wahrscheinlichkeit eines Verteilungsmusters angegeben werden, jedoch weicht das experimentell beobachtete Muster in der Regel von der mathematisch berechneten Verteilung ab. Vergleichen wir nun das Galton-Brett mit dem Gehirn. Statt einer Kugel wird ein definierter Reiz in das System gegeben, und dieser Reiz wird im Gehirn entlang bestimmter Bahnen weiter verarbeitet, bis er eine Reaktion auslöst (hier: bis die Kugel in eine der 7 Kammern landet). Man kann für jede Reaktion eine Wahrscheinlichkeit angeben, aber die stimmt nur selten mit der Realität überein. Nun stellen Sie sich ein Galton-Brett vor, das aus unterschiedlich großen und auch fehlenden Hindernissen besteht (Abb. 5.3b). Im Gehirn könnten derartige Veränderungen z. B. infolge einer synaptischen Kurz- oder Langzeitplastizität (Abschn. 3.3) oder bei Veränderungen in der Dichte von *spines* vorliegen (Abb. 3.3). Vielleicht liegen auch genetische Dispositionen oder erfahrungsabhängige Veränderungen vor, die die „Hindernisse im neuronalen Galton-Brett Gehirn" kleiner oder größer machen. Das Verteilungsmuster der Kugeln bzw. die Wahrscheinlichkeit für das Auftreten bestimmter Reaktionen auf einen Reiz wären dann sicherlich anders als in Abb. 5.3a. Das System verhält sich nichtlinear. Nun stellen wir uns ein Galton-Brett vor, das nicht stabil steht, sondern nach links und rechts schwankt (Abb. 5.3b). Zwar hängt bei einem derartigen nichtlinearen dynamischen System das Verteilungsmuster von der Vorgeschichte des Systems ab (war das Galton-Brett zuvor nach links oder rechts geneigt?), aber eine mathematische Berechnung des Verteilungsmusters bzw. der Wahrscheinlichkeit für das Auftreten einer bestimmten Reaktion ist überaus schwierig. Im Gehirn sind diese Schwankungen des Galton-Bretts z. B. mit der aktuellen Spontanaktivität vergleichbar (s. Abschn. 3.5). Da im Gehirn stochastische nichtlineare dynamische Prozesse auf unterschiedlichen Ebenen (Kanal, Synapse, Neuron, Netzwerk) zu beobachten sind und zudem in Reihen von Synapsen, Neuronen und Netzwerken auftreten, kann man die Funktionsweise des Gehirns mit einer Aneinanderreihung von schwankenden Galton-Brettern vergleichen (Abb. 5.3c). Mit Ausnahme einfacher neuronaler Regelkreise, wie z. B. ein Reflex, sind neuronale Prozesse nicht vorhersagbar und nicht determiniert! Sind wir also frei?

5.4   Kein freier Wille in San Francisco

Im Folgenden sollen sowohl die klassischen Experimente als auch neuere Studien zum Thema Willensfreiheit kurz dargestellt und kritisch diskutiert werden. Zu Beginn der Sechzigerjahre führten Hans Kornhuber und sein Doktorand Lüder Deecke an der Neurologischen Klinik der Universität Freiburg an 12 Studenten überaus interessante Experimente durch (Kornhuber und Deecke 1965). Zudem entwickelten sie eine neuartige „Methode zur chronologischen Datenspeicherung und Rückwärtsanalyse hirnelektrischer Begleitvorgänge wiederholter Willkürbewegungen beim Menschen"; damals revolutionär, heute Standard eines jeden EEG-Labors. Kornhuber und Deecke registrierten das EEG über dem frontalen und parietalen Cortex und forderten die Versuchsperson auf, spontan in unregelmäßigen Abständen und aus freiem Willen ihre Hand zu bewegen. Die Bewegung der Hand wurde zeitgleich mit einem Elektromyogramm (EMG) gemessen. Nach „Rückwärtsanalyse" und Mittelung von sehr vielen Einzelereignissen konnten Kornhuber und Deecke beobachteten, dass bereits vor der Handbewegung über einer relativ weit vorn liegenden Hirnregion „ein langsam anwachsendes Oberflächen-negatives Potential" auftrat, „das durchschnittlich 1–1,5 s vor der Muskelaktivität beginnt" (Kornhuber und Deecke 1965). Sie nannten diese Hirnaktivität Bereitschaftspotential, da es offensichtlich die Bereitschaft zur Durchführung einer Bewegung darstellt. Bemerkenswert an diesen Ergebnissen war, dass Hirnaktivität offensichtlich eine Sekunde vor Bewegungsbeginn (Zeitpunkt 0 ms) messbar war!

Etwa 20 Jahre später führte der US-amerikanische Physiologe Benjamin Libet (1916–2007) an der University of California in San Francisco weitergehende Experimente zum Bereitschaftspotential durch (Abb. 5.4). Die Methoden waren verfeinert und die Computer leistungsfähiger. Da Libets Experimente bei der kontrovers und zum Teil sehr emotional geführten Diskussion um den freien Willen eine Schlüsselrolle einnahmen und auch heute noch immer wieder gern zitiert werden, sollen diese Experimente etwas genauer beschrieben werden.

Libet führte das folgende Experiment durch: Wie Kornhuber und Deecke registrierte er mit dem EEG das Bereitschaftspotential an Versuchspersonen, die „spontan und aus freiem Willen" ihre Hand bewegen sollten. Auch hier wurde die Handbewegung mit dem EMG gemessen. Zusätzlich sollten die Versuchspersonen eine schnell laufende Uhr beobachten, die für einen Umlauf 2,56 s benötigte (Abb. 5.4a). Die Versuchsperson sollte sich die Stellung der Uhr zu dem Zeitpunkt merken, an dem sie den bewuss-

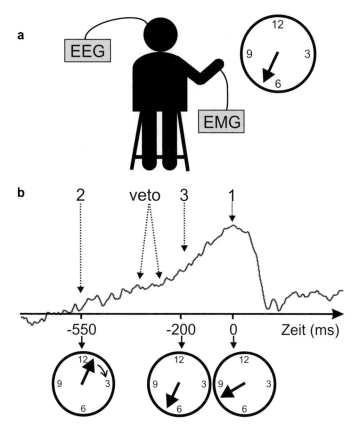

Abb. 5.4 Libets Experiment zum freien Willen. **a** Versuchsanordnung: An einer Versuchsperson wird mittels Elektroden auf der Kopfhaut das EEG (also die Hirnaktivität) und mittels Elektroden an der Hand das EMG (also die Handbewegung) kontinuierlich gemessen. Gleichzeitig schaut die Versuchsperson auf eine schnell laufende Uhr. **b** Hier ist das EEG (Bereitschaftspotential) dargestellt mit Markierung des Beginns der Handbewegung (1 zum Zeitpunkt 0 ms), dem Beginn des Bereitschaftspotentials (2 bei −550 ms) und dem Zeitpunkt der bewussten Entscheidung, die Hand zu bewegen (3 bei −200 ms). Die Möglichkeit, ein Veto einzulegen, liegt vor Zeitpunkt 3

ten „Drang" verspürte, die Hand zu bewegen. Diese Zeit wurde anschließend mündlich mitgeteilt. Bei der Analyse der Daten wurde der mit dem EMG gemessene Bewegungsbeginn wiederum auf 0 ms gesetzt (Zeitpunkt 1 in Abb. 5.4b). Libet und Kollegen konnten zeigen, dass das Bereitschaftspotential etwa 550 ms vor der Bewegung begann (Zeitpunkt 2 in Abb. 5.4b) und dass der Zeitpunkt der bewussten Willensentscheidung, den Finger zu bewegen, etwa 200 ms vor der Bewegung lag (Zeitpunkt 3 in Abb. 5.4b) (Libet et al. 1983). Das Gehirn wies folglich 350 ms vor der bewusst erlebten Handlungsabsicht bereits eine Aktivität auf. Die Autoren schlossen aus ihren Befunden:

> the brain evidently "decides" to initiate or, at the least, prepare to initiate the act at a time before there is any reportable subjective awareness that such a decision has taken place. It is concluded that cerebral initiation even of a spontaneous voluntary act, of the kind studied here, can and usually does begin *unconsciously* (S. 640).

Danach wird uns erst nach Beginn der jeweiligen Hirnaktivität bewusst, dass wir eine bestimmte Bewegung ausführen möchten. Würde das nicht bedeuten, dass wir nur eine Marionette unserer Hirnaktivität sind? Sind wir durch die chemisch-physikalischen Prozesse in unserem Gehirn determiniert? Ist der freie Wille nur eine Illusion?

Die Reaktionen auf Libets Ergebnisse und Schlussfolgerungen fielen erwartungsgemäß heftig aus. Der experimentelle Ansatz wurde kritisiert, und die Ergebnisse wurden sogar als Artefakt bezeichnet. Häufig wiesen die Folgestudien in anderen Laboratorien jedoch ebenfalls experimentelle oder datenanalytische Schwächen auf. Eine Diskussion der vielen Pro- und Kontra-Argumente und der unzähligen Publikationen zu diesem Thema soll hier nicht erfolgen, auch wenn Libets fragwürdige Experimente bis zum heutigen Tag immer gern zitiert und als *das* Argument gegen die Existenz eines freien Willens angeführt werden. Ein Hauptkritikpunkt an den Libet-Experimenten war die Aufgabenstellung. Die Versuchspersonen sollten nur eine genau bestimmte Bewegung ausführen, nämlich der Hand, und waren schon von daher nicht frei in ihren Entscheidungen. Auf dieses grundsätzliche Problem wies Max Planck bereits 1936 in seinem Vortrag „Vom Wesen der Willensfreiheit" hin. Nach Planck bedarf es, um das Wesen der Willensfreiheit zu verstehen, eines Beobachters, der „mit einem hinreichend scharfen Verstand ausgerüstet ist" und der „nicht irgendwie aktiv in den Verlauf des Vorganges [eingreift] … Ja, allein schon der Umstand, daß die Versuchsperson davon Kenntnis hat, daß sie beobachtet wird, kann bekanntlich zu einer verhängnisvollen Fehlerquelle werden". Libet war sicherlich mit einem hinreichend scharfen Verstand ausgerüstet, aber seine experimentelle Vorgehensweise war fehlerhaft. Die Versuchspersonen hatten Libets

Anweisungen zu folgen und dachten sicherlich einen Großteil der Versuchszeit über eine Bewegung oder Nichtbewegung ihrer Hand nach. Es ist so, als ob Sie aufgefordert werden, jetzt nicht weiterzulesen und stattdessen an alles Mögliche zu denken, nur nicht an einen rosa Elefanten! …

Woran haben Sie gedacht? Sicherlich an einen rosa Elefanten. Nicht anders erging es Libets Versuchspersonen, wenn sie „frei" eine Handbewegung durchführen sollten. Mit geeigneten Messtechniken würde man sicherlich kontinuierlich eine neuronale Aktivität messen, die in irgendeiner Weise mit der Bewegung oder auch Nichtbewegung der Hand korreliert. Libet hat bis zu seinem Tod im Jahre 2007 seine Resultate verteidigt, aber auch relativiert. Er selbst wies darauf hin, dass bei seinen Experimenten der Entscheidungsprozess durch ein „Veto" kontrolliert werden kann (Veto in Abb. 5.4b). Im Jahr 2000 publizierte er eine Arbeit, die mit dem Satz endet; „The possibility of free will operating to control performances is thus not excluded" (Libet 2000). In einer aktuellen Studie konnten einige Resultate von Libets Experimenten nicht reproduziert werden (Dominik et al. 2018).

Textbox: Hat der Flusskrebs einen freien Willen?

Die Frage, ob der Flusskrebs über einen freien Willen verfügt, mag auf den ersten Blick absurd erscheinen. Tatsächlich wird diese Frage nahezu ausschließlich für den Menschen diskutiert und am Menschen experimentell untersucht. Aber vorausgesetzt der Mensch hat einen freien Willen, sollten wir dann nicht Ähnliches für andere Primaten, z. B. Schimpansen, annehmen. Wie sieht es mit einem freien Willen bei einer Katze, Taube oder einem Flusskrebs aus?

Bei den am Menschen mittels EEG oder bildgebender Verfahren durchgeführten Studien ging es zumeist um drei Fragen:

1. Wie viele Millisekunden oder Sekunden vor Beginn einer Bewegung tritt eine mit dieser Bewegung korrelierte neuronale Aktivität auf?
2. Kann aus der neuronalen Aktivität die Bewegung vorhergesagt werden?
3. In einigen Studien wurde untersucht, wann sich die Versuchsperson bewusst wird, dass sie diese Bewegung ausführen möchte. Es ist experimentell überaus schwierig, die dritte Frage beim Menschen zu erforschen. Nicht wenige Wissenschaftler bestreiten sogar, dass diese Frage mit den heute zur Verfügung stehenden Methoden untersucht werden kann. Ganz schwierig wird es bei der Katze, Taube oder dem Flusskrebs!

Die ersten beiden Fragen können jedoch experimentell gut angegangen werden, und hier bieten wirbellose Tiere, wie der Flusskrebs, eine Reihe von Vorteilen. Die neuronalen Netzwerke sind bei Wirbellosen relativ einfach aufgebaut, experimentell gut zugänglich und sehr viel besser und detaillierter untersucht als bei Säugetieren.

Die beiden japanischen Wissenschaftler Katsushi Kagaya und Masakazu Takahata führten vor etwa einem Jahrzehnt am Louisiana-Flusskrebs spannende Experimente durch (Kagaya und Takahata 2010). Dabei ging es nicht um die Frage, ob dieser Krebs über einen freien Willen verfügt, aber die Ergebnisse dieser Studie sind für die Diskussion dieser Frage durchaus relevant. Die für die Gangbewegung verantwortlichen Nervenzellen und neuronalen Netzwerke sind beim Flusskrebs gut bekannt. Kagaya und Takahata registrierten mit Messelektroden die Aktionspotentiale von Nervenzellen, die die Gangmotorik kontrollieren, und gleichzeitig die Aktivität eines Beinmuskels (Abb. 5.5). Der Flusskrebs wurde so in einer Apparatur fixiert, dass er auf einem frei beweglichen Styroporball gehen konnte. Die Bewegungen des Styroporballs wurden mit einem Computer (PC) registriert, und die Bewegungsrichtung und -geschwindigkeit des gehenden Krebses konnten genau gemessen werden. Der Flusskrebs bietet weiterhin den Vorteil, dass mechanische Stimulation des Schwanzendes reproduzierbar ein Vorwärtsgehen auslöst. Gelegentlich beginnt der Flusskrebs jedoch auch, spontan ohne diesen Stimulus zu laufen.

Kagaya und Takahata konnten Folgendes beobachten: Mindestens eine Sekunde vor Beginn einer spontanen Gangbewegung tritt neuronale Aktivität in den Steuerungszentren der Gangmotorik auf. Es wurde sogar eine Nervenzelle gefunden, die bereits 18 s (!) vor Beginn der Bewegung vermehrt Aktionspotentialentladungen aufwies und exakt zum Zeitpunkt des Bewegungsbeginns auf das ursprüngliche Aktivitätsniveau zurückfiel. Die Beobachtung dieser neuronalen Aktivitätsmuster erlaubte also die Vorhersage der Bewegung bereits 18 s, bevor die Bewegung überhaupt begann. In Anlehnung an das von Kornhuber und Deecke bezeichnete Bereitschaftspotential (*readiness potential*) beim Menschen, bezeichneten Kagaya und Takahata diese Aktivität beim Flusskrebs als *readiness discharge*, also als Bereitschaftsentladung. Wenn der Krebs nach mechanischer Stimulation des Schwanzendes sich vorwärtsbewegte, wurden diese Bereitschaftsentladungen unterdrückt. Interessanterweise identifizierten Kagaya und Takahata auch Nervenzellen, die die Bereitschaftsentladungen und damit die Bewegungen vollständig unterdrückten. Sie nannten diese Neuronen *veto units* (Vetoelemente). Diese Vetoelemente beim Flusskrebs erinnern an das von Libet beschriebene „Veto" (Libet 2000), dessen Struktur und Funktion Libet beim Menschen nicht einmal annähernd so gut aufklären konnte, wie es Kagaya und Takahata beim Flusskrebs gelang.

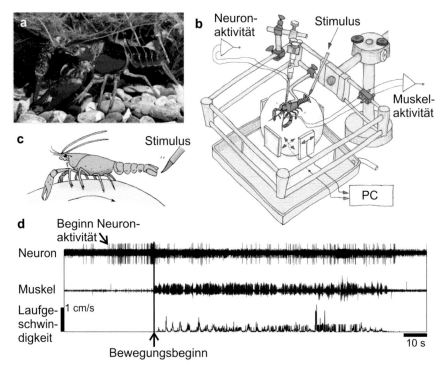

Abb. 5.5 Beim Louisiana-Flusskrebs ist bereits 18 s (!) vor Bewegungsbeginn neuronale Aktivität zu registrieren. **a** Foto des etwa 10 cm großen Louisiana-Flusskrebses (Procambarus clarkii). **b** Schematische Darstellung des Versuchsaufbaus mit fixiertem Flusskrebs, der auf einem frei beweglichen Styroporball gehen kann. Bewegungsrichtung und -geschwindigkeit werden mit einem PC registriert. Gleichzeitig wird die Muskelaktivität der Beinmuskel und die Aktivität von mehreren Neuronen gemessen. Bei mechanischer Stimulation des Schwanzendes beginnt der Flusskrebs zu gehen. **c** Schematische Darstellung des auf dem Styroporball gehenden Flusskrebses nach Stimulation des Schwanzendes. **d** Simultane Registrierungen der Aktionspotentialentladungen eines Neurons, der Aktivität des Beinmuskels und der Laufgeschwindigkeit. Durch Pfeile ist der Beginn der neuronalen Aktivität und der Bewegungsbeginn markiert. Die Zeitbasis von 10 s ist unten rechts dargestellt. (**b** bis **d** adaptiert nach Kagaya und Takahata 2010; mit freundlicher Genehmigung von © Katsushi Kagaya 2019)

5.5 Neuere Ergebnisse der Hirnforschung zur Willensfreiheit

Selbstverständlich waren die experimentellen Studien zum freien Willen mit Libets Veröffentlichungen keineswegs beendet. Neue Technologien standen zur Verfügung und ermöglichten weitergehende Untersuchungen. Im Jahre 2008 publizierten der Berliner Hirnforscher John-Dylan Haynes und

Kollegen in der renommierten Zeitschrift *Nature Neuroscience* eine Arbeit mit dem Titel „Unconscious determinants of free decisions in the human brain" (Soon et al. 2008). Die Hirnaktivität wurde mittels funktioneller Magnetresonanztomographie (fMRT) an gesunden Versuchspersonen gemessen, die spontan und sich frei entscheiden sollten, einen linken oder rechten Knopf zu drücken. Haynes und Kollegen konnten in ihrer Studie zeigen, dass im präfrontalen (vorderen) und parietalen (seitlichen) Cortex eine erhöhte Aktivität 7 bis 10 s vor der bewussten Entscheidung des Knopfdrückens auftrat. Doch auch die Studie von Haynes kann kritisiert werden. Die Wissenschaftler konnten die Bewegung nur mit einer Trefferquote von etwa 60 % voraussagen, also nur etwas über dem Zufallsniveau von 50 %. Zudem bestand am experimentellen Ansatz das gleiche Problem wie bei den Libet-Versuchen. Denken Sie jetzt nicht wieder an einen rosa Elefanten!

In einer anderen Studie wurde eine deutlich höhere Trefferquote bei der Vorhersage von Bewegungen erzielt. Seit vielen Jahren führt der israelische Neurochirurg Itzhak Fried am Tel Aviv Medical Center und an der University of California in Los Angeles bemerkenswerte intrakranielle Messungen an Epilepsiepatienten durch. Fried und sein Team behandeln überaus erfolgreich Patienten, die unter einer pharmakoresistenten Epilepsie leiden. Diesen Patienten kann mit allen zur Verfügung stehenden antiepileptischen Medikamenten nicht geholfen werden. Hingegen führt ein neurochirurgischer Eingriff, bei dem der epileptische Fokus im Gehirn entfernt wird, häufig zu einer deutlichen Besserung oder sogar zur vollständigen Anfallsfreiheit. Unter Berücksichtigung aller ethischen Vorgaben werden häufig bei diesen Patienten Elektroden in den betroffenen Hirnregionen implantiert, um so nicht nur notwendige Informationen für den späteren neurochirurgischen Eingriff zu erhalten, sondern gelegentlich auch, um wissenschaftliche Experimente durchzuführen. Fried und Kollegen konnten durch Messungen an 1019 Neuronen von zwölf Epilepsiepatienten zeigen, dass etwa 1,5 s vor einer spontanen Fingerbewegung in einer Cortexregion namens supplementär-motorisches Areal (SMA, s. Abb. 2.1b) Aktivitätsänderungen auf Einzelzellebene auftraten. Das Aktivitätsmuster von 256 Neuronen in dieser Hirnregion erlaubte bei der Vorhersage von Bewegungen eine Trefferquote von mehr als 80 %, und das 0,7 s bevor dem Patienten diese Entscheidung bewusst war (Fried et al. 2011). Neuere Studien mit der Magnetenzephalographie haben gezeigt, dass Analysen der spontanen Hirnaktivität im parietalen Cortex statistisch signifikante Voraussagen über das Antwortverhalten von Versuchspersonen bei einer Entscheidungsaufgabe erlauben (Pape und Siegel 2016). Aus der Spontanaktivität im

Beta-Frequenzbereich (12–30 Hz) konnte 6 s vor Bewegungsbeginn die Handlung der Versuchsperson vorhergesagt werden.

Bei den bisher beschriebenen Studien an gesunden Probanden oder an Epilepsiepatienten wurde mittels EEG, fMRT oder intrakranieller Ableitungen die neuronale Aktivität vor und während bestimmter „freier" Bewegungen analysiert. Es besteht jedoch auch die Möglichkeit, durch eine gezielte Stimulation des Gehirns Handlungen oder Gefühle auszulösen bzw. zu beeinflussen. Eine sehr beeindruckende Arbeit der University of Atlanta wurde 2019 im *Journal of Clinical Investigation* (JCI) publiziert. Bei den bereits zuvor beschriebenen neurochirurgischen Eingriffen an Patienten mit einer pharmakoresistenten Epilepsie besteht das Problem, dass diese Operationen langwierig und für die Patienten überaus anstrengend sind. In der neurochirurgischen Abteilung der Universität Atlanta wurde eine unkonventionelle und sehr direkte Methode entwickelt, den Patienten den OP-Eingriff weniger belastend zu gestalten (Bijanki et al. 2019). Es wurden an einer bestimmten Stelle Stimulationselektroden in das Nervenfaserbündel des anterioren cingulären Cortex implantiert. Wenn diese Elektroden mit Stromimpulsen gereizt wurden, empfand die Patientin das als ein „wirklich gutes Gefühl" und konnte ihr Lachen selbst dann nicht unterdrücken, wenn sie an ein sehr trauriges Ereignis denken sollte. Das im Internet verfügbare Video zeigt diese erstaunliche Situation.

JCI-Publikation

JCI-Video

Eine andere Hirnregion wurde im französischen Bron während des neurochirurgischen Eingriffs an sieben wachen Patienten mit einem Hirntumor elektrisch stimuliert (Desmurget et al. 2009). Bei Stimulation des parietalen Cortex, also der Hirnregion, die bei den Studien von Haynes und Kollegen 7 bis 10 s vor der bewussten Entscheidung Aktivität aufwies, berichteten die Patienten von Bewegungen, die nachweislich aber *nicht* auftraten. Die Patienten hatten nur die Illusion einer Bewegung. Diese Ergebnisse zeigen, dass das subjektive Gefühl, eine Bewegung durchgeführt zu haben, nicht durch die Bewegung selbst vermittelt wird, sondern bereits zuvor durch neuronale Aktivität entsteht. Es erfolgt im parietalen Cortex gewissermaßen eine neuronale Vorhersage der geplanten Bewegung, auch dann wenn die Bewegung gar nicht ausgeführt wird. Um diese Ergebnisse und ihre weitreichenden Konsequenzen besser zu verstehen, müssen wir uns noch einmal genauer mit dem Konzept der prädiktiven Codierung *(predictive coding)* beschäftigen, das bereits in Abschn. 3.6 kurz vorgestellt wurde.

5.6 Das Gehirn – eine Prädiktionsmaschine?

Vor 100 bis 150 Jahren waren die Veröffentlichungen von Forschungsergebnissen sehr lang und die Anträge auf Bewilligung von Forschungsgeldern sehr kurz (Abb. 5.6).

Hermann von Helmholtz (1821–1894) beschreibt in seiner überaus beeindruckenden und wunderschön lesbaren Publikation von 1867 nicht nur die physikalischen und physiologischen Grundlagen der Optik und des Sehvorgangs, sondern beschäftigt sich in Kap. 26 seines Buches u. a. auch mit dem „Princip des freien Willens" (von Helmholtz 1867; im Internet als 782 MB große Datei frei verfügbar). Auf Seite 430 schreibt von Helmholtz:

Abb. 5.6 Teil der Titelseite des 874 Seiten umfassenden und im Jahre 1867 veröffentlichten *Handbuch der physiologischen Optik* des Physiologen und Physikers Hermann von Helmholtz (links). (Aus: https://archive.org/details/handbuchderphysi00helm/page/n6). Antrag des Biochemikers und Nobelpreisträgers Otto Warburg (1883–1970) an die Notgemeinschaft der Deutschen Wissenschaft aus dem Jahre 1921 (rechts). Otto Warburgs Antrag wurde in voller Höhe bewilligt, ein Vorgang, wie er heutzutage bei Anträgen an die Deutsche Forschungsgemeinschaft nur sehr selten vorkommt. Warburg wurde 10 Jahre später für seine Arbeiten mit dem Nobelpreis für Physiologie oder Medizin ausgezeichnet. (Mit freundlicher Genehmigung von © Springer Nature 2019)

Die psychischen Thätigkeiten, durch welche wir zu dem Urtheile kommen, dass ein bestimmtes Object von bestimmter Beschaffenheit an einem bestimmten Orte ausser uns vorhanden sei, sind im Allgemeinen nicht bewusste Thätigkeiten, sondern unbewusste. Sie sind in ihrem Resultate einem Schlusse gleich, insofern wir aus der beobachteten Wirkung auf unsere Sinne die Vorstellung von einer Ursache dieser Wirkung gewinnen, während wir in der That direct doch immer nur die Nervenerregungen, also die Wirkungen wahrnehmen können, niemals die äusseren Objecte.

Von Helmholtz lag im Streit mit dem erfolgreichen britischen Neurophysiologen Charles Scott Sherrington (1857–1952). Nach Beendigung seines Studiums in Cambridge hatte Sherrington in Berlin die Vorlesungen von von Helmholtz besucht und war fasziniert. Sherrington prägte später den Begriff Synapse und erhielt für seine neurophysiologischen Arbeiten 1932 den Nobelpreis für Physiologie oder Medizin. Sherrington und von Helmholtz vertraten jedoch unterschiedliche Ansichten zur Frage, wie das Gehirn, speziell unser Sehsystem, selbst erzeugte Bewegungen von Bewegungen der Umwelt unterscheidet. Wenn wir unsere Augen bewegen, verändert sich das Bild auf der Netzhaut. Das Gleiche passiert aber auch, wenn sich die Umwelt bewegt. Trotzdem können wir problemlos zwischen diesen beiden Ereignissen unterscheiden und wissen genau, ob sich die Umwelt bewegt oder ob wir unsere Augen bewegen. Von Helmholtz vertrat die Meinung, dass das Gehirn ein internes Modell der sensorischen Konsequenzen von selbst generierten Bewegungen haben muss. Mit dieser Ansicht war von Helmholtz seiner Zeit weit voraus! Er vertrat als Erster das Modell der prädiktiven Codierung (predictive coding).

Das Verfahren der prädiktiven Codierung stammt ursprünglich aus der Telefontechnik und Datenverarbeitung und dient der Komprimierung von Audio- und Bilddateien, ohne dabei Informationsinhalte zu verlieren. In den meisten Bildern ähnelt der Wert eines Pixels (z. B. Farbe oder Kontrast) dem Wert des benachbarten Pixels. Bestehen große Unterschiede zwischen zwei benachbarten Pixels, so weist das Bild an dieser Stelle einen markanten Wechsel und einen Fehler vom vorhergesagten Wert auf. Durch Speicherung und Übertragung nur dieser Prädiktionsfehler (prediction error) kann die Datenmenge erheblich komprimiert werden. Auf der Grundlage bereits gelesener (verarbeiteter) Daten kann auch eine Voraussage über zukünftige Daten getroffen werden. Bewegt sich z. B. in einer Bildabfolge oder einem Film ein Auto mit konstanter Geschwindigkeit von links nach rechts, so kann vorhersagt werden, wo sich das Auto zukünftig befinden wird. Der vorhergesagte Wert weicht vermutlich nur geringfügig vom echten Wert ab.

Der Vorteil der prädiktiven Codierung ist, dass nicht das gesamte Bild übertragen werden muss, sondern nur die Abweichung vom vorangegangenen Signal, der Prädiktionsfehler. Dadurch wird der Energie kostende Übertragungsaufwand reduziert und die Verarbeitungsgeschwindigkeit erhöht.

In den Neurowissenschaften wird das Modell der prädiktiven Codierung prominent insbesondere durch den britischen Neurologen und Psychiater Karl Friston vertreten (Allen und Friston 2018) und findet mittlerweile sehr viel Zustimmung und Unterstützung. Eine Vielzahl von experimentellen Resultaten bestätigen die Hypothese, dass das Gehirn Informationen nach dem Prinzip der prädiktiven Codierung verarbeitet und ständig aktiv Hypothesen und Vorhersagen über zukünftige Ereignisse generiert (Abb. 5.7). Diese Prognosen werden durch die neu eintreffenden sensorischen Signale aus der Umwelt oder dem Körperinneren kontinuierlich aktualisiert. Die Vorhersagen treffen besonders gut zu, wenn in der Vergangenheit

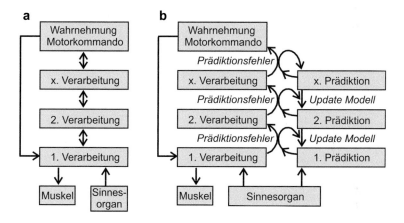

Abb. 5.7 Neuronale Verarbeitung nach dem klassischen Modell (**a**) und nach dem Modell der prädiktiven Codierung (**b**). **a** Wie in Abb. 2.1a bereits dargestellt, so werden nach dem klassischen Modell Signale von den Sinnesorganen über eine Reihe von Verarbeitungsschritten in unterschiedlichen Hirnstrukturen verarbeitet, und der Reiz wird schließlich bewusst wahrgenommen; ggf. erfolgt ein Kommando an motorische Regionen, um eine Muskelbewegung auszulösen. Die Stationen beeinflussen sich dabei auch über Rückwärts-(Feedback-)Schleifen. **b** Bei der prädiktiven Codierung wird auf unterschiedlichen Ebenen das sensorische Signal jeweils mit dem vorhergesagten Modell verglichen, und der resultierende Prädiktionsfehler wird an eine höhere Station weitergeleitet. Der Prädiktionsfehler liefert zudem ein Update des internen Modells, um zukünftig den Fehler zu minimieren. Der gleiche Prozess setzt sich über unterschiedliche Stationen fort und führt schließlich zur Wahrnehmung oder zu einem Motorkommando. (**b** modifiziert nach *Quanta Magazine*, https://www.quantamagazine.org/to-make-sense-of-the-present-brains-may-predict-the-future-20180710/)

bereits ähnliche Situationen auftraten und diesbezüglich Erfahrungen und Erinnerungen vorliegen, die in einem internen Modell repräsentiert und gespeichert sind. Unsere Wahrnehmung beruht sozusagen auf der besten Hypothese des Gehirns. Daher bezeichnen Friston und sein Kollege Chris Frith Wahrnehmung als eine kontrollierte Halluzination.

Ein großer Vorteil der prädiktiven Codierung besteht darin, dass nicht mehr der gesamte Informationsgehalt codiert werden muss, sondern nur die Abweichungen, die Prädiktionsfehler. Der Vergleich zwischen der vorhergesagten und der aktuellen sensorischen Information ermöglicht dann ein Update des internen Modells der Umwelt und des eigenen Körpers. Sinneseindrücke können so schnell, effizient und energiesparend verarbeitet werden. Ein Beispiel dafür bietet das Hören von Musik. Wenn wir ein uns noch unbekanntes Musikstück hören, dann generiert das Gehirn in Abhängigkeit von unserer individuellen Erfahrung und unseres kulturellen Hintergrunds kontinuierlich Prognosen, wie das Musikstück sich weiter entwickeln wird (Koelsch et al. 2019). Ein Konzertpianist, ein Punkmusiker und ein Liebhaber der Zwölftontechnik aus der „Schönberg-Schule" werden dabei aufgrund ihrer Erfahrungen sicherlich unterschiedliche Prognosen entwickeln, da sie aufgrund ihrer Erinnerungen verschiedene interne Modelle aufweisen. Bei uns allen, auch bei Nichtmusikern, wird das gehörte Musikstück nicht nur passiv wahrgenommen, sondern Hören selbst ist ein aktiver, kreativer und individueller Prozess. Und das geschieht in unserer Entwicklung erstaunlich früh! Beobachten Sie einmal ein kleines Kind, wie präzise es den Fuß nach der Musik bewegt. Mit zunehmender Erfahrung werden unsere Prognosen immer besser, die prädiktive Codierung wird optimiert. Dieser Prozess beruht selbstverständlich auf neuronaler Aktivität. Tierexperimentelle Studien haben gezeigt, dass im Laufe des Lebens die spontanen Aktivitätsmuster zunehmend den sensorisch ausgelösten Aktivitätsmustern ähneln (Berkes et al. 2011). Hören Sie im Laufe Ihres Lebens häufig die Kantaten von Johann Sebastian Bach, so entwickelt ihr auditorischer Cortex spontane Aktivitätsmuster, die denen beim Hören dieser Musik entsprechen. Es findet eine progressive Anpassung und Optimierung der internen Modelle auf der Grundlage der erfahrenen sensorischen Reize statt. Spontanaktivität ist danach weit mehr als nur ein stochastisches neuronales Rauschen, wie es in Abschn. 3.5 vorgestellt wurde. Die spontane Aktivität spiegelt das individuelle, interne Modell der Welt und des eigenen Körpers wider!

Die für die prädiktive Codierung erforderliche Spontanaktivität wird hauptsächlich im cerebralen Cortex generiert. Zuvor wurde bereits dargestellt, dass der Cortex überwiegend mit sich selbst beschäftigt ist. Im primären visuellen Cortex stammen nur etwa 10 % der synaptischen Eingänge aus der Sehbahn, also vom Auge. Die verbleibenden 90 % sind Rückkopplungs-(Feedback-)Signale aus übergeordneten Hirnregionen, wie corticalen Assoziationsarealen (Muckli 2010). Vermutlich dient ein Großteil dieser corticalen Aktivität der Minimierung von Prädiktionsfehlern. Tatsächlich zeigt eine in *Science* publizierte tierexperimentelle Studie, dass die corticale Spontanaktivität vorangegangene sensorische Erfahrungen wiedergibt und so das interne Modell optimiert (Berkes et al. 2011). Aus diesem Grund wird das Gehirn oder zumindest der cerebrale Cortex auch als „Prädiktionsmaschine" bezeichnet (Clark 2013), auch wenn der Begriff Maschine hier sicherlich falsch gewählt ist. Die vorangegangenen Abschnitt haben eine Vielzahl von Belegen geliefert, dass das Gehirn eben *nicht* deterministisch wie eine Maschine und auch nicht wie ein Computer funktioniert! Im Gegenteil, die durch Erfahrungen geformte spontane Aktivität unseres Gehirns stellt vermutlich die Grundlage von Kreativität dar, wenn wir mit unseren Gedanken umherschweifen *(mind wandering)*. Vielleicht haben wir diesbezüglich den Computern etwas voraus (s. Abschn. 6.3).

Ein weiterer Vorteil der prädiktiven Codierung besteht darin, dass wir von unseren eigenen Bewegungen, wie den Augenbewegungen, nicht überrascht werden. Das ist auch der Grund, warum wir uns nicht selbst kitzeln können, denn für die Berührungen mit der eigenen Hand wird der Zeitpunkt des Kontakts genau vorhergesagt. Die entsprechenden neuronalen Signale werden im Vorfeld weitgehend unterdrückt, und das Gehirn kann seine begrenzten Kapazitäten so besser für wichtige Signale aus der Umwelt verwenden. Prädiktive Codierung erlaubt nicht nur Vorhersagen zu den sensorischen Konsequenzen unserer eigenen Bewegungen *(embodiment)*, z. B. unserer Augenbewegungen, sondern auch Vorhersagen zum zukünftigen Verhalten von Mitmenschen oder von Objekten in unserer Umgebung. Beeindruckende Beispiele für die Komplexität und Leistungsfähigkeit dieser Form der prädiktiven Codierung wurden bereits vorgestellt. Ein mit dem Ball zum Gegentor stürmender Fußballer muss seine Eigenbewegung, den Lauf des Balls, die Bewegungen der Gegenspieler und mitlaufender Mannschaftskollegen und das Verhalten des gegnerischen Torwarts innerhalb von wenigen Sekunden oder Bruchteilen von Sekunden verarbeiten und vorhersagen können. Schließlich aktiviert er aus dem vollen Lauf heraus eine Vielzahl von Muskelgruppen, um den Ball gezielt und gekonnt am Torwart vorbei in das Tor zu schießen. Dabei nutzt er unbewusst eine Vielzahl von neuronalen Informationen, die häufig auf langjährige Erfahrungen beruhen (Yarrow et al. 2009) und vollbringt eine sensomotorische Höchstleistung

(Gallivan et al. 2018), wie sie in dieser Form weder von anderen Lebewesen noch von Robotern auch nur annähernd erreicht wird.

Aber nicht nur Profis in den verschiedenen Ballsportarten sind wahre Meister der prädiktiven Codierung. Wir alle erstellen im Rahmen unserer sozialen Interaktionen ständig Prognosen über uns selbst und unsere Mitmenschen. Das System der Spiegelneurone ist dabei von zentraler Bedeutung (Kilner et al. 2007). Bei der Voraussage von Handlungen unserer Mitmenschen werden Hirnregionen aktiviert, wie sie auch bei Bewusstseinsprozessen eine Rolle spielen (u. a. präfrontaler und orbitofrontaler Cortex) (Frith und Frith 2006). Ob wir über uns selbst und unsere Gefühle, Pläne und zukünftigen Handlungen nachdenken oder über die unserer Mitmenschen, wir benutzen in beiden Fällen die gleichen neuronalen Strukturen. Im Laufe unserer Entwicklung und im Alltag lernen wir Aktionen und Reaktionen vorherzusagen, wodurch unsere internen Modelle optimiert und die Vorhersagefehler minimiert werden. So kann das frühkindliche Erlernen einer Sprache und Sprache im Allgemeinen als ein hochdifferenzierter sozialer Prozess der prädiktiven Codierung angesehen werden (Ylinen et al. 2017). Ein gutes Gespräch ist dadurch gekennzeichnet, dass die Gesprächspartner nicht aneinander „vorbeireden", sondern verbale und nichtverbale Signale nutzen, um jeweils ein internes (möglicherweise kongruentes) Modell aufzubauen und durch prädiktive Codierung Argumentationsreihen regelrecht vorherzusehen (Friston und Frith 2015). Eine Reihe von Studien hat gezeigt, dass bei derartig „guten Gesprächen" die Hirne der Gesprächspartner eine synchrone EEG-Aktivität aufweisen (Warnell und Redcay 2019). Man schwingt sich im wahrsten Sinne des Wortes auf den Gesprächspartner ein. Dieser Prozess und die Prädiktion funktionieren dann so perfekt, dass uns erst im Nachhinein bewusst wird, was wir gesagt haben.

Wie bei allen biologischen Prozessen, so können jedoch auch bei der prädiktiven Codierung Fehler auftreten. Psychologische Experimente an gesunden Versuchspersonen haben gezeigt, dass die Probanden bei einer Wahrnehmungsaufgabe sehr häufig Objekte „gesehen" haben, die nicht wirklich vorhanden waren (Aru et al. 2018). Diese Illusionen traten auf, wenn bei geringer Aufmerksamkeit der Versuchsperson die Vorhersage von der tatsächlichen sensorischen Information stark abwich, der Vorhersagefehler also sehr hoch war. Es wird vermutet, dass vergleichbare Störungen in der Informationsverarbeitung auch bei Psychosen, Autismus und Schizophrenie vorliegen (Tschacher et al. 2017).

5.7   Prädiktiv, aber frei!

Sollte das Prinzip der prädiktiven Codierung tatsächlich den neuronalen Code darstellen, so sind viele der zuvor beschriebenen Versuchsergebnisse zur Willensfreiheit gar nicht so überraschend. Sowohl bei den Libet-Experimenten als auch bei der Mehrzahl der späteren Studien war den Versuchspersonen die Aufgabe im Voraus genau bekannt. Sie mussten sich für eine bestimmte Bewegung entscheiden. Bei prädiktiver Codierung entstehen unter diesen Bedingungen in corticalen Netzwerken neuronale Aktivitätsmuster, die genau diese Bewegungen vorhersagen, und das noch vor Beginn des Bereitschaftspotentials. Eine Trefferquote von 60 %, wie sie bei den Experimenten von John-Dylan Haynes und Kollegen beobachtet wurde, erscheint dann sogar recht gering. Offensichtlich helfen uns die viel und intensiv diskutierten Experimente zur Willensfreiheit nicht wirklich weiter. Haben wir vielleicht doch einen freien Willen?

Schauen wir uns noch einmal das Prinzip der prädiktiven Codierung und insbesondere die Eigenschaften der Prädiktion und des internen Modells genauer an (Abb. 5.7b). Zuvor wurde bereits erwähnt, dass die eigenen Erfahrungen und Erinnerungen das interne Modell formen und so die Prädiktionsfehler dieses Modells ständig verbessern (Update), d. h. minimieren. Sind wir uns dieser Prädiktionen bewusst? Nein, selbstverständlich nicht, denn das würde sehr viel neuronale Kapazitäten binden. Die Attraktivität des Konzepts der prädiktiven Codierung besteht ja darin, dass über diesen Prozess weniger neuronale Kapazität und Energie benötigt wird, um die aktuell auf uns eintreffenden Reize wahrnehmen und effizienter verarbeiten zu können. Würde das aber bedeuten, dass wir doch wieder durch unser Gehirn determiniert sind? Zuvor wurde bereits festgestellt, dass das Gehirn ein stochastisches, nichtlineares und dynamisches System ist. Für deterministische Prozesse gibt es im Gehirn wenig Hinweise. Nur die über das Rückenmark laufenden Reflexe sind zum Teil deterministisch, und nur hier sind wir tatsächlich unfrei.

Nach dem Konzept der prädiktiven Codierung erstellt das Gehirn Voraussagen und Vorschläge, die auf der Grundlage des internen Modells mehr oder weniger gut mit der aktuellen Situation übereinstimmen. Diese Prädiktion determiniert aber weder unsere Wahrnehmung noch und unsere motorische Reaktion auf den Reiz. Unsere Wahrnehmungen und Reaktionen werden im Wesentlichen durch unsere internen Modelle beeinflusst. Unser Wille entsteht also nicht etwa aus dem Nichts, sondern er beruht auf unseren Genen, epigenetischen Veränderungen, Erfahrungen, Erinnerungen,

Emotionen, Interaktionen mit der Umwelt und unsere Erziehung, die allesamt unser internes Modell generieren und kontinuierlich modifizieren. Das interne Modell ist einmalig, höchst dynamisch und individuell. Jeder von uns ist in seiner physischen Gesamtheit als Individuum mit seinem Gehirn und damit auch mit seinem Bewusstsein und seinem Willen in soziale Gefüge eingebunden: *Nicht mein Gehirn hat entschieden, sondern ich habe in meiner physischen Gesamtheit mit Hilfe meines Gehirns entschieden!*

Beenden möchte ich dieses Kapitel mit einem Zitat des britischen Philosophen Andy Clark aus seinem Buch *Surfing Uncertainty*:

The brain thus revealed is a restless, pro-active organ locked in dense, continuous exchange with body and world. Thus equipped we encounter, through the play of self-predicted sensory stimulation, a world of meaning, structure, and opportunity: a world parsed for action, pregnant with future, and patterned by the past (Clark 2016).

5.8   Zusammenfassung des Kapitels

Willensfreiheit ist von Handlungsfreiheit zu unterscheiden. Willensfreiheit bedeutet, dass ich meinen Willen selbst bestimmen kann. Da unser Gehirn ein stochastisches, nichtlineares, dynamisches und prädiktiv agierendes System ist, können wir für seine Funktionsweise deterministisches Verhalten ausschließen. Die experimentellen Studien zur Frage „Haben wir einen freien Willen?" sind kritisch zu bewerten und erlauben bis heute keine Beantwortung dieser Frage. Das Konzept der prädiktiven Codierung erklärt viele der experimentell gewonnenen Ergebnisse zur Willensfreiheit. Unser Gehirn, überwiegend der cerebrale Cortex, generiert ständig aktiv Hypothesen und Vorhersagen über zukünftige Ereignisse und greift dabei auf Erfahrungen und Erinnerungen zurück, die in internen Modellen repräsentiert und gespeichert sind. Die spontanen Aktivitätsmuster gleichen sich im Laufe unseres Lebens den erfahrenen und gespeicherten Modellen an und ermöglichen so eine schnelle, effiziente und energiesparende Verarbeitung neuronaler Informationen. Kreativität und Altersweisheit stellen möglicherweise Korrelate einer verbesserten prädiktiven Codierung dar. Wir treffen Entscheidungen auf der Grundlage von nichtdeterministischen, internen Modellen, die auf (epi)genetische Faktoren, Erinnerungen und soziale Interaktionen beruhen.

Bitte schauen Sie sich nun noch einmal Ihre Eintragungen in Abb. 5.1 an. Haben Sie nach Lektüre dieses Kapitels Ihre Sichtweise geändert?

6

Künstliche Intelligenz – künstliches Bewusstsein

Inhaltsverzeichnis

6.1 Die Fragen in diesem Kapitel

- Was geschah bisher und welche Entwicklungen sind zu erwarten?
- Worin unterscheidet sich die künstliche Intelligenz (KI) von der natürlichen Intelligenz?
- Wie dumm oder intelligent ist KI?
- Vom Cyborg zum Zombie?
- Kann das menschliche Gehirn an einem Computer angedockt werden, um seine Leistungsfähigkeit zu verbessern?
- Erreichen wir mittels KI den nächsten Sprung in unserer evolutionären Entwicklung und entwickeln wir mit KI ein höheres Bewusstsein?
- Verfügen Roboter eines Tages über ein künstliches Bewusstsein?
- Benötigen wir in der Zukunft eine Ethik für den Umgang mit Robotern?

© Springer-Verlag GmbH Deutschland, ein Teil von Springer Nature 2020
H. J. Luhmann, *Hirnpotentiale*, https://doi.org/10.1007/978-3-662-60578-3_6

6.2   Eine kurze Chronologie der KI

Warum folgt an dieser Stelle ein Kapitel über künstliche Intelligenz (KI)? Eine Vielzahl von führenden KI-Experten und angesehenen Persönlichkeiten halten es für sehr wahrscheinlich, dass in den nächsten Jahrzehnten künstliche Systeme erschaffen werden, deren Intelligenz der menschlichen in vielen Bereichen weit überlegen sein wird. Der 2018 verstorbene Astrophysiker Stephen Hawking warnte vor den rasanten Fortschritten und den Gefahren bei der Entwicklung von KI. Bill Gates, Elon Mask, Mark Zuckerberg und Jack Ma, der Gründer des chinesischen Internetkonzerns Alibaba, befürchten durch KI verursachte dramatische Veränderungen im Arbeitsmarkt und im gesellschaftlichen Zusammenleben. Zur Beurteilung der Chancen und Risiken der KI hat die Europäische Kommission eine internatioanle Expertengruppe von 52 Personen mit unterschiedlicher Expertise zusammengestellt (High-Level Expert Group on Artificial Intelligence 2019). Aus Deutschland waren u. a. die Firmen Bayer, Bosch und SAP, die Fraunhofer-Gesellschaft, der Bundesverband der Deutschen Industrie, Vertreter aus den Bereichen KI und Robotics, Patientenvertreter und der Philosoph Thomas Metzinger beteiligt. Diese Gruppe sah einerseits die soziologischen und ethischen Probleme der KI, andererseits aber auch das Potential der KI in einigen dringenden Problemfeldern, wie Klimaveränderung, Energieversorgung, Umbau der Individualmobilität, ökologische Nutzung von natürlichen Resourcen, und Gesundheitsmonitoring.

Die Angst oder Akzeptanz von KI scheint kulturell geprägt. Der Journalist Thomas Ramge bezeichnet das treffenderweise wie folgt: „In Europa sind Roboter Feinde, in Amerika Diener, in China Kollegen und in Japan Freunde" (Ramge 2018). Die positive Einstellung der Japaner zur KI ist durch den Shintoismus geprägt, der nicht nur Menschen und Tieren eine göttliche Seele zuschreibt, sondern auch Robotern und Autos. Sie mögen bei der Vorstellung einer „Auto-Seele" schmunzeln und das für fernöstlichen Unfug halten, jedoch gibt es diesbezüglich auch bei uns einige skurile religiöse Feste. Besuchen Sie doch einmal die nächste Motorradweihe, bei der ein katholischer Pfarrer Motorräder kirchlich segnet. In Japan ist es aus den genannten Gründen wenig verwunderlich, dass KI und Roboter eine andere und wesentlich größere Rolle spielen als im technologiekritischen Deutschland. Bevor in diesem Kapitel die Möglichkeiten und Risiken der KI aus neurowissenschaftlicher Sicht dargestellt werden, soll hier zunächst eine kurze und sehr unvollständige Chronologie der KI folgen:

Sommer 1956: Der sechswöchige Workshop „Dartmouth Summer Research Project on Artificial Intelligence" am Dartmouth College in Hanover, New Hampshire, gilt als Geburtsstunde der künstlichen Intelligenz.

Mai 1997: Der IBM-Schachcomputer Deep Blue schlägt den damaligen Schachweltmeister Garri Kasparov in sechs Partien.

Januar 2015: Wissenschaftler der University of Cambridge und der Stanford University publizieren in den *Proceedings of the National Academy of Sciences of the USA* eine auf 86.220 Probanden basierte Studie nach der ein Computerprogramm die Persönlichkeitseigenschaften einer Person besser einschätzen kann als deren Kollegen, Freunde, Familienmitglieder oder der Ehepartner (Youyou et al. 2015).

März 2016: Das von Google DeepMind entwickelte Computerprogramm AlphaGo schlägt den damalig weltbesten Go-Spieler Lee Sedol mit 4 zu 1 im Go.

Mai 2016: Das an der Mount Sinai School of Medicine in New York entwickelte Programm Deep Patient erlaubt die Vorhersage von späteren Erkrankungen aus elektronischen Patientendaten.

Juni 2016: Das Google-Magenta-Team veröffentlicht das erste Musikstück, das von einer Maschine komponiert und gespielt wird.

August 2016: Am Medical Institute der Universität Tokio korrigiert das Programm Watson eine ärztliche Fehldiagnose, in dem es die DNA einer Krebspatientin in 10 min mit 20 Mio. Krebsstudien vergleicht.

Januar 2017: Das an der Carnegie Mellon University entwickelte Programm Libratus gewinnt gegen vier der weltbesten Pokerspieler.

Juli 2017: Ein an der Rutgers Universität entwickeltes Programm produziert hochwertige künstlerische Gemälde berühmter Maler verschiedener Epochen.

Januar 2018: Ein an der Mount Sinai School of Medicine entwickeltes Programm erkennt mit einer Trefferwahrscheinlichkeit von 82 % aus einem psychologischen Gespräch mit Jugendlichen, ob diese innerhalb der nächsten 2 Jahre eine Psychose entwickeln werden.

Februar 2018: In der renommierten Fachzeitschrift *Cell* wird eine internationale Studie publiziert, nach der ein Programm Augenerkrankungen gleich gut wie klinische Experten diagnostiziert (Kermany et al. 2018).

Februar 2018: Das von dem Berliner Start-up-Unternehmen entwickelte Programm Magnosco erkennt Hautkrebs besser als ein erfahrener Hautarzt.

Februar 2018: Das an US-amerikanischen Universitäten entwickelte Programm Lawgeex erreicht bei der Erkennung von absichtlich eingefügten rechtlichen Problemen in Vertragstexten in kürzerer Zeit bessere Ergebnisse als erfahrene Anwälte.

Februar 2018: Der chinesische Konzern Huawei stellt ein Smartphone mit einer App zur selbstständigen Steuerung eines Autos vor.

März 2018: Toyota stellt seinen humanoiden Roboter Cue vor, der aus 3,6 m Entfernung einen Basketball mit 100-prozentiger Trefferquote im Basketballkorb versenkt.

Oktober 2018: Beim Auktionshaus Christie's wird ein KI-Gemälde für 380.500 EUR versteigert. Signiert wurde das Werk mit „min G max D $Ex[\log(D(x))] + Ez[\log(1-D(G(z)))]$", das ist der Algorithmus, mit dem das Gemälde erzeugt wurde.

Dezember 2018: Google stellt mit der Überschrift „One program to rule them all" in *Science* einen Algorithmus vor, der Schach, Go und Shogi (japanisches Schach) auf Höchstniveau selbst erlernt hat (Silver et al. 2018).

Mai 2019: Eine in *Nature Medicine* gemeinsam publizierte Studie von Wissenschaftlern der Universitäten Chicago, New York und der Stanford University zeigt, dass ein Deep-Learning-Algorithmus Anzeichen von Lungenkrebs in MRT-Bildern besser erkennt als erfahrene Radiologen (Ardila et al. 2019).

2024-Prognose: KI übertrifft menschliche Leistungen bei Sprachübersetzungen.*

2027-Prognose: KI übertrifft menschliche Leistungen beim Fahren von Lastkraftwagen.*

2049-Prognose: KI übertrifft menschliche Leistungen beim Schreiben eines Bestsellerbuches.*

2053-Prognose: KI übertrifft menschliche Leistungen bei chirurgischen Operationen.*

* Die Prognosen entstammen einer gemeinsamen Publikation von Wissenschaftlern der Oxford University und der Yale University (Grace et al. 2018).

TEXTBOX: KI im Seniorenheim

Die in Japan entwickelte „Kuschelroboter-Robbe" Paro wird erfolgreich zur begleitenden Therapie von Demenzkranken eingesetzt. Die US-amerikanische Food and Drug Administration (FDA) genehmigte Paro im Jahr 2009 als medizinischen Roboter für den Einsatz zu therapeutischen Zwecken. Paro sieht aus wie eine junge Sattelrobbe mit kuscheligem weißen Fell und reagiert mittels eingebauter Sensoren auf äußere Reize, wie Licht, Geräusche, Sprache und Berührung. Aufgrund seiner KI zeigt Paro Emotionen, ist lernfähig und entwickelt einen individuellen „Charakter". Eine in Texas durchgeführte Studie von 2017 hat gezeigt, dass der Einsatz von Paro bei Demenzkranken nicht nur Stress- und Angstzustände reduziert, sondern auch eine verringerte Medikation mit Psychopharmaka und Schmerzmitteln erlaubt (Petersen et al. 2017). Auch in Deutschland wird Paro in zahlreichen Pflegeeinrichtungen als Therapiemittel in der Betreuung von Demenzkranken eingesetzt.

Mit der Entwicklung künstlicher neuronaler Netze im Bereich maschinellen Lernens und Deep Learning wurden in den vergangenen zwei Jahrzehnten entscheidende Fortschritte erzielt. Ohne Zweifel verläuft die digitale Evolution um ein Vielfaches schneller und bisher fehlerfreier als die biologische Evolution. Analyse und Prognose von Aktienkursentwicklungen, Sprach-, Bild- und Gesichtserkennung, selbstfahrende Fahrzeuge, autonome Waffen, KI in der Medizin und humanoide Roboter sind nur einige Beispiele aus dem aktuellen KI-Bereich. Nach dem Moore'schen Gesetz (Gordon E. Moore, Mitbegründer des US-amerikanischen Halbleiterherstellers Intel) verdoppelt sich die Anzahl der elektronischen Komponenten auf einem integrierten Schaltkreis (Mikroprozessor) etwa alle 2 Jahre. Tatsächlich kann man für die vergangenen 50 Jahren einen derartigen Verlauf in der Komplexität von Mikroprozessoren beobachten, und nichts spricht gegen eine Fortsetzung dieses Verlaufs. Neben dieser quantitativen Steigerung in der Komplexität wird sich auch die Qualität ändern, beispielsweise durch den vermehrten Einsatz von neuronalen Netzen im Alltag oder die Entwicklung von Quantencomputern. Es wird sich nicht nur die Hardware ändern, sondern auch die Software mit zurzeit noch nicht absehbaren Möglichkeiten und Konsequenzen. Wissenschaftler des Forschungszentrums Jülich, des japanischen RIKEN-Instituts und des schwedischen Royal Institute of Technology ist es kürzlich mittels einer neuartigen Software gelungen, die Leistungsfähigkeit auf heutigen Supercomputern enorm zu verbessern (Jordan et al. 2018). Die zukünftigen Computer der sogenannten Exascale-Klasse werden zehn- bis hundertfach leistungsfähiger sein als die heutigen Supercomputer. Bisher benötigte ein Computer für die Simulation einer Sekunde neuronaler Aktivität in einem Netzwerk aus einer halben Milliarde Nervenzellen etwa eine halbe Stunde. Mit der neuen Software wird die gleiche Simulation in nur 5 min berechnet (Jordan et al. 2018). Computer der nächsten Generation werden sicherlich noch schneller und leistungsfähiger sein. Müssen wir befürchten, dass KI uns bei intellektuellen Aufgaben überholen oder sogar ersetzen wird, da die Leistungen des menschlichen Gehirns in dieser Hinsicht begrenzt sind? Oder verfügen wir über mächtige neuronale Fähigkeiten, die von einem Computer nicht erbracht werden können, wie Neugier, Bewusstsein und Empathiefähigkeit, und die uns der KI überlegen machen? Oder ist die Kombination von natürlicher und künstlicher Intelligenz die erstrebenswerte nächste Stufe in der Evolution der Hominiden?

6.3   Natürliche Intelligenz versus künstliche Intelligenz

Bevor das Thema KI näher behandelt wird, ist zunächst wieder eine Begriffs-definition erforderlich. Was verstehen wir unter Intelligenz? Wir treffen bei der Definition des Begriffs Intelligenz auf ähnliche Probleme wie bei der Definition des Begriffs Bewusstsein. Neurowissenschaftler, Psychologen, Pädagogen, Informatiker und Ingenieurwissenschaftler haben recht unter-schiedliche Definitionen. Die beiden KI-Forscher Shane Legg und Marcus Hutter geben in ihrer Publikation *A collection of definitions of intelligence* 71 verschiedene Definitionen (Legg und Hutter 2007). Und wie beim Thema Bewusstsein (s. Abschn. 4.3), so unterscheidet man auch bei der Intelligenz verschiedene Formen. Hier wiederum nur eine unvollständige Liste:

- logisch-mathematische Intelligenz,
- kognitive Intelligenz,
- bildlich-räumliche Intelligenz,
- sprachlich-linguistische Intelligenz,
- intra- und interpersonelle Intelligenz,
- professionelle Intelligenz,
- musikalische Intelligenz,
- kreative Intelligenz,
- emotionale Intelligenz,
- soziale Intelligenz,
- körperlich-kinästhetische Intelligenz,
- kristalline und fluide Intelligenz,
- Handlungsintelligenz,
- praktische Intelligenz.

An dieser Stelle soll keine Beschreibung und Definition dieser unterschied-lichen Intelligenzformen erfolgen. Jedoch werden wir beim Vergleich zwi-schen natürlicher und künstlicher Intelligenz auf einige dieser Begriffe zurückkommen. Wie beim Thema Bewusstsein, so haben wir auch beim Thema Intelligenz Schwierigkeiten, diesen Begriff genau zu definieren, auch wenn jeder eine Vorstellung davon hat, welches Verhalten intelligent und welches nicht intelligent ist. Eine gute Darstellung zum Thema Intelli-genz liefert der Übersichtsartikel „Intelligence: new findings and theoretical developments" von Nisbett et al. (2012). In diesem Artikel verwenden 53 renommierte Intelligenzforscher, darunter die US-amerikanische Psychologin Linda Susanne Gottfredson, die folgende Definition:

Intelligence is a very general mental capability that, among other things, involves the ability to reason, plan, solve problems, think abstractly, comprehend complex ideas, learn quickly and learn from experience.[...] It reflects a broader and deeper capability for comprehending our surroundings – „catching on,"
„making sense" of things, or „figuring out" what to do (Gottfredson 1997).

Meine allgemeine und sicherlich nicht jeden zufriedenstellende Definition von Intelligenz ähnelt der Arbeitsdefinition des Philosophen und Wissenschaftstheoretikers Klaus Mainzer (2016) und lautet: *„Intelligenz ist die Fähigkeit, Probleme selbständig und effizient zu lösen oder zur Problemlösung beizutragen."* Dem möchte ich noch hinzufügen: *Intelligenz ist die Fähigkeit, neue Ideen, Pläne und Produkte auch dann zu entwickeln, wenn aktuell kein Problem dazu vorliegt.* Diese Ergänzung halte ich für notwendig, um die kreative und intuitive Komponente von Intelligenz zu betonen; die plötzliche, unerwartete Idee, etwas Neues zu erschaffen, obwohl zu dieser Idee zunächst kein Problem besteht. Als Beispiel sei hier die Idee und Entwicklung des Windsurfens genannt. Die Kombination von Surfbrett und Segel ist nicht entstanden, weil man ein Produkt entwickeln wollte, das die Fortbewegung auf dem Wasser mittels Windkraft ermöglichen sollte. Dieses Problem ist schon seit Jahrtausenden sehr gut und intelligent mit der Entwicklung einer sehr großen Vielfalt von Segelbooten gelöst. Die (Schnaps-) Idee des Windsurfens hatte 1964 der in Los Angeles lebende Flugzeugingenieur und passionierte Segler Jim Drake. Er montierte an einem modifizierten Surfbrett einen Mastfuß mit Gabelbaum und Segel. Zum erfolgreichen Einsatz kam dieses *sailboard* im Mai 1967, und die weitere Entwicklung dieser intelligenten Leistung ist bekannt und beeindruckend.

Kommen wir nun zum Thema dieses Abschnitts „natürliche Intelligenz versus künstliche Intelligenz". Am besten bescheinigen wir uns zunächst selbst, Homo sapiens (lat. der kluge Mensch), eine gute Portion Intelligenz, auch wenn es schwerfällt, einer Spezies, die ihre Lebensgrundlagen wissentlich zugrunderichtet, ein Übermaß an Intelligenz zuzuschreiben. Aber nach der zuvor gegebenen Definition dürfen wir uns sicherlich als intelligent bezeichnen. Und wie sieht es danach bei Computern aus? Sind Computer, Roboter und digitale Algorithmen intelligent?

Die oben genannte Chronologie der KI und die Überlegenheit Ihres Handys beim schnellen Lösen der Rechenaufgabe $12,3 \times 45,67 \div 89$ mit einer Genauigkeit von 10 Stellen nach dem Komma ist beeindruckend. Aber zeugt all das von Intelligenz? Derartige numerische Kalkulationen löst das Handy, ähnlich wie die ersten Taschenrechner vor 50 Jahren, mittels integrierter elektronsicher Schaltkreise, die immer kleiner und leistungsfähiger wurden. Würden wir diese Leistung als intelligent bezeichnen, dann müssten wir auch einem Rechenschieber oder einer Schwarzwälder Kuckucksuhr Intelligenz zuschreiben.

Und wie sieht es mit dem Vorhandensein von Intelligenz bei den obigen Beispielen aus? Ist KI wirklich intelligent? Die großen Fortschritte in der KI-Forschung wurden durch die Implementierung von Verschaltungsmustern erreicht, wie sie im Gehirn genutzt werden. Die Funktionsweise eines künstlichen neuronalen Netzes ähnelt in vielen Aspekten beispielsweise der Verarbeitung visueller Reize im Gehirn (s. Abschn. 2.5). Bild-, Video-, Sprach- oder Textdaten werden von einer Eingangsschicht aufgenommen, über mehrere Zwischenschichten verarbeitet und schließlich in einer Ausgangsschicht identifiziert (Abb. 6.1). Wie bei neuronalen Lernvorgängen (synaptische Plastizität), so sind auch hier die Verbindungen in ihren Über-

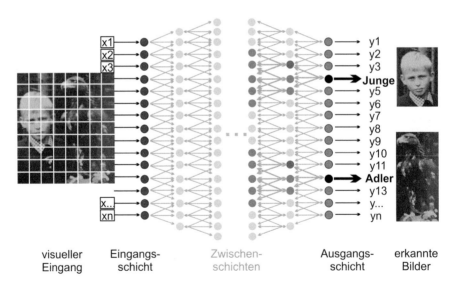

visueller Eingang   Eingangsschicht   Zwischenschichten   Ausgangsschicht   erkannte Bilder

Abb. 6.1 Aufbau und Funktionsweise eines künstlichen neuronalen Netzes. Das Bild (ein Junge mit blonden Haaren, der auf seinem linken Arm einen Steinadler trägt) wird pixelweise von elementaren Merkmalssensoren detektiert und in einer Eingangsschicht *(input layer)* aufgenommen. Von dort wird die Information parallel in mehreren Zwischenschichten *(hidden layers)* über Vorwärts-, Rückwärts-, konvergente und divergente Verbindungen verarbeitet (s. Abb. 2.6D für vergleichbare Verschaltungen im Gehirn). Schließlich werden in der Ausgangsschicht *(output layer)* die künstlichen neuronalen Muster als Gesichter und Objekte erkannt, ähnlich wie im inferior-temporalen Cortex des Menschen

tragungseigenschaften veränderbar (Deep Learning). Wird ein künstliches neuronales Netz mit möglichst vielen Daten „trainiert", so verbessert sich durch sogenanntes überwachtes oder unüberwachtes Lernen die Trefferquote bei der Erkennung von Objekten und Personen. Ganz ähnlich wie ein Kind lernt, einen Stuhl oder die Oma zu erkennen.

Es gibt aber auch einige wesentliche und sehr wichtige Unterschiede zwischen künstlichen neuronalen Netzen und biologischen Gehirnen. Gehirne haben sich in der Evolution im Laufe von 670 Mio. Jahren über unterschiedliche Wege entwickelt. Das Gehirn eines Oktopus unterscheidet sich im Aufbau vom Gehirn einer Krähe oder eines Menschen, aber alle Gehirne sind sehr leistungsfähig und nutzen die gleichen zellulären Mechanismen. Im Gehirn existieren hemmende und erregende Nervenzellen, und die Informationsweitergabe und -verarbeitung erfolgt an Synapsen nicht nur über digitale Signale (Aktionspotentiale), sondern auch über analoge Signale mit unterschiedlicher Polarität, Amplitude und Dauer (EPSPs und IPSPs, s. Abb. 2.6b). Weiterhin weisen Synapsen eine hohe Dynamik und eine Kurz- und Langzeitplastizität auf. Gehirne verändern sich in der Individualentwicklung. Sie wachsen, ändern ständig ihre synaptischen Verbindungen, und viele Nervenzellen sterben ab. Ein Computer oder Roboter wird hingegen in seiner Hardware und Software konstruiert, und die genannten dynamischen und plastischen Eigenschaften eines biologischen Gehirns sind (noch) nicht zu finden.

Kann KI dann überhaupt eine dem Menschen gleichwertige Intelligenz erreichen? Um diese Frage zu beantworten, schlug der britische Mathematiker und Enigma-Codeknacker Alan Turing den folgenden Test vor: Ohne zu wissen, wer antwortet, stellt ein Mensch über eine PC-Tastatur einem anderen Menschen bzw. einer KI beliebige Fragen. Danach muss er entscheiden, ob ein Mensch oder eine KI geantwortet hat. Sind beide nicht voneinander zu unterscheiden, ist die KI intelligent. Sollte das erreicht werden, so wird der Programmierer des entsprechenden Computerprogramms mit dem Loebner-Preis in Höhe von 100.000 US\$ ausgezeichnet. Seit 1991 ist dieser Preis jedoch noch nicht vergeben worden, und nach wie vor ist umstritten, ob KI diesen Turing-Test bestehen kann. Google stellte auf seiner 2018 I/O-Entwicklerkonferenz sein System Duplex vor, das den Turing-Test vielleicht knacken könnte. Duplex ist ein autonomes KI-System, das täuschend echt Telefongespräche mit menschlicher Stimme ausführen kann. Duplex reagiert auf Fragen seiner telefonischen Gesprächspartner und erledigt Aufgaben. Bei einem Test erkannten die Gesprächspartner nicht, dass sie mit einem Computer sprachen. Duplex vereinbarte eigenständig mit dem Friseur den nächsten Termin zum Haareschneiden. Vermutlich wird Duplex schon bald auf Smartphones verfügbar sein. Lästige Telefonate müssen wir dann nicht mehr selbst ausführen. Verlieren wir mit Duplex die Kontrolle über unseren Kalender und riskieren wir eine Duplex-gesteuerte Kommunikation mit unseren Familienangehörigen und besten Freunden? Wird Duplex das ohnehin gespannte Verhältnis zur Schwiegermutter endgültig zum Scheitern bringen? Die Kontrolle unseres Smartphones durch unser Gehirn erscheint notwendig!

KI-Forscher und Philosophen halten den Turing-Test für keinen validen Test, um künstliche und natürliche bzw. menschliche Intelligenz zu vergleichen. Der Turing-Test prüft im Wesentlichen die kognitive Intelligenz, wie sie auch beim Schach- und Go-Spiel gefordert ist, und hier übertrifft KI in vielen Bereichen bereits den Menschen. Einige KI-Forscher schreiben Computern auch ein gewisses Maß an Kreativität zu. Das Computerprogramm DeepBach wurde mit 300 Chorälen von Johann Sebastian Bach trainiert und hat mittels Deep Learning gelernt, eigene, neue Kompositionen im Stil von Bach zu erzeugen. KI kann auch Gemälde erschaffen, die ästhetisch mehr oder weniger ansprechend sind (Kunst kommt von Können!). Im Oktober 2018 wurde im Auktionshaus Christie's ein KI-Gemälde für 380.000 EUR versteigert. KI erinnert zum jetzigen Zeitpunkt noch ein wenig an die Inselbegabungen von Autisten, die das Savant-Syndrom aufweisen. Der in dem Film „Rain Man" von Dustin Hoffman in beeindruckender Weise dargestellte Savant Kim Peek (1951–2009) wies im realen Leben zwar außergewöhnliche kognitive Leistungen auf (er kannte das Straßennetz, die Telefonvorwahlen und die Postleitzahlen der USA und Kanadas auswendig), war aber im Alltagsleben hilfsbedürftig. Bei der KI ist es zurzeit noch ähnlich wie bei Kim Peek, es fehlt bisher die Intelligenz in ganzer Breite. Es ist auch sehr fraglich, ob KI jemals eine emotionale Intelligenz (Empathie) und eine soziale Intelligenz (Teamgeist) entwickeln kann. Menschen können sich in die Lage anderer Menschen hineinversetzen, sie entwickeln Mit-Gefühl und Mit-Leid, Sympathie und Empathie. Menschen können in einer Gruppe agieren und reagieren, sie erkennen Stimmungen in der Gruppe und entwickeln ein Gemeinschaftsgefühl. Man kann zurzeit davon ausgehen, dass KI Gefühle wie Liebe, Hass, Angst oder Freude nicht aufweisen, aber simulieren kann. Roboter der Firma Hanson Robotics simulieren publikums- und werbewirksam bereits Gefühle, wie auf der Internetseite dieser Firma und in diversen Videos zu bestaunen ist. „Sophia the Robot" von Hanson Robotics war bereits auf dem Titelblatt von *Cosmopolitan India* und der brasilianischen Ausgabe des *Elle*-Magazins abgebildet. So menschenähnlich sich Sophia auch verhalten mag, letztendlich spiegelt ihre verbale und nichtverbale Kommunikation nur die Vielzahl und das gute

Funktionieren von gespeicherten Daten und Algorithmen wider. Die Simulation menschlicher Intelligenz durch KI wird jedoch immer besser. Vielleicht ist es nur eine Frage der Zeit, wann ein digitaler Zombie von einem Menschen nicht mehr zu unterscheiden ist.

Hanson Robotics

Facebook BCI

Birbaumer BCI

6.4   Vom Cyborg zum Zombie?

Was ist ein Cyborg? Wenn Sie die Definition sehr weit fassen, sitzt Ihnen ein Cyborg vielleicht in diesem Moment gegenüber oder Sie geben einem Cyborg heute Abend einen Gute-Nacht-Kuss. Cyborgs sind Mischwesen aus einem lebendigen Körper und technischen Geräten als Ersatz oder zur Unterstützung nicht ausreichend leistungsfähiger Organe. Nach dieser Definition wäre jeder Brillenträger ein Cyborg, da hier ein Kassengestell, das nicht ausreichend leistungsfähige, kurz- oder weitsichtige Auge in seiner Funktion unterstützt. Beschränken wir also besser die Definition eines Cyborgs auf eine Person, bei der dauerhaft ein Körperteil durch ein technisches Gerät ersetzt wurde. Damit machen wir sehr viele Bewohner unserer Seniorenheime zu Cyborgs, denn künstliche Knie- und Hüftgelenke erfüllen genau diese Definition. Wie sieht es mit einem Herzschrittmacher oder einem Cochlea-Implantat aus? Reicht das aus, eine Person als Cyborg zu bezeichnen? Im Folgenden soll es nicht um derartige „Cyborgs" in unserem Alltag gehen, sondern um die Frage, ob das an einem Computer angedockte menschliche Gehirn seine Leistungsfähigkeit verbessern kann.

Im Juli 2016 gründete Elon Musk die Firma Neuralink, die ein Gerät zur Kommunikation zwischen dem menschlichen Gehirn und einem Computer entwickeln soll, ein sogenanntes Brain-Machine- oder Brain-Computer-Interface (BCI). Im April 2017 verkündete eine Facebook-Mitarbeiterin auf einer firmeneigenen Entwicklerkonferenz, dass Facebook eine BCI-Technologie entwickeln wird, mit der Nutzer künftig Texte direkt mittels

Hirnaktivität verfassen können. Bei Facebook arbeiten derzeit 60 Wissenschaftler und Ingenieure an dieser Technologie. Die BCI-Technologie ist keinesfalls neu. Der Tübinger Psychologe Niels Birbaumer arbeitet bereits seit zwei Jahrzehnten an BCIs, um damit vollständig gelähmten Patienten zu helfen, die nur noch über ihre Hirnaktivität mit der Umwelt kommunizieren können (Birbaumer und Chaudhary 2015). Dabei kommen nichtinvasive Methoden zum Einsatz, welche die lokale corticale Aktivität messen: das EEG oder die Nahinfrarotspektroskopie (NIRS) (s. Abb. 2.4). Die Beobachtungen von Birbaumer sind interessant und überaus wichtig. Seine Patienten empfinden die Qualität ihres Lebens weit weniger schlimm, als ein Gesunder sie sich vorstellt. Eine Locked-in-Patientin schreibt mittels BCI: „Ich bin zwar hilflos, aber nicht hirnlos." Eine andere Patientin mit einem Hirnstamminfarkt schreibt: „Ich lebe gerne!" Die Sinnhaftigkeit und Notwendigkeit dieser Forschung steht daher außer Zweifel. Die von Birbaumer genutzte BCI-Technologie ist nichtinvasiv. Die EEG-Elektroden und NIRS-Detektoren werden auf der Haut der Schädeloberfläche angebracht. Die räumliche Auflösung ist daher relativ schlecht. Hingegen können bei intrakraniellen Ableitungen Signale von einzelnen Neuronen registriert werden und sehr gute räumlich-zeitliche Auflösungen erreicht werden. Derartige invasive BCIs kamen bereits an vollständig gelähmten Patienten zum Einsatz. Wissenschaftler der US-amerikanischen Brown University und des Deutschen Zentrums für Luft- und Raumfahrt (DLR) in Oberpfaffenhofen haben Patienten mit einem Hirnstamminfarkt eine 4×4 mm^2 große Platine mit 96 Elektroden in die Handregion des motorischen Cortex implantiert (Hochberg et al. 2012). Die Patienten lernten, mit den in ihrem Gehirn registrierten elektrischen Signalen einen Roboterarm zu bewegen. Ein Patient mit einem bereits vor 5 Jahren implantierten BCI steuerte mittels seiner Hirnaktivität den Roboterarm so präzise, dass er Kaffee aus einer Flasche trinken konnte. Für die betroffenen Patienten ist dies ein enormer Gewinn an Lebensqualität.

Der Einsatz von BCIs könnte auf gesunde Menschen erweitert werden. Schon heute gehört es zum gesunden Livestyle, einen Fitnesstracker am Handgelenk zu tragen, um damit kontinuierlich Herzfrequenz, Schrittzahl, Kalorienverbrauch, GPS-Position und das Schlafmuster zu registrieren. Die Google-Glass-Brille erlaubt die Interaktion mit dem Internet, ohne die Hände zu benutzen: „Okay Glass, aktiviere die Gesichtserkennung und finde die Privatadresse der Person, die mir entgegenkommt." Der nächste Schritt ist die sehr reale und von Facebook und Neuralink bereits in der Entwicklung befindliche BCI-Technologie für den Alltag. Dabei werden externe, am Schädel liegende oder interne, im Gehirn platzierte BCIs zum

Einsatz kommen. Die Technologie für beide Formen von BCIs ist bereits vorhanden und wird in den nächsten Jahren sicherlich noch verbessert werden. Der australische Philosoph David Chalmers hat bereits vor mehr als zwei Jahrzehnten das folgende interessante Gedankenexperiment zur Diskussion gestellt (Chalmers 1996): Was ist zu erwarten, wenn wir in einem menschlichen Gehirn ein Neuron durch ein elektronisches Bauteil ersetzen, das genau die gleiche Funktion erfüllt wie das Neuron? Was passiert, wenn wir 2, 100 oder 10.000 Nervenzellen durch einen Chip ersetzen? Bei welcher Anzahl von implantierten Chips verändert der Mensch seinen Charakter, sein Bewusstsein, sein „Ich"? Wird das künstliche, überwiegend auf Silicium basierte Gehirn noch die gleichen Eigenschaften aufweisen wie das natürliche, auf Kohlenstoff basierte Gehirn? Hätten wir vielleicht einen Zombie erschaffen?

Die US-amerikanische KI-Expertin Susan Schneider diskutiert in einem Interview mit der *New York Times* die Vor- und Nachteile einer Mikrochipimplantation im Gehirn („Should You Add a Microchip to Your Brain?" vom 10. Juni 2019). Intrakranielle Mikrochips würden einige unserer kognitiven Leistungen um ein Vielfaches verbessern. Wir könnten nicht nur die Rechenaufgabe $12,3 \times 45,67 \div 89$ genauso schnell wie unser Handy lösen, sondern vielleicht auch auf externe Festplatten oder das Internet zugreifen. Der Jackpot bei Günther Jauchs „Wer wird Millionär?" wäre uns sicher, und das ohne auch nur einmal den Telefon- oder 50:50-Joker zu benutzen. Bei diesem Szenario gibt es jedoch ein großes technologisches Problem: Wie kann ich aus dem neuronalen Aktivitätsmuster im Gehirn die Rechenaufgabe oder Jauchs Frage herauslesen? Und wie kann ich die im BCI-Mikroprozessor generierte richtige Antwort wieder in das Gehirn als Aktivitätsmuster hineinbringen? Dazu müsste ich nicht nur die Gedanken aus dem Gehirn herauslesen, sondern auch Gedanken im Gehirn erzeugen können.

6.5 Gedanken lesen und erzeugen

Werden BCIs der nächsten Generation Gedanken lesen *(mind reading)* und Gedanken erzeugen *(mind writing)* können (Abb. 6.2)? In dem 2018 veröffentlichten Übersichtsartikel „Mind reading and writing: the future of neurotechnology" werden die in naher Zukunft realistischen Möglichkeiten dargestellt (Roelfsema et al. 2018). Die Weiterentwicklung invasiver Methoden, wie z. B. das Implantieren einer sehr viel größerer Anzahl von Elektroden oder die Anwendung optischer Verfahren (Calcium-Imaging), wird die gleichzeitige Registrierung der Aktivität von Tausenden Neuronen ermöglichen. Schon 2016 wurde berichtet, dass die gleichzeitige Registrierung von einer Million Nervenzellen im cerebralen Cortex einer lebenden Maus möglich ist (Kim et al. 2016). Neben diesen invasiven Methoden werden sich auch nichtinvasive Technologien, wie die bildgebenden Verfahren, zum Gedankenlesen weiterentwickeln. Bereits 2008 wurde in der angesehenen Fachzeitschrift *Neuron* eine Studie publiziert, die beschreibt, wie man bei gesunden Versuchspersonen durch Messung der Hirnaktivität im visuellen Cortex mittels fMRI und Anwendung von KI die präsentierten Bilder rekonstruieren kann (Miyawaki et al. 2008). Aus der Hirnaktivität kann herausgelesen werden, was die Versuchsperson gesehen hat (Abb. 6.2b). Die Autoren dieser Studie stellen auch ihre Vision dar: Es wäre interessanter zu rekonstruieren, welche Bilder sich eine Person mit geschlossenen Augen vorstellt oder welche Bilder im Traum erscheinen.

Kommen wir nun zum Thema Gedankenerzeugen *(mind writing)*. Die bereits zur Verfügung stehenden Technologien einer kontrollierten Generierung von neuronaler Aktivität in definierten Hirnregionen sind beeindruckend. Bei der tiefen Hirnstimulation *(deep brain stimulation)* werden Elektroden in bestimmte Hirnregionen implantiert, und von außen steuerbar werden diese Hirnregionen mit definierten Reizmustern elektrisch gereizt. Da diese Technologie an den Herzschrittmacher erinnert, spricht man hier nicht ganz zutreffend auch von einem Hirnschrittmacher. Die tiefe Hirnstimulation wurde ursprünglich für die Behandlung von an Parkinson erkrankten Patienten entwickelt und dafür in der EU bereits 1998 zugelassen. Für die Behandlung der Parkinsonerkrankung werden die Reizelektroden in einer im Gehirn recht tief liegenden Region implantiert, dem Nucleus subthalamicus. Die Erfolge dieser tiefen Hirnstimulation sind beeindruckend, und im Internet sind dazu viele Berichte und Videos zu finden. Mittlerweile kommt die tiefe Hirnstimulation erfolgreich auch bei anderen therapieresistenten Bewegungsstörungen, bei Epilepsie, Depression und bei psychischen Störungen zur Anwendung. Die Elektroden werden dann jeweils in andere Hirnregionen platziert. Die so behandelten Patienten berichten häufig von einer deutlichen Verbesserung ihrer Lebensqualität.

Die tiefe Hirnstimulation ist bei der Behandlung der oben genannten Erkrankungen recht erfolgreich, aber die diesem Erfolg zugrunde liegenden Prozesse und Mechanismen sind nicht vollständig verstanden. Noch ist unklar, wie die tiefe Hirnstimulation auf einzelne Nervenzellen wirkt und wie sich die physikalischen Eigenschaften der implantierten Reizelektroden langfristig ändern können. Wünschenswert wäre eine Technologie, die präziser und definierter nur

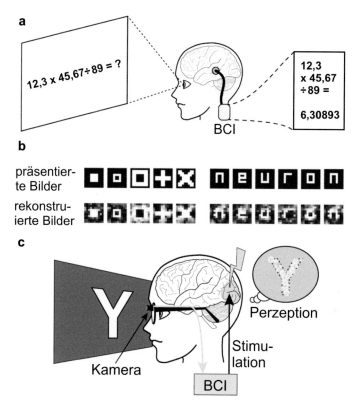

Abb. 6.2 Beispiele für zukünftige BCI-Technologien zum Gedankenlesen (*mind reading,* a, b) und Gedankenerzeugen (*mind writing,* c). **(a)** Ein BCI registriert die neuronale Aktivität in der intraparietalen Sulcusregion, dies ist die Cortexregion, in der Rechenaufgaben verarbeitet werden (Dastjerdi et al. 2013). Die neuronalen Signale werden an einen Computer weitergeleitet, dort ausgelesen, verarbeitet, und das vom Computer berechnete Ergebnis wird visuell oder akustisch ausgegeben. **(b)** Symbole (links) und Buchstaben (rechts) werden einer Versuchsperson als visueller Reiz präsentiert (obere Reihe). Auf der Basis von fMRI-Messungen im visuellen Cortex von Versuchspersonen erfolgte die Rekonstruktion der präsentierten Symbole und Buchstaben. **(c)** Über eine Kamera wird der visuelle Reiz (hier ein Y) aufgenommen und an ein BCI weitergeleitet. Das BCI wandelt das visuelle Signal in ein spezifisches neuronales Aktivitätsmuster um und über Stimulationselektroden wird dieses elektrische Signalmuster in den visuellen Cortex appliziert. Der visuelle Reiz wird dann als „Y" wahrgenommen. (Adaptiert nach Roelfsema et al. (2018) und Miyawaki et al. (2008); mit freundlicher Genehmigung von © Elsevier 2019)

bestimmte neuronale Schaltkreise oder sogar nur bestimmte Nervenzelltypen aktiviert oder hemmt. Eine derartige Technik, die sogenannte Optogenetik, wurde in den vergangenen Jahren entwickelt und zeigt bei tierexperimentellen Studien vielversprechende Resultate (Deisseroth und Hegemann 2017). Bei der

Optogenetik werden durch Licht steuerbare Opsine über Viren in die Membran von definierten Zelltypen eingebaut. Je nach Typ des Opsins kann dann die Nervenzelle durch Beleuchtung mittels einer Mikroglasfaser aktiviert oder gehemmt werden (Stroh und Diester 2012). Beeindruckende Anwendungen dieser neuen Technologie sind im Internet unter dem Stichwort „Optogenetik" zu finden. Wie zum Beispiel das Jagdverhalten einer Maus durch diese Technologie gesteuert werden kann, ist in den Videos einer öffentlich verfügbaren Publikation in der Zeitschrift *Cell* sehr beeindruckend zu sehen (Han et al. 2017). Beim Betrachten dieser Filme fällt es nicht sonderlich schwer, sich mögliche Anwendungen beim Menschen vorzustellen. Die Defense Advanced Research Projects Agency (DARPA), die Forschungsbehörde des US-amerikanischen Verteidigungsministeriums, fordert und fördert die Entwicklung neuer Technologien zum Einsatz von BCIs bei Soldaten. In den nächsten 4 Jahren sollen handliche BCIs entwickelt werden, die sowohl das *mind reading* als auch das *mind writing* ermöglichen, um beispielsweise eine fliegende Drohne mittels Hirnaktivität zu steuern. Wenn die Detektoren für die Hirnaktivität in oder über den entsprechenden corticalen Arealen lokalisiert sind (wie SMA), könnten die Signale bereits Prozesse gestartet haben (wie das Abfeuern einer Waffe), bevor dies der Person bewusst wird. Der Mensch reagiert prädiktiv, kann aber nicht mehr frei handeln!

Han et al. Publikation und Filme

Neuroprothesen

Die tiefe Hirnstimulation und die Optogenetik stellen invasive Methoden zur Beeinflussung und Kontrolle des Gehirns dar. Nichtinvasive Methoden können zwar nicht so spezifisch in die Hirnfunktion eingreifen, aber sie bieten den Vorteil der sehr viel einfacheren Anwendung (Polania et al. 2018). Bei der transkraniellen Hirnstimulation werden elektrische Ströme, repetitive Magnetpulse oder Ultraschallreize durch den intakten Schädel in das Gehirn appliziert (Paulus 2014). Es müssen also weder Elektroden implantiert werden wie bei der tiefen Hirnstimulation noch müssen Viren injiziert werden wie bei der Optogenetik. Dadurch geht zwar die Spezifität verloren, aber die entsprechenden Reizgeräte können einfach auf die Kopfhaut gesetzt werden. Entsprechend vielseitig sind die Einsatzmöglichkeiten der transkraniellen Hirnstimulation, vom Trainingsgerät im Leistungssport bis zur Behandlung von Depression.

Bisher wurden im Wesentlichen die derzeitigen technologischen Möglichkeiten des *mind reading* und *mind writing* dargestellt, aber nicht die Anwendung von KI in diesen Bereichen. Die Zusammenführung dieser Technologien hat jedoch bereits begonnen. Die Kopplung von BCIs mit KI stellt kein Problem dar, und die Verbesserung unserer neuronalen Funktionen und Leistungen ist bereits Realität. Ein aktueller Überblick über einige Anwendungen im Bereich Medizintechnik-Neuroprothetik (Closed-loop systems for next-generation neuroprostheses) ist frei zugänglich als Ebook-PDF verfügbar. KI kann überaus nützlich sein bei der Verbesserung der tiefen Hirnstimulation bei Parkinson-Patienten, der Optimierung von BCIs bei Querschnittsgelähmten und Locked-in-Patienten oder der Weiterentwicklung von Cochlea- und Retina-Implantaten. Auch Hirninfarkt-geschädigte und an Demenz erkrankte Patienten könnten zukünftig von KI-basierten BCIs profitieren. Mit den Entwicklungen dieser Technologien treten aber auch neue ethische Probleme auf. Das Lesen von Gedanken und die Voraussage von geplanten Handlungen ermöglicht ggf. auch die Manipulation von neuronalen und kognitiven Prozessen (Gilbert 2015). Die UN-Menschenrechtscharta muss möglicherweise in Kürze um die folgenden Passagen erweitert werden: Das Recht auf kognitive Freiheit, das Recht auf neuronale Privatsphäre und das Recht auf mentale Integrität (Ienca und Andorno 2017). Es ist nur eine Frage der Zeit, wann die folgende Begebenheit Wirklichkeit wird: Stellen Sie sich einen irrational agierenden und impulsiven Präsidenten einer atomaren Großmacht vor, der dem Präsidenten einer anderen atomaren Großmacht kurzerhand über Twitter den Krieg erklärt und so die Existenz der gesamten Menschheit gefährdet. Wäre es nicht wünschenswert, man könnte mittels BCI die Gedanken dieses Präsidenten zuvor auslesen und ihn mittels Hirnstimulation dazu bringen, statt der Kriegserklärung über Twitter eine nette Einladung zum Golfspielen zu versenden? Das ist natürlich nur Science-Fiction! Einen so handelnden und dummen Präsidenten kann man sich wirklich nicht vorstellen.

6.6   Kann es künstliches Bewusstsein geben?

Bevor die Frage nach der Existenz eines künstlichen Bewusstseins diskutiert wird, soll zunächst die Frage behandelt werden, ob wir durch KI unser Bewusstsein erweitern können. Erreichen wir mittels KI den nächsten Sprung in unserer evolutionären Entwicklung und entwickeln wir mit

Hilfe von KI ein anderes, vielleicht höheres Bewusstsein (s. Abb. 4.8)? Werden wir zum Homo digitalis? In Abschn. 4.10 wurde bereits dargestellt, dass wir Bewusstsein nicht als einen allein auf das Gehirn begrenzten Prozess betrachten sollten, sondern dass wir den gesamten Körper und die individuelle Einbettung in physikalische und soziale Umwelten mit einbeziehen müssen. Demnach können (technische) Hilfsmittel das Bewusstsein ergänzen oder erweitern, sofern diese direkt (über BCIs) oder indirekt mit dem Gehirn interagieren können. Die beiden Philosophen Andy Clark und David Chalmers halten das nicht nur für möglich, sondern sahen bereits vor zwei Jahrzehnten Möglichkeiten, das Bewusstsein zu erweitern (Clark und Chalmers 1998). In ihrem lesenswerten Artikel „The exdended mind" betrachten sie ein Notebook oder einen Terminplaner (Filofax, der Artikel stammt aus dem Jahr 1998!) als Bestandteile eines erweiterten Bewusstseins. Als Beispiel für ein extern erweitertes Bewusstsein beschreiben Clark und Chalmers einen an Alzheimer erkrankten Mann, namens Otto. Da Otto sich an viele Dinge nicht mehr erinnern kann, benutzt er ein Notizbuch, in dem er alle wichtigen Informationen festhält. Wenn Otto die Telefonnummer seines eigenen Handys benötigt, schaut er in seinem Notizbuch nach (Ist Ihnen so etwas ähnliches auch schon einmal passiert?). Nehmen wir Otto sein Notizbuch weg, dann nehmen wir damit auch einige seiner Erinnerungen und einen Teil seines Bewusstseins weg. Seine prädiktive Codierung wäre infolge des Verlustes interner Modelle eingeschränkt.

Heutzutage nutzen viele von uns täglich im Beruf und privat elektronische Hilfsmittel, um digitale Prozesse oder Objekte zu bearbeiten und unsere sozialen Kontakte zu pflegen. Da soziale Interaktionen einen essentiellen Bestandteil unseres Bewusstseins ausmachen, stehen wir dank Internet, Smartphones und der dort installierten sozialen Medien möglicherweise tatsächlich auf einer anderen Stufe, zumindest bietet das Internet das Potential dazu. Schaut man sich jedoch die Kommunikation auf diesen sozialen Medien an, so ist damit mehrheitlich sicherlich keine „höhere Bewusstseinsstufe" zu erreichen. Wir überschwemmen uns gegenseitig mit unwichtigen Informationen und man mag von einer weltweiten Schwarmdummheit sprechen. Wissenschaftliche Erkenntnisse werden als Fake News bezeichnet und Unwahrheiten verbreiten sich über die sozialen Medien rasant schnell um den Erdball. Vertrauen wir also doch besser auf unser Gehirn oder wie selbst Andy Clark (2009) es in seinem Artikel ausdrückte: „Spreading the joy? Why the machinery of consciousness is (probably) still in the head" („Freude verbreiten? Warum die Maschinerie des Bewusstseins [wahrscheinlich] noch im Kopf ist").

Kommen wir nun zur Frage, ob KI ein künstliches Bewusstsein entwickeln kann. Können Maschinen ein Bewusstsein aufweisen? Nach Marvin Minsky (1927–2016), einem Urvater der KI-Forschung, ist „Geist nichts weiter als ein Produkt aus geistlosen, aber intelligent ineinander geschachtelten Ober- und Unterprogrammen". Nach Ansicht einiger renommierter Wissenschaftler ist es daher nicht nachvollziehbar, warum nur Kohlenstoff-basierte (neuronale) Systeme innerhalb eines Knochenschädels in der Lage sein sollten, Bewusstsein zu generieren. Schaltkreise, die auf Silicium oder zukünftig vielleicht auch auf anderen Materialien basieren, können dies möglicherweise mindestens genauso gut. Danach ist Bewusstsein substratunabhängig. Die in diesem Buch bereits mehrfach genannten Neurowissenschaftler Christof Koch und Giulio Tononi halten es für theoretisch machbar, Bewusstsein in Computern zu reproduzieren (Koch und Tononi 2008). Der deutsche KI-Forscher Jürgen Schmidhuber meint, dass simulierte neuronale Netze Bewusstsein automatisch erzeugen werden, quasi als ein Nebenprodukt des Problemlösens. Die KI-Expertin Joanna Bryson vertritt sogar die Ansicht, dass KI schon längst Bewusstsein entwickelt hat; die Frage ist nur, welche Art von Bewusstsein. Der weltweit renommierte und ehemals an der Stanford Universität tätige Computer- und KI-Spezialist John McCarthy (1927–2011) schrieb bereits im Jahr 2000 in seinem Artikel „Free will – even for robots" KI sogar einen freien Willen zu (McCarthy 2000).

Wenn Computer ein Bewusstsein und vielleicht sogar einen freien Willen besitzen sollten, benötigen wir dann in der Zukunft eine Ethik für den Umgang mit Robotern, um sie nicht als Sklaven zu missbrauchen? Genau das wird in einem Diskussionspapier der Stiftung für Effektiven Altruismus empfohlen. Sechs Wissenschaftler, darunter der Philosoph Thomas Metzinger, warnen davor, „dass bewusste Maschinen für Forschungszwecke missbraucht werden könnten und als ‚Bürger zweiter Klasse' nicht nur keine Rechte haben und als austauschbare experimentelle Werkzeuge benutzt werden könnten, sondern dass sich diese Tatsache auch negativ auf der Ebene ihres inneren Erlebens widerspiegeln könnte" (Mannino et al. 2015). Empfohlen wird u. a. die folgende Maßnahme: „Forschungsprojekte, die selbstoptimierende neuromorphe, d. h. gehirnanaloge KI-Architekturen entwickeln oder testen, die mit hoher Wahrscheinlichkeit über Leidensfähigkeit verfügen werden, sollten unter die Aufsicht von Ethikkommissionen gestellt werden (in Analogie zu den Tierversuchskommissionen)" (Mannino et al. 2015).

Zu diesem Thema bestehen jedoch auch ganz andere Meinungen, und es werden aktuell kontroverse Diskussion auf Fachkonferenzen und in renommierten Wissenschaftsmagazinen geführt (Dehaene et al. 2017; Carter et al. 2018). Der Computerwissenschaftler Giorgio Buttazzo vergleicht einen Computer mit einer Waschmaschine, weil beide nur im voll automatischen Modus arbeiten können und daher keine Kreativität, Emotion oder gar einen freien Willen aufweisen können (Buttazzo 2001). Dieser Artikel wurde jedoch vor zwei Jahrzehnten geschrieben, und mittlerweile hat sich das Bild in der KI-Forschung und -Anwendung verändert. Nach wie vor bestehen jedoch technologische Einschränkungen. Wollte man das menschliche Gehirn mit seinen 10^{15} Synapsen simulieren, so würde man einen Rechner mit mindestens 5 Mio. Gigabytes RAM benötigen (Buttazzo 2001). Ein weiterer, nicht zu unterschätzender Unterschied zwischen KI und Gehirn besteht darin, dass das Gehirn nicht ausschließlich digital arbeitet, sondern analog-digital, und das zudem hoch dynamisch. Eine derartige Funktionsweise ist bisher in einem größeren künstlichen neuronalen Netz noch nicht realisiert. Aus diesen Gründen besteht in der Wissenschaftsgemeinschaft vorwiegend die Meinung, dass zum jetzigen Zeitpunkt KI kein Bewusstsein aufweisen oder entwickeln kann. Erinnern wir uns an die in Abschn. 4.2 gegebene Definition: *Bewusstsein ist ein vom Gehirn generierter physiologischer Zustand des subjektiven Erlebens von Prozessen in der Umwelt oder dem Körperinneren.* Es ist momentan nur schwer vorstellbar, ob und wie phänomenales Bewusstsein, Emotionen, Schmerz, Empathie und Mitleid in KI implementiert werden könnten oder spontan entstehen würden. Eine Vielzahl von Wissenschaftlern halten das grundsätzlich für nicht machbar, andere sind diesbezüglich weniger skeptisch und halten Computermodelle des menschlichen Gehirns bereits in naher Zukunft für machbar. Wir sollten jedoch nicht auf die übertriebenen Prophezeiungen von Hirnforschern reinfallen, davon einige mit sehr gutem internationalen Renommee. Im Herbst 2009 hielt der in Lausanne tätige Neurowissenschaftler Henry Markram zu den Möglichkeiten einer Computersimulation des menschlichen Gehirns einen sehr beeindruckenden TED-Vortrag:

Er beginnt seinen Vortrag mit der Ankündigung „Unsere Mission ist es, ein detailliertes und realistisches Computermodell des menschlichen Hirns zu bauen" und er endet mit „Wir können dies innerhalb von 10 Jahren erreichen, und wenn wir Erfolg haben, werden wir in 10 Jahren ein Hologramm zu TED schicken, um mit euch zu reden". Heute, mehr als 10 Jahre später, wartet TED auf Markrams Hologramm, und jeder halbwegs vernünftige Neurowissenschaftler zweifelt nach wie vor an der Aussage, dass ein detailliertes und realistisches Computermodell des menschlichen Gehirns überhaupt konstruiert werden kann. Im Juli 2019 wurde in *Nature* über die erste komplette Rekonstruktion der Verbindungen im Nervensystem eines Organismus berichtet (Cook et al. 2019). Wir kennen nun das Konnektom des Fadenwurms Caenorhabditis elegans mit seinen nicht einmal 400 Neuronen, aber von einem Verständnis der Funktion dieses sehr übersichtlichen neuronalen Netzes sind wir noch weit entfernt. Bei der Rekonstruktion des menschlichen Gehirns haben wir also ein Machbarkeitsproblem. Und bevor wir über Bewusstsein bei KI sprechen, sollten wir uns auch zunächst einig sein, was wir überhaupt unter Bewusstsein verstehen. Hier gehen die Meinungen seit Jahrhunderten weit auseinander, und eine Einigung ist nicht in Sicht.

6.7   Zusammenfassung des Kapitels

Die Leistungen der KI in den vergangenen 5 Jahren sind überaus beeindruckend, und es besteht kein Zweifel, dass KI in Zukunft eine zunehmend wichtigere Rolle spielen wird. So wie vor drei Jahrzehnten der Computer die Schreibmaschine verdrängt hat, so wird KI zukünftig mehr und mehr unseren Alltag beeinflussen, und einige Berufszweige werden verschwinden. Wir werden lernen, mit Robotern zu interagieren und ihr Potential sinnvoll zu nutzen. KI wird in der Medizin zum Wohle von Patienten eingesetzt werden, und nichtinvasive BCIs erleichtern die Kommunikation mit Computern. Für den Menschen gefährliche KI-Anwendungen sind sehr wahrscheinlich und in einigen Ländern bereits Realität. KI wird möglicherweise höhere neuronale Leistungen, wie Plastizität und Kreativität, entwickeln. Künstliches Bewusstsein und die Wahrnehmung von Emotionen, Schmerz, Empathie und Mitleid durch KI wird es, zumindest auf absehbare Zeit, nicht geben.

7

Epilog

Glückwunsch, Sie haben es tatsächlich geschafft! Sie wissen jetzt, dass das
Gehirn sich wie ein stochastisches, nichtlineares und dynamisches System
verhält. Sie haben Ihre eigene Denkweise zum Thema Bewusstsein und freier
Wille auf die Probe gestellt und vielleicht eine andere Perspektive zu diesen
Themen entwickelt. Sie kennen die bildgebenden Verfahren und die elektrophysiologischen Techniken zur Analyse der Hirnstruktur und -funktion und
begegnen den medialen Sensationsberichten zukünftig mit einer gewissen
Skepsis, denn Sie wissen, dass man sogar bei einem toten Lachs „Hirnaktivität" nachweisen kann. Sie verstehen, wie das Gehirn auf makroskopischer
und mikroskopischer Ebene aufgebaut ist und welche Aufgaben der cerebrale Cortex mit seiner columnären Architektur und der Thalamus, das
„Tor zum Bewusstsein", erfüllen. Sie haben nicht nur gelernt, wie Nervenzellen elektrische Aktivität erzeugen und über Synapsen miteinander kommunizieren, sondern auch, dass wir uns auf dieser zellulären Ebene nicht
wesentlich von einer Fliege unterscheiden. Sie haben gelernt, dass neue Konzepte in den Neurowissenschaften andere Denkweisen erlauben. Sie drücken den Neurowissenschaftlern die Daumen, dass sie bald den neuronalen
Code aufklären werden. Sie sind nicht überrascht, dass das Gehirn unsere
Bewegungen steuert, die Wahrnehmung der Umwelt und unseres Körpers
ermöglicht und unsere Emotionen, Wünsche und Bedürfnisse lenkt. Sie
haben verstanden, wie die Umwelt und der eigene Körper im Gehirn in
Form von neuronalen Karten abgebildet sind und dass es hochspezifische
Neuronen gibt, wie die Jennifer-Aniston-Zelle. Fallbeschreibungen von Phineas Gage und Charles Whitman haben Ihnen gezeigt, wie Störungen in

© Springer-Verlag GmbH Deutschland, ein Teil von Springer Nature 2020
H. J. Luhmann, *Hirnpotentiale,* https://doi.org/10.1007/978-3-662-60578-3_7

bestimmten Hirnregionen massive Veränderungen im Verhalten und Charakter verursachen können. Sie können der Aussage „Ich bin mein Gehirn" nicht zustimmen, denn Sie wissen, wie das Gehirn durch viele Organe des Körpers beeinflusst wird und umgekehrt auf diese zurückwirkt. Sie können Ihren staunenden Freunden erklären, was neuronale *hubs* und *rich clubs* sind und wie sich unser Gehirn durch synaptische Plastizität und Aktivierung von NMDA-Rezeptoren strukturell und funktionell ständig verändert. Sie überlegen, ob Sie in den nächsten Ferien *Auf der Suche nach der verlorenen Zeit* von Marcel Proust (Achtung: 3 Bände mit 5200 Seiten!) oder das Buch *Schmetterling und Taucherglocke* von Jean-Dominique Bauby (144 Seiten) lesen sollten. Sie fragen sich vor dem Einschlafen, welcher Hirnrhythmus wohl jetzt gerade in Ihrem Cortex vorliegt und ob Ihr Ruhezustandsnetzwerk jetzt endlich zur Ruhe kommt. Sie betrachten Bewusstsein nicht mehr als ein Alles-oder-nichts-Phänomen, sondern als einen graduellen Prozess, der bei Tieren, sich entwickelnden Menschen, im Schlaf und Koma unterschiedlich stark ausgeprägt ist. Beim nächsten öffentlichen Vortrag zum Thema Bewusstsein werden Sie den Vortragenden fragen, wie er Bewusstsein definiert und von welcher Form Bewusstsein er überhaupt spricht. Sie verstehen, dass Bewusstsein beim Menschen an globale Aktivitätsmuster (vermutlich im Gamma-Frequenzbereich) in großen corticalen Netzwerken gebunden ist. Nach Ihrer Ansicht entsteht Bewusstsein aus den Wechselwirkungen zwischen Gehirn, anderen Körperorganen und der Umwelt. Sie halten Spiegelneurone für überaus wichtig, zweifeln aber an der Sinnhaftigkeit des Spiegeltests. Beim nächsten Verzehr von Calamari erinnern Sie sich an das Bewusstsein des Oktopus. Sie haben erkannt, dass die heftigen Diskussionen um den freien Willen häufig auf unzureichende experimentelle Daten beruhen. Ähnlich wie von Helmholtz bereits vor 150 Jahren so halten auch Sie das Konzept der prädiktiven Codierung derzeit für ein geeignetes Modell, um die Funktionsweise des Gehirns und das „Princip des freien Willens" zu erklären. Sie sehen die Chancen und die Risiken von Brain-Computer-Interfaces. Gedanken lesen *(mind reading)* und Gedanken erzeugen *(mind writing)* gehört für Sie nicht mehr zur Science-Fiction. Sie haben erhebliche Zweifel, dass Sie eine auch nur annähernd realistische Modellierung des menschlichen Gehirns jemals erleben werden. Sie glauben nicht, dass künstliche Intelligenz in naher Zukunft phänomenales Bewusstsein, Emotionen, Schmerz, Empathie und Mitleid generieren kann. Sie haben erkannt, dass die Relevanz wissenschaftlicher Studien nicht notwendigerweise mit der Wahrnehmung in den öffentlichen Medien korreliert.

Beim Lesen dieses Buches sind möglicherweise neue Fragen entstanden. Wenn das bei Ihnen der Fall ist, dann dürfen Sie sich als Wissenschaftler fühlen (sofern Sie das ohnehin nicht schon sind). Wissenschaft gibt Antworten und generiert Wissen, erzeugt dabei aber stets neue Fragen und neues Unwissen. Das trifft auf alle Wissenschaftsdisziplinen zu.

In nahezu jeder Wissenschaftsdisziplin gibt es zudem grundlegende Fragen, die nur analysiert und erfolgreich bearbeitet werden können, wenn über den berühmten Tellerrand hinausgeschaut wird. Auch die Hirnforschung ist immer dann besonders erfolgreich, wenn mit anderen Disziplinen zusammengearbeitet wird. Von der Mathematik und Informatik über die naturwissenschaftlichen Fächer Biologie, Chemie, Physik bis zur Psychologie und Medizin. Die modernen Neurowissenschaften beinhalten nicht nur diese klassischen Wissenschaftsdisziplinen, sondern haben sich in den letzten Jahren auch vermehrt den gesellschafts- und geisteswissenschaftlichen Fächern geöffnet. Bei der Interpretation neurowissenschaftlicher Erkenntnisse können wir auf die Sichtweisen, die Expertise und das Knowhow dieser Wissenschaftsdisziplinen nicht verzichten. Nur so kann eine Perspektivenerweiterung vollzogen werden (Abb. 7.1).

Dieses Buch liefert die Sichtweise eines naturwissenschaftlich geprägten Neurophysiologen und mir ist durchaus klar, dass ich gewissermaßen nur

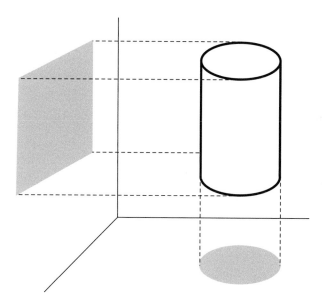

Abb. 7.1 Betrachtet man in der zweidimensionalen Perspektive einen Zylinder von unten, so sieht man einen Kreis. Betrachtet man ihn von der Seite, so sieht man ein Rechteck. Jede Sichtweise ist für sich allein richtig, aber unvollständig. Beide Sichtweisen sind erforderlich, um den Zylinder als als dreidimensionales Objekt richtig zu erkennen

den Kreis oder das Rechteck sehe. Bei den vielen Diskussionen mit Kollegen aus anderen Wissenschaftsdisziplinen, von der Mathematik bis zur Theologie, ergab sich jedoch immer wieder eine Perspektivenerweiterung. Nicht Ignoranz und Arroganz, sondern wissenschaftliche Neugier und Respekt vor den Leistungen und Sichtweisen anderer Wissenschaftsdisziplin prägten die Diskussionen. Diese Diskussionen bilden auch das Herz (oder vielleicht bevorzugen Sie jetzt das Hirn?) einer jeden Universität.

Ich hoffe, dass Sie dieses Buch interessant fanden und dass Sie viele Diskussionen über seinen Inhalt führen werden. In den genannten Quellen und Verweisen auf Internetseiten finden Sie sicherlich weiteren Diskussionsstoff. Beenden möchte ich dieses Buch mit einem Zitat, das mir sehr gut gefällt. Der Nobelpreisträger für Physik, Richard Feynman (1918–1988), soll einmal gesagt haben: „If you think you understand quantum mechanics, you don't understand quantum mechanics." Ähnliches gilt auch für die Neurowissenschaften: Wenn Sie glauben, das Gehirn verstanden zu haben, haben Sie das Gehirn nicht verstanden!

Literatur

Aglioti SM, Cesari P, Romani M, Urgesi C (2008) Action anticipation and motor resonance in elite basketball players. Nat Neurosci 11:1109–1116

Alkire MT, Hudetz AG, Tononi G (2008) Consciousness and anesthesia. Science 322:876–880

Allen M, Friston KJ (2018) From cognitivism to autopoiesis: towards a computational framework for the embodied mind. Synthese 195:2459–2482

Allman JM, Watson KK, Tetreault NA, Hakeem AY (2005) Intuition and autism: a possible role for Von Economo neurons. Trends Cogn Sci 9:367–373

Arain M, Haque M, Johal L, Mathur P, Nel W, Rais A, Sandhu R, Sharma S (2013) Maturation of the adolescent brain. Neuropsychiatr Dis Treat 9:449–461

Ardila D, Kiraly AP, Bharadwaj S, Choi B, Reicher JJ, Peng L, Tse D, Etemadi M, Ye W, Corrado G, Naidich DP, Shetty S (2019) End-to-end lung cancer screening with three-dimensional deep learning on low-dose chest computed tomography. Nat Med 25(6):954–961

Aru J, Tulver K, Bachmann T (2018) It's all in your head: expectations create illusory perception in a dual-task setup. Conscious Cogn 65:197–208

Babiak P, Hare RD (2019) Snakes in suits: understanding and surviving the psychopaths in your office. Harper Business, New York

Barinaga M (2003) Buddhism and neuroscience. Studying the well-trained mind. Science 302:44–46

Basbaum AI, Bautista DM, Scherrer G, Julius D (2009) Cellular and molecular mechanisms of pain. Cell 139:267–284

Bastos AM, Usrey WM, Adams RA, Mangun GR, Fries P, Friston KJ (2012) Canonical microcircuits for predictive coding. Neuron 76:695–711

Bauby JD (1998) Schmetterling und Taucherglocke. München: dtv

Ben-Ari Y (2018) Oxytocin and vasopressin, and the GABA developmental shift during labor and birth: friends or foes? Front Cell Neurosci 12:254

Bennett CM, Wolford GL, Miller MB (2009) The principled control of false positives in neuroimaging. Soc Cogn Affect Neurosci 4:417–422

Berger H (1929) Über das Elektrenkephalogramm des Menschen. Arch Psych 99:555–574

Berkes P, Orban G, Lengyel M, Fiser J (2011) Spontaneous cortical activity reveals hallmarks of an optimal internal model of the environment. Science 331:83–87

Bijanki KR, Manns JR, Inman CS, Choi KS, Harati S, Pedersen NP, Drane DL, Waters AC, Fasano RE, Mayberg HS, Willie JT (2019) Cingulum stimulation enhances positive affect and anxiolysis to facilitate awake craniotomy. J Clin Invest 129:1152–1166

Birbaumer N (2014) Dein Gehirn weiß mehr, als du denkst: Neueste Erkenntnisse aus der Hirnforschung. Ullstein, Berlin.

Birbaumer N, Chaudhary U (2015) Lernen von Hirnkontrolle – Klinische Anwendung von Brain-Computer Interfaces. Neuroforum 21:130–143

Birbaumer N, Schmidt RF (2010) Biologische Psychologie. Spinger, Heidelberg

Blanquie O, Kilb W, Sinning A, Luhmann HJ (2017) Homeostatic interplay between electrical activity and neuronal apoptosis in the developing neocortex. Neuroscience 358:190–200

Bliss TVP, Collingridge GL, Morris RGM, Reymann KG (2018) Langzeitpotenzierung im Hippokampus: Entdeckung, Mechanismen und Funktion. Neuroforum 24:163–185

Board BJ, Fritzon K (2005) Disordered personalities at work. Psychol Crime and Law 11:17–32

Boldog E, Bakken TE, Hodge RD, Novotny M, Aevermann BD, Baka J, Borde S, Close JL, Diez-Fuertes F, Ding SL, Farago N, Kocsis AK, Kovacs B, Maltzer Z, McCorrison JM, Miller JA, Molnar G, Olah G, Ozsvar A, Rozsa M, Shehata SI, Smith KA, Sunkin SM, Tran DN, Venepally P, Wall A, Puskas LG, Barzo P, Steemers FJ, Schork NJ, Scheuermann RH, Lasken RS, Lein ES, Tamas G (2018) Transcriptomic and morphophysiological evidence for a specialized human cortical GABAergic cell type. Nat Neurosci 21:1185–1195

Boly M, Garrido MI, Gosseries O, Bruno MA, Boveroux P, Schnakers C, Massimini M, Litvak V, Laureys S, Friston K (2011) Preserved feedforward but impaired top-down processes in the vegetative state. Science 332:858–862

Boly M, Massimini M, Tsuchiya N, Postle BR, Koch C, Tononi G (2017) Are the neural correlates of consciousness in the front or in the back of the cerebral cortex? Clinical and neuroimaging evidence. J Neurosci 37:9603–9613

Boly M, Seth AK, Wilke M, Ingmundson P, Baars B, Laureys S, Edelman DB, Tsuchiya N (2013) Consciousness in humans and non-human animals: recent advances and future directions. Front Psychol 4:625

Bourgeois JP (2010) The neonatal synaptic big bang. In: Lagercrantz H, Hanson MA, Ment LR, Peebles DM (Hrsg) The newborn brain: neuroscience and clinical applications. Cambridge University Press, New York, S 71–84

Boveroux P, Vanhaudenhuyse A, Bruno MA, Noirhomme Q, Lauwick S, Luxen A, Degueldre C, Plenevaux A, Schnakers C, Phillips C, Brichant JF, Bonhomme V, Maquet P, Greicius MD, Laureys S, Boly M (2010) Breakdown of within- and between-network resting state functional magnetic resonance imaging connectivity during propofol-induced loss of consciousness. Anesthesiology 113:1038–1053

Breivik H, Collett B, Ventafridda V, Cohen R, Gallacher D (2006) Survey of chronic pain in Europe: prevalence, impact on daily life, and treatment. Eur J Pain 10:287–333

Brodmann K (1909) Vergleichende Lokalisationslehre der Großhirnrinde. Verlag von Johann Ambrosius Barth, Leipzig

Brusseau R (2008) Developmental perspectives: is the fetus conscious? Int Anesthesiol Clin 46:11–23

Buckholtz JW, Meyer-Lindenberg A (2012) Psychopathology and the human connectome: toward a transdiagnostic model of risk for mental illness. Neuron 74:990–1004

Buttazzo G (2001) Artificial consciousness: utopia or real possibility? Computer 34:24–30

Carter O, Hohwy J, van Boxtel J, Lamme V, Block N, Koch C, Tsuchiya N (2018) Conscious machines: defining questions. Science 359:400

Casali AG, Gosseries O, Rosanova M, Boly M, Sarasso S, Casali KR, Casarotto S, Bruno MA, Laureys S, Tononi G, Massimini M (2013) A theoretically based index of consciousness independent of sensory processing and behavior. Sci Transl Med 5

Chagnac-Amitai Y, Luhmann HJ, Prince DA (1990) Burst generating and regular spiking layer 5 pyramidal neurons of rat neocortex have different morphological features. J Comp Neurol 296:598–613

Chalmers DJ (1996) Fehlende Qualia, Schwindende Qualia, Tanzende Qualia. In: Metzinger T (Hrsg) Bewußtsein – Beiträge aus der Gegenwartsphilosophie. Schöningh, Paderborn, S 367–389

Chen Y, Parker WD, Wang K (2014) The role of T-type calcium channel genes in absence seizures. Front Neurol 5:45

Clark A (2009) Spreading the joy? Why the machinery of consciousness is (probably) still in the head. Mind 118:963–993

Clark A (2013) Whatever next? Predictive brains, situated agents, and the future of cognitive science. Behav Brain Sci 36:181–204

Clark A (2016) Surfing uncertainty – prediction, action, and the embodied mind. Oxford Univ. Press, Oxford

Clark A, Chalmers D (1998) The extended mind. Analysis 58(1):7–19

Cook SJ, Jarrell TA, Brittin CA, Wang Y, Bloniarz AE, Yakovlev MA, Nguyen KCQ, Tang LT, Bayer EA, Duerr JS, Bulow HE, Hobert O, Hall DH, Emmons SW (2019) Whole-animal connectomes of both Caenorhabditis elegans sexes. Nature 571:63–71

Crick FC, Koch C (2005) What is the function of the claustrum? Philos Trans R Soc Lond B Biol Sci 360:1271–1279

Crunelli V, David F, Leresche N, Lambert RC (2014) Role for T-type Ca2+ channels in sleep waves. Pflugers Arch 466:735–745

Cruse D, Chennu S, Chatelle C, Bekinschtein TA, Fernandez-Espejo D, Pickard JD, Laureys S, Owen AM (2011) Bedside detection of awareness in the vegetative state: a cohort study. Lancet 378:2088–2094

da Silva JA, Tecuapetla F, Paixao V, Costa RM (2018) Dopamine neuron activity before action initiation gates and invigorates future movements. Nature 554:244–248

Damasio AR (2004) Descartes' Irrtum: Fühlen, Denken und das menschliche Gehirn. List, München

Damasio H, Grabowski T, Frank R, Galaburda AM, Damasio AR (1994) The return of Phineas Gage: clues about the brain from the skull of a famous patient. Science 264:1102–1105

Darby RR, Horn A, Cushman F, Fox MD (2018) Lesion network localization of criminal behavior. Proc Natl Acad Sci U S A 115:601–606

Dastjerdi M, Ozker M, Foster BL, Rangarajan V, Parvizi J (2013) Numerical processing in the human parietal cortex during experimental and natural conditions. Nat Commun 4:2528

Davis GW (2013) Homeostatic signaling and the stabilization of neural function. Neuron 80:718–728

De Duve C (1988) Transfer RNAs: the second genetic code. Nature 333:117–118

de Waal FBM (2019) Fish, mirrors, and a gradualist perspective on self-awareness. PLoS Biol 17:e3000112

Deco G, Jirsa VK, McIntosh AR (2011) Emerging concepts for the dynamical organization of resting-state activity in the brain. Nat Rev Neurosci 12:43–56

Deco G, Rolls ET, Romo R (2009) Stochastic dynamics as a principle of brain function. Prog Neurobiol 88:1–16

Dehaene S, Changeux JP (2000) Reward-dependent learning in neuronal networks for planning and decision making. Prog Brain Res 126:217–229

Dehaene S, Lau H, Kouider S (2017) What is consciousness, and could machines have it? Science 358:486–492

Dehay C, Kennedy H, Bullier J (1988) Characterization of transient cortical projections from auditory, somatosensory, and motor cortices to visual areas 17, 18, and 19 in the kitten. J Comp Neurol 272:68–89

Deisseroth K, Hegemann P (2017) The form and function of channelrhodopsin. Science 357

Demertzi A, Soddu A, Laureys S (2013) Consciousness supporting networks. Curr Opin Neurobiol 23:239–244

Demertzi A, Tagliazucchi E, Dehaene S, Deco G, Barttfeld P, Raimondo F, Martial C, Fernandez-Espejo D, Rohaut B, Voss HU, Schiff ND, Owen AM, Laureys

S, Naccache L, Sitt JD (2019) Human consciousness is supported by dynamic complex patterns of brain signal coordination. Sci Adv 5:eaat7603.

Demertzi A, Vanhaudenhuyse A, Bredart S, Heine L, di Perri C, Laureys S (2013) Looking for the self in pathological unconsciousness. Front Hum Neurosci 7:538

Desmurget M, Reilly KT, Richard N, Szathmari A, Mottolese C, Sirigu A (2009) Movement intention after parietal cortex stimulation in humans. Science 324:811–813

Dominik T, Dostal D, Zielina M, Smahaj J, Sedlackova Z, Prochazka R (2018) Libet's experiment: a complex replication. Conscious Cogn 65:1–26

Dreier JP, Major S, Foreman B, Winkler MKL, Kang EJ, Milakara D, Lemale CL, DiNapoli V, Hinzman JM, Woitzik J, Andaluz N, Carlson A, Hartings JA (2018) Terminal spreading depolarization and electrical silence in death of human cerebral cortex. Ann Neurol 83:295–310

Dresler M, Koch SP, Wehrle R, Spoormaker VI, Holsboer F, Steiger A, Samann PG, Obrig H, Czisch M (2011) Dreamed movement elicits activation in the sensorimotor cortex. Curr Biol 21:1833–1837

Duerden EG, Grunau RE, Guo T, Foong J, Pearson A, Au-Young S, Lavoie R, Chakravarty MM, Chau V, Synnes A, Miller SP (2018) Early procedural pain is associated with regionally-specific alterations in thalamic development in preterm neonates. J Neurosci 38:878–886

Dupont E, Hanganu IL, Kilb W, Hirsch S, Luhmann HJ (2006) Rapid developmental switch in the mechanisms driving early cortical columnar networks. Nature 439:79–83

Eastman N, Campbell C (2006) Neuroscience and legal determination of criminal responsibility. Nat Rev Neurosci 7:311–318

Edelman DB, Seth AK (2009) Animal consciousness: a synthetic approach. Trends Neurosci 32:476–484

Edlow BL, Mareyam A, Horn A, Polimeni JR, Tisdall MD, Augustinack J, Stockmann JP, Diamond BR, Stevens A, Tirrell LS, Folwerth RD, Wald LL, Fischl B, van der Kouwe A (2019) 7 Tesla MRI of the *ex vivo* human brain 1 at 100 micron resolution. bioRxiv preprint. http://dx.doi.org/10.1101/649822

Engel AK, Fries P, Singer W (2001) Dynamic predictions: oscillations and synchrony in top-down processing. Nat Rev Neurosci 2:704–716

Engel J, da Silva FL (2012) High-frequency oscillations – where we are and where we need to go. Prog Neurobiol 98:316–318

Eyal G, Verhoog MB, Testa-Silva G, Deitcher Y, Lodder JC, Benavides-Piccione R, Morales J, DeFelipe J, de Kock CP, Mansvelder HD, Segev I (2016) Unique membrane properties and enhanced signal processing in human neocortical neurons. Elife 5.

Falk D (2012) Chapter 12 – Hominin paleoneurology: where are we now? Prog Brain Res 195:255–272

Falkenburg B (2012) Mythos Determinismus – Wieviel erklärt uns die Hirnforschung? Springer, Heidelberrg

Felleman DJ, van Essen DC (1991) Distributed hierarchical processing in the primate cerebral cortex. Cereb Cortex 1:1–47

Flohr H (2000) NMDA receptor-mediated computational processes and phenomenal consciousness. In: Metzinger (Hrsg) Neural correlates of consciousness. MIT Press, Cambridge, S 245–264

Flor H, Andoh J (2017) Ursache der Phantomschmerzen: Eine dynamische Netzwerkperspektive. Neuroforum 23:149–156

Fried I, Mukamel R, Kreiman G (2011) Internally generated preactivation of single neurons in human medial frontal cortex predicts volition. Neuron 69:548–562

Friedmann N, Rusou D (2015) Critical period for first language: the crucial role of language input during the first year of life. Curr Opin Neurobiol 35:27–34

Friston K, Frith C (2015) A duet for one. Conscious Cogn 36:390–405

Friston K, Thornton C, Clark A (2012) Free-energy minimization and the dark-room problem. Front Psychol 3:130

Frith CD, Frith U (2006) How we predict what other people are going to do. Brain Res 1079:36–46

Frith CD, Frith U (2007) Social cognition in humans. Curr Biol 17:R724–R732

Gabriel M (2015) Ich ist nicht Gehirn. Ullstein, Berlin

Gallivan JP, Chapman CS, Wolpert DM, Flanagan JR (2018) Decision-making in sensorimotor control. Nat Rev Neurosci 19:519–534

Garland B, Glimcher PW (2006) Cognitive neuroscience and the law. Curr Opin Neurobiol 16:130–134

Gatys LA, Ecker AS, Tchumatchenko T, Bethge M (2015) Synaptic unreliability facilitates information transmission in balanced cortical populations. Phys Rev E Stat Nonlin Soft Matter Phys 91:062707

Geschwind DH, Rakic P (2013) Cortical evolution: judge the brain by its cover. Neuron 80:633–647

Giacino JT, Ashwal S, Childs N, Cranford R, Jennett B, Katz DI, Kelly JP, Rosenberg JH, Whyte J, Zafonte RD, Zasler ND (2002) The minimally conscious state: definition and diagnostic criteria. Neurol 58:349–353

Gilbert F (2015) A threat to autonomy? The intrusion of predictive brain implants. AJOB Neurosci 6:4–11

Godfrey-Smith P (2019) Der Krake, das Meer und die tiefen Ursprünge des Bewusstseins. Matthes & Seitz, Berlin

Goksan S, Hartley C, Emery F, Cockrill N, Poorun R, Moultrie F, Rogers R, Campbell J, Sanders M, Adams E, Clare S, Jenkinson M, Tracey I, Slater R (2015) fMRI reveals neural activity overlap between adult and infant pain. Elife 4

Goldberg SB, Tucker RP, Greene PA, Davidson RJ, Wampold BE, Kearney DJ, Simpson TL (2018) Mindfulness-based interventions for psychiatric disorders: a systematic review and meta-analysis. Clin Psychol Rev 59:52–60

Gopnik A (2012) Scientific thinking in young children: theoretical advances, empirical research, and policy implications. Science 337:1623–1627

Gottfredson LS (1997) Mainstream science on intelligence: an editorial with 52 signatories, history and bibliography. Intelligence 24:13–23

Goyal MS, Venkatesh S, Milbrandt J, Gordon JI, Raichle ME (2015) Feeding the brain and nurturing the mind: linking nutrition and the gut microbiota to brain development. Proc Natl Acad Sci U S A 112:14105–14112

Grace K, Salvatier J, Dafoe A, Zhang B, Evans O (2018) When will AI exceed human performance? Evidence from AI experts. arXiv:1705 08807

Groh A, Mease RA, Krieger P (2017) Wo der Schmerz in das Bewusstsein tritt: das thalamo-kortikale System bei der Schmerzverarbeitung. Neuroforum 23:157–163

Gross CG (2002) Genealogy of the „grandmother cell". Neuroscientist 8:512–518

Güntürkün O, Bugnyar T (2016) Cognition without cortex. Trends in Cogn Sci 20:291–303

Hagner M (1997) Homo cerebralis. Der Wandel vom Seelenorgan zum Gehirn. Wissenschaftliche Buchgesellschaft, Darmstadt

Hameroff S, Penrose R (2003) Conscious events as orchestrated space-time selections. NeuroQuantology 1:10–35

Han W, Tellez LA, Rangel MJ Jr, Motta SC, Zhang X, Perez IO, Canteras NS, Shammah-Lagnado SJ, Van den Pol AN, de Araujo IE (2017) Integrated control of predatory hunting by the central nucleus of the amygdala. Cell 168:311–324

Hawking S (2010) Der große Entwurf: Eine neue Erklärung des Universums. In: Falkenburg B (Hrsg) Mythos Determinismus – Wieviel erklärt uns die Hirnforschung? Springer, Rowohlt

Hebb DO (1949) The organization of behaviour. Wiley, New York

Hein G, Morishima Y, Leiberg S, Sul S, Fehr E (2016) The brain's functional network architecture reveals human motives. Science 351:1074–1078

Herculano-Houzel S (2009) The human brain in numbers: a linearly scaled-up primate brain. Front Hum Neurosci 3:31

Herculano-Houzel S (2012) The remarkable, yet not extraordinary, human brain as a scaled-up primate brain and its associated cost. Proc Natl Acad Sci USA 109:10661–10668

Herman WX, Smith RE, Kronemer SI, Watsky RE, Chen WC, Gober LM, Touloumes GJ, Khosla M, Raja A, Horien CL, Morse EC, Botta KL, Hirsch LJ, Alkawadri R, Gerrard JL, Spencer DD, Blumenfeld H (2019) A switch and wave of neuronal activity in the cerebral cortex during the first second of conscious perception. Cereb Cortex 29:461–474

High-Level Expert Group on Artificial Intelligence. Ethics Guidelines for Trustworthy AI (2019) European Commission. Pamphlet, Ref Type

Hochberg LR, Bacher D, Jarosiewicz B, Masse NY, Simeral JD, Vogel J, Haddadin S, Liu J, Cash SS, van der SP, Donoghue JP (2012) Reach and grasp by people with tetraplegia using a neurally controlled robotic arm. Nature 485:372–375.

Hofstadter DR (1979) Gödel, Escher, Bach. An eternal golden braid. Basic Books, New York

Hofstadter D (2008) Ich bin eine seltsame Schleife. Klett-Cotta, Stuttgart

Hong CC, Fallon JH, Friston KJ, Harris JC (2018) Rapid eye movements in sleep furnish a unique probe into consciousness. Front Psychol 9:2087

Hübener M, Bonhoeffer T (2014) Neuronal plasticity: beyond the critical period. Cell 159:727–737

Ienca M, Andorno R (2017) Towards new human rights in the age of neuroscience and neurotechnology. Life Sci Soc Policy 13:5

Inostroza M, Born J (2013) Sleep for preserving and transforming episodic memory. Annu Rev Neurosci 36:79–102

Ismail FY, Fatemi A, Johnston MV (2017) Cerebral plasticity: windows of opportunity in the developing brain. Eur J Paediatr Neurol 21:23–48

Jarvis ED, Güntürkün O, Bruce L, Csillag A, Karten H, Kuenzel W, Medina L, Paxinos G, Perkel DJ, Shimizu T, Striedter G, Wild JM, Ball GF, Dugas-Ford J, Durand SE, Hough GE, Husband S, Kubikova L, Lee DW, Mello CV, Powers A, Siang C, Smulders TV, Wada K, White SA, Yamamoto K, Yu J, Reiner A, Butler AB (2005) Avian brains and a new understanding of vertebrate brain evolution. Nat Rev Neurosci 6:151–159

Joglekar MR, Mejias JF, Yang GR, Wang XJ (2018) Inter-areal balanced amplification enhances signal propagation in a large-scale circuit model of the primate cortex. Neuron 98:222–234

John-Saaltink E, Kok P, Lau HC, de Lange FP (2016) Serial dependence in perceptual decisions is reflected in activity patterns in primary visual cortex. J Neurosci 36:6186–6192

Johnson SB, Blum RW, Giedd JN (2009) Adolescent maturity and the brain: the promise and pitfalls of neuroscience research in adolescent health policy. J Adolesc Health 45:216–221

Jordan J, Ippen T, Helias M, Kitayama I, Sato M, Igarashi J, Diesmann M, Kunkel S (2018) Extremely scalable spiking neuronal network simulation code: from laptops to exascale computers. Front Neuroinform 12:2

Kagaya K, Takahata M (2010) Readiness discharge for spontaneous initiation of walking in crayfish. J Neurosci 30:1348–1362

Kandel ER, Schwartz JH, Jessell TM, Siegelbaum SA, Hudspeth AJ (2012) Principles of neural Science. McGraw-Hill, New York

Kanold PO, Luhmann HJ (2010) The subplate and early cortical circuits. Annu Rev Neurosci 33:23–48

Kaschube M, Schnabel M, Löwel S, Coppola DM, White LE, Wolf F (2010) Universality in the evolution of orientation columns in the visual cortex. Science 330:1113–1116

Kawai R, Markman T, Poddar R, Ko R, Fantana AL, Dhawale AK, Kampff AR, Olveczky BP (2015) Motor cortex is required for learning but not for executing a motor skill. Neuron 86:800–812

Keil G (2018) Willensfreiheit und determinismus. Reclam, Leipzig

Keller GB, Mrsic-Flogel TD (2018) Predictive processing: a canonical cortical computation. Neuron 100:424–435

Kerchner GA, Nicoll RA (2008) Silent synapses and the emergence of a postsynaptic mechanism for LTP. Nat Rev Neurosci 9:813–825

Kermany DS, Goldbaum M, Cai W, Valentim CCS, Liang H, Baxter SL, McKeown A, Yang G, Wu X, Yan F, Dong J, Prasadha MK, Pei J, Ting M, Zhu J, Li C, Hewett S, Dong J, Ziyar I, Shi A, Zhang R, Zheng L, Hou R, Shi W, Fu X, Duan Y, Huu VAN, Wen C, Zhang ED, Zhang CL, Li O, Wang X, Singer MA, Sun X, Xu J, Tafreshi A, Lewis MA, Xia H, Zhang K (2018) Identifying medical diagnoses and treatable diseases by image-based deep learning. Cell 172:1122–1131

Keysers C, Kaas JH, Gazzola V (2010) Somatosensation in social perception. Nat Rev Neurosci 11:417–428

Khazipov R, Luhmann HJ (2006) Early patterns of electrical activity in the developing cerebral cortex of human and rodents. Trends Neurosci 29:414–418

Kiesel A, Kunde W, Pohl C, Berner MP, Hoffmann J (2009) Playing chess unconsciously. J Exp Psychol Learn Mem Cogn 35:292–298

Killinger BA, Madaj Z, Sikora JW, Rey N, Haas AJ, Vepa Y, Lindqvist D, Chen H, Thomas PM, Brundin P, Brundin L, Labrie V (2018) The vermiform appendix impacts the risk of developing Parkinson's disease. Sci Transl Med 10.

Kilner JM, Friston KJ, Frith CD (2007) Predictive coding: an account of the mirror neuron system. Cogn Process 8:159–166

Kim TH, Zhang Y, Lecoq J, Jung JC, Li J, Zeng H, Niell CM, Schnitzer MJ (2016) Long-Term optical access to an estimated one million neurons in the live mouse cortex. Cell Rep 17:3385–3394

Koch C (2013) Bewusstsein – Bekenntnisse eines Hirnforschers. Springer, Heidelberg

Koch C, Massimini M, Boly M, Tononi G (2016) Neural correlates of consciousness: progress and problems. Nat Rev Neurosci 17:307–321

Koch C, Tononi G (2008) Can machines be conscious? IEEE Spectrum 45:54–59

Koelsch S, Vuust P, Friston K (2019) Predictive processes and the peculiar case of music. Trends Cogn Sci 23:63–77

Kohda M, Hotta T, Takeyama T, Awata S, Tanaka H, Asai JY, Jordan AL (2019) If a fish can pass the mark test, what are the implications for consciousness and self-awareness testing in animals? PLoS Biol 17:e3000021

Kornhuber HH, Deecke L (1965) Hirnpotentialänderungen bei Willkürbewegungen und passiven Bewegungen des Menschen: Bereitschaftspotential und reafferente Potentiale. Pflugers Arch Gesamte Physiol Menschen Tiere 284:1–17

Korte M, Schmitz D (2016) Cellular and system biology of memory: timing, molecules, and beyond. Physiol Rev 96:647–693

Kral T, Clusmann H, Urbach J, Schramm J, Elger CE, Kurthen M, Grunwald T (2002) Preoperative evaluation for epilepsy surgery (Bonn Algorithm). Zentralbl Neurochir 63:106–110

Kuner R (2010) Central mechanisms of pathological pain. Nature Med 16:1258–1266

Lacalli T (2018) Amphioxus neurocircuits, enhanced arousal, and the origin of vertebrate consciousness. Conscious Cogn 62:127–134

Lagercrantz H (2019) Die Geburt des Bewusstseins – Über die Entwicklung des frühkindlichen Gehirns. Springer, Berlin

Lee FS, Heimer H, Giedd JN, Lein ES, Sestan N, Weinberger DR, Casey BJ (2014) Mental health. Adolescent mental health – opportunity and obligation. Science 346:547–549

Lee U, Ku S, Noh G, Baek S, Choi B, Mashour GA (2013) Disruption of frontal-parietal communication by ketamine, propofol, and sevoflurane. Anesthesiology 118:1264–1275

Legg S, Hutter M (2007) A collection of definitions of intelligence. Front Artif Intell Appl 157:17–24

Lewin R (1980) Is your brain really necessary? Science 210:1232–1234

Liang S, Wu X, Jin F (2018) Gut-brain psychology: rethinking psychology from the microbiota-gut-brain axis. Front Integr Neurosci 12:33

Libet B (2000) Time factors in conscious processes: reply to Gilberto Gomes. Conscious Cogn 9:1–12

Libet B, Gleason CA, Wright EW, Pearl DK (1983) Time of conscious intention to act in relation to onset of cerebral activity (readiness-potential). The unconscious initiation of a freely voluntary act. Brain 106 (Pt 3):623–642.

Lipina SJ, Posner MI (2012) The impact of poverty on the development of brain networks. Front Hum Neurosci 6

Loewenstein Y, Yanover U, Rumpel S (2015) Predicting the dynamics of network connectivity in the neocortex. J Neurosci 35:12535–12544

Luders E, Toga AW, Lepore N, Gaser C (2009) The underlying anatomical correlates of long-term meditation: larger hippocampal and frontal volumes of gray matter. Neuroimage 45:672–678

Luhmann HJ (2003) Allgemeine Aspekte des Cortex cerebri. In: Schmidt RF, Unsicker K (Hrsg) Lehrbuch Vorklinik. Deutscher Ärzte-Verlag, Köln, S 105–117

Luhmann HJ (2015) Alles Einbildung! Was unser Gehirn tatsächlich wahrnimmt. Wissenschaftliche Buchgesellschaft, Darmstadt

Luhmann HJ (2019a) Bewusstsein. In: Speckmann E-J, Hescheler J, Köhling R (Hrsg) Physiologie – Das Lehrbuch. Elsevier, München, S 298–303

Luhmann HJ (2019b) Integrative Funktionen des Kortex. In: Speckmann E-J, Hescheler J, Köhling R (Hrsg) Physiologie – Das Lehrbuch. Elsevier, München, S 284–298

Luhmann HJ (2019c) Sensomotorische Systeme: Körperhaltung und Bewegung. In: Pape HC, Kurtz A, Silbernagl S (Hrsg) Physiologie. Thieme, Stuttgart, S 824–867

Luhmann HJ, Kirischuk S, Kilb W (2018) The superior function of the subplate in early neocortical development. Front Neuroanat 12:97

Lutz A, Greischar LL, Rawlings NB, Ricard M, Davidson RJ (2004) Long-term meditators self-induce high-amplitude gamma synchrony during mental practice. Proc Natl Acad Sci U S A 101:16369–16373

Mainzer K (2016) Künstliche Intelligenz – Wann übernehmen die Maschinen? Springer, Heidelberg

Mannino A, Althaus D, Erhardt J, Gloor L, Hutter A, Metzinger T (2015) Künstliche Intelligenz: Chancen und Risiken. Diskussionspapiere der Stiftung für Effektiven Altruismus 2:1–17

Marder E, Goaillard JM (2006) Variability, compensation and homeostasis in neuron and network function. Nat Rev Neurosci 7:563–574

Mashour GA (2018) The controversial correlates of consciousness. Science 360:493–494

Mashour GA, Hudetz AG (2018) Neural correlates of unconsciousness in large-scale brain networks. Trends Neurosci 41:150–160

Massimini M, Ferrarelli F, Murphy M, Huber R, Riedner B, Casarotto S, Tononi G (2010) Cortical reactivity and effective connectivity during REM sleep in humans. Cogn Neurosci 1:176–183

Mather JA (2008) Cephalopod consciousness: behavioural evidence. Conscious Cogn 17:37–48

Matsuzaki M, Honkura N, Ellis-Davies GC, Kasai H (2004) Structural basis of long-term potentiation in single dendritic spines. Nature 429:761–766

McCarthy J (2000) Free will – even for robots. Ref Type, Pamphlet

Metzinger T (2004) Inferences are just folk psychology [Commentary/Wegner: Précis of the illusion of conscious will]. Behav Brain Res 27:670

Metzinger T (2014) Der Ego-Tunnel. Eine neue Philosophie des Selbst: Von der Hirnforschung zur Bewusstseinsethik. Piper, München

Milh M, Kaminska A, Huon C, Lapillonne A, Ben-Ari Y, Khazipov R (2007) Rapid cortical oscillations and early motor activity in premature human neonate. Cereb Cortex 17:1582–1594

Minlebaev M, Colonnese M, Tsintsadze T, Sirota A, Khazipov R (2011) Early gamma oscillations synchronize developing thalamus and cortex. Science 334:226–229

Miyawaki Y, Uchida H, Yamashita O, Sato MA, Morito Y, Tanabe HC, Sadato N, Kamitani Y (2008) Visual image reconstruction from human brain activity using a combination of multiscale local image decoders. Neuron 60:915–929

Molnár Z (2013) Cortical columns. In: Rubenstein J, Rakic P (Hrsg) Comprehensive developmental neuroscience: neural circuit development and function in the brain. Elsevier, Amsterdam, S 109–129

Muckli L (2010) What are we missing here? Brain imaging evidence for higher cognitive functions in primary visual cortex V1. Int J Imaging Syst Technol 20:131–139

Nagel T (1974) What is it like to be a bat? Philos Rev 83:435–450

Nahm M, Rousseau D, Greyson B (2017) Discrepancy between cerebral structure and cognitive functioning: a review. J Nerv Ment Dis 205:967–972

Neubert FX, Mars RB, Thomas AG, Sallet J, Rushworth MF (2014) Comparison of human ventral frontal cortex areas for cognitive control and language with areas in monkey frontal cortex. Neuron 81:700–713

Nisbett RE, Aronson J, Blair C, Dickens W, Flynn J, Halpern DF, Turkheimer E (2012) Intelligence: new findings and theoretical developments. Am Psychol 67:130–159

Northoff G, Lüttich A (2012) Selbst, Gehirn und Umwelt – konzeptuelle und empirische Befunde zum selbstbezogenen Processing und ihre Implikationen. In: Förstl H (Hrsg) Theory of mind. Springer, Heidelberg, S 149–160

Oizumi M, Albantakis L, Tononi G (2014) From the phenomenology to the mechanisms of consciousness: integrated Information Theory 3.0. PLoS Comput Biol 10: e1003588.

Oliveira-Souza R, Hare RD, Bramati IE, Garrido GJ, Azevedo IF, Tovar-Moll F, Moll J (2008) Psychopathy as a disorder of the moral brain: fronto-temporo-limbic grey matter reductions demonstrated by voxel-based morphometry. Neuroimage 40:1202–1213

Olshausen BA, Field DJ (2005) How close are we to understanding v1? Neural Comput 17:1665–1699

Owen AM, Coleman MR, Boly M, Davis MH, Laureys S, Pickard JD (2006) Detecting awareness in the vegetative state. Science 313:1402

Panichello MF, Cheung OS, Bar M (2012) Predictive feedback and conscious visual experience. Front Psychol 3:620

Pape AA, Siegel M (2016) Motor cortex activity predicts response alternation during sensorimotor decisions. Nat Commun 7:13098

Pape HC, Meuth SG, Seidenbecher T, Munsch T, Budde T (2005) Der Thalamus: Tor zum Bewusstsein und Rhythmusgenerator im Gehirn. Neuroforum 11:44–54

Partanen E, Kujala T, Naatanen R, Liitola A, Sambeth A, Huotilainen M (2013) Learning-induced neural plasticity of speech processing before birth. Proc Natl Acad Sci U S A 110:15145–15150

Partanen E, Kujala T, Tervaniemi M, Huotilainen M (2013) Prenatal music exposure induces long-term neural effects. Plos One 8:e78946

Paulus W (2014) Transkranielle Hirnstimulation: Möglichkeiten und Grenzen. Neuroforum 2(14):202–211

Penfield W (1959) The interpretive cortex – the stream of consciousness in the human brain can be electrically reactivated. Science 129:1719–1725

Petersen S, Houston S, Qin H, Tague C, Studley J (2017) The utilization of robotic pets in dementia care. J Alzheimers Dis 55:569–574

Planck, M. Vom Wesen der Willensfreiheit. 1936. Vortrag in der Ortsgruppe Leipzig der Deutschen Philosophischen Gesellschaft am 27. November 1936. Ref Type: Pamphlet

Polania R, Nitsche MA, Ruff CC (2018) Studying and modifying brain function with non-invasive brain stimulation. Nat Neurosci 21:174–187

Prinz W (2013) Self in the mirror. Conscious Cogn 22:1105–1113

Prior H, Schwarz A, Güntürkün O (2008) Mirror-induced behavior in the magpie (Pica pica): evidence of self-recognition. PLoS Biol 6:e202

Protopapa F, Hayashi MJ, Kulashekhar S, van der ZW, Battistella G, Murray MM, Kanai R, Bueti D (2019) Chronotopic maps in human supplementary motor area. PLoS Biol 17: e3000026.

Proust M (2017) Auf der Suche nach der verlorenen Zeit. Suhrkamp, Berlin

Przyrembel M, Smallwood J, Pauen M, Singer T (2012) Illuminating the dark matter of social neuroscience: Considering the problem of social interaction from philosophical, psychological, and neuroscientific perspectives. Front Hum Neurosci 6.

Quilichini PP, Van Quyen M, Ivanov A, Turner DA, Carabalona A, Gozlan H, Esclapez M, Bernard C (2012) Hub GABA Neurons Mediate Gamma-Frequency Oscillations at Ictal-like Event Onset in the Immature Hippocampus. Neuron 74:57–64

Quiroga RQ, Reddy L, Kreiman G, Koch C, Fried I (2005) Invariant visual representation by single neurons in the human brain. Nature 435:1102–1107

Raichle ME (2015) The brain's default mode network. Annu Rev Neurosci 38:433–447

Raichle ME (2015b) The restless brain: how intrinsic activity organizes brain function. Philos Trans R Soc Lond B Biol Sci 370.

Ramge T (2018) Mensch und Maschine: Wie Künstliche Intelligenz und Roboter unser Leben verändern. Reclam, Stuttgart

Ramocki MB, Zoghbi HY (2008) Failure of neuronal homeostasis results in common neuropsychiatric phenotypes. Nature 455:912–918

Redecker C, Hagemann G, Gressens P, Evrard P, Witte OW (2000) Kortikale Dysgenesien: Aktuelle Aspekte zur Pathogenese und Pathophysiologie. Nervenarzt 71:238–249

Rees T, Bosch T, Douglas AE (2018) How the microbiome challenges our concept of self. PLoS Biol 16:e2005358

Reyes-Puerta V, Sun JJ, Kim S, Kilb W, Luhmann HJ (2015) Laminar and columnar structure of sensory-evoked multineuronal spike sequences in adult rat barrel cortex in vivo. Cereb Cortex 25:2001–2021

Rizzolatti G, Craighero L (2004) The mirror-neuron system. Annu Rev Neurosci 27:169–192

Rodriguez E, George N, Lachaux JP, Martinerie J, Renault B, Varela FJ (1999) Perception's shadow: long-distance synchronization of human brain activity. Nature 397:430–433

Roelfsema PR, Denys D, Klink PC (2018) Mind reading and writing: the future of neurotechnology. Trends Cogn Sci 22:598–610

Rosanova M, Gosseries O, Casarotto S, Boly M, Casali AG, Bruno MA, Mariotti M, Boveroux P, Tononi G, Laureys S, Massimini M (2012) Recovery of cortical effective connectivity and recovery of consciousness in vegetative patients. Brain 135:1308–1320

Rosati A, Ilvento L, Lucenteforte E, Pugi A, Crescioli G, McGreevy KS, Virgili G, Mugelli A, De Masi S, Guerrini R (2018) Comparative efficacy of antiepileptic drugs in children and adolescents: a network meta-analysis. Epilepsia 59:297–314

Rounis E, Maniscalco B, Rothwell JC, Passingham RE, Lau H (2010) Theta-burst transcranial magnetic stimulation to the prefrontal cortex impairs metacognitive visual awareness. Cogn Neurosci 1:165–175

Sarishvili A, Winter J, Luhmann HJ, Mildenberger E (2019) Probabilistic graphical model identifies clusters of EEG patterns in recordings from neonates. Clin Neurophysiol 130:1342–1350

Schiff ND, Giacino JT, Kalmar K, Victor JD, Baker K, Gerber M, Fritz B, Eisenberg B, O'Connor J, Kobylarz EJ, Farris S, Machado A, McCagg C, Plum F, Fins JJ, Rezai AR (2007) Behavioural improvements with thalamic stimulation after severe traumatic brain injury. Nature 448:600–603

Schnakers C, Chatelle C, Vanhaudenhuyse A, Majerus S, Ledoux D, Boly M, Bruno MA, Boveroux P, Demertzi A, Moonen G, Laureys S (2010) The nociception coma scale: a new tool to assess nociception in disorders of consciousness. Pain 148:215–219

Schopenhauer, A. (2013) Über die Freiheit des menschlichen Willens. Über die Grundlage der Moral. Alfred Kröner Verlag, Stuttgart

Schubert D, Staiger JF, Cho N, Kötter R, Zilles K, Luhmann HJ (2001) Layer-specific intracolumnar and transcolumnar functional connectivity of layer V pyramidal cells in rat barrel cortex. J Neurosci 21:3580–3592

Schwartz MW, Woods SC, Porte D Jr, Seeley RJ, Baskin DG (2000) Central nervous system control of food intake. Nature 404:661–671

Sebel PS, Bowdle TA, Ghoneim MM, Rampil IJ, Padilla RE, Gan TJ, Domino KB (2004) The incidence of awareness during anesthesia: a multicenter United States study. Anesth Analg 99:833–839.

Sejnowski TJ, Churchland PS, Movshon JA (2014) Putting big data to good use in neuroscience. Nat Neurosci 17:1440–1441

Self MW, Zeki S (2005) The integration of colour and motion by the human visual brain. Cereb Cortex 15:1270–1279

Siclari F, Baird B, Perogamvros L, Bernardi G, LaRocque JJ, Riedner B, Boly M, Postle BR, Tononi G (2017) The neural correlates of dreaming. Nat Neurosci 20:872–878

Silver D, Hubert T, Schrittwieser J, Antonoglou I, Lai M, Guez A, Lanctot M, Sifre L, Kumaran D, Graepel T, Lillicrap T, Simonyan K, Hassabis D (2018) A general reinforcement learning algorithm that masters chess, shogi, and Go through self-play. Science 362:1140–1144

Singer W (2013) Cortical dynamics revisited. Trends in Cogn Sci 17:616–626

Singer W (2015) The ongoing search for the neuronal correlate of consciousness. In: Metzinger T, Windt JM (Hrsg) Open MIND. MIND Group, Frankfurt a. M.

Singer W, Ricard M (2008) Hirnforschung und Meditation. Ein Dialog. Suhrkamp, Frankfurt

Sinigaglia C, Rizzolatti G (2011) Through the looking glass: self and others. Conscious Cogn 20:64–74

Smith LM, Parr-Brownlie LC (2019) A neuroscience perspective of the gut theory of Parkinson's disease. Eur J Neurosci 49:817–823

Soon CS, Brass M, Heinze HJ, Haynes JD (2008) Unconscious determinants of free decisions in the human brain. Nat Neurosci 11:543–545

Sorrells SF, Paredes MF, Cebrian-Silla A, Sandoval K, Qi D, Kelley KW, James D, Mayer S, Chang J, Auguste KI, Chang EF, Gutierrez AJ, Kriegstein AR, Mathern GW, Oldham MC, Huang EJ, Garcia-Verdugo JM, Yang Z, Alvarez-Buylla A (2018) Human hippocampal neurogenesis drops sharply in children to undetectable levels in adults. Nature 555:377–381

Stavisky SD, Kao JC, Ryu SI, Shenoy KV (2017) Trial-by-trial motor cortical correlates of a rapidly adapting visuomotor internal model. J Neurosci 37:1721–1732

Stringer C, Pachitariu M, Steinmetz N, Reddy CB, Carandini M, Harris KD (2019) Spontaneous behaviors drive multidimensional, brainwide activity. Science 364:255

Stroh A, Diester I (2012) Optogenetik: Eine neue Methodik zur kausalen Analyse neuronaler Netzwerke *in vivo*. Neuroforum 12:280–290

Sun JJ, Kilb W, Luhmann HJ (2010) Self-organization of repetitive spike patterns in developing neuronal networks in vitro. Eur J Neurosci 32:1289–1299

Swaab D (2011) Wir sind unser Gehirn. Droemer, München

Szentagothai J (1975) The ‚module-concept' in cerebral cortex architecture. Brain Res 95:475–496

Taiz L, Alkon D, Draguhn A, Murphy A, Blatt M, Hawes C, Thiel G, Robinson DG (2019) Plants neither possess nor require consciousness. Trends Plant Sci 24:677–687

Takesian AE, Hensch TK (2013) Balancing plasticity/stability across brain development. Prog Brain Res 207:3–34

Tamir DI, Thornton MA (2018) Modeling the predictive social mind. Trends Cogn Sci 22:201–212

Tang YY, Holzel BK, Posner MI (2015) The neuroscience of mindfulness meditation. Nat Rev Neurosci 16:213–U80

Tervo DGR, Proskurin M, Manakov M, Kabra M, Vollmer A, Branson K, Karpova AY (2014) Behavioral variability through stochastic choice and its gating by anterior cingulate cortex. Cell 159:21–32

Thompson E, Varela FJ (2001) Radical embodiment: neural dynamics and consciousness. Trends Cogn Sci 5:418–425

Tononi G, Koch C (2008) The neural correlates of consciousness: an update. Ann N Y Acad Sci 1124:239–261

Tootell RB, Silverman MS, Switkes E, De Valois RL (1982) Deoxyglucose analysis of retinotopic organization in primate striate cortex. Science 218:902–904

Tringham E, Powell KL, Cain SM, Kuplast K, Mezeyova J, Weerapura M, Eduljee C, Jiang XP, Smith P, Morrison JL, Jones NC, Braine E, Rind G, Fee-Maki M, Parker D, Pajouhesh H, Parmar M, O'Brien TJ, Snutch TP (2012) T-Type calcium channel blockers that attenuate thalamic burst firing and suppress absence seizures. Sci Transl Med 4.

Trujillo CA, Gao R, Negraes PD, Gu J, Buchanan J, Preissl S, Wang A, Wu W, Haddad GG, Chaim IA, Domissy A, Vandenberghe M, Devor A, Yeo GW, Voytek B, Muotri AR (2019) Complex oscillatory waves emerging from cortical organoids model early human brain network development. Cell Stem Cell 25:1–12

Tschacher W, Giersch A, Friston K (2017) Embodiment and schizophrenia: a review of implications and applications. Schizophr Bull 43:745–753

Turrigiano G (2011) Too many cooks? Intrinsic and synaptic homeostatic mechanisms in cortical circuit refinement. Annu Rev Neurosci 34:89–103

Uhlhaas PJ, Roux F, Rodriguez E, Rotarska-Jagiela A, Singer W (2010) Neural synchrony and the development of cortical networks. Trends Cogn Sci 14:72–80

Uhlhaas PJ, Roux F, Singer W, Haenschel C, Sireteanu R, Rodriguez E (2009) The development of neural synchrony reflects late maturation and restructuring of functional networks in humans. Proc Natl Acad Sci U S A 106:9866–9871

Uhlhaas PJ, Singer W (2012) Neuronal dynamics and neuropsychiatric disorders: toward a translational paradigm for dysfunctional large-scale networks. Neuron 75:963–980

van den Heuvel MP, Sporns O (2011) Rich-club organization of the human connectome. J Neurosci 31:15775–15786

van den Heuvel MP, Sporns O (2013) Network hubs in the human brain. Trends Cogn Sci 17:683–696

van Vugt B, Dagnino B, Vartak D, Safaai H, Panzeri S, Dehaene S, Roelfsema PR (2018) The threshold for conscious report: signal loss and response bias in visual and frontal cortex. Science 360:537–542

von Helmholtz H (1867) Handbuch der Physiologischen Optik. Leopold-Voss, Leipzig

Vuilleumier P, Sagiv N, Hazeltine E, Poldrack RA, Swick D, Rafal RD, Gabrieli JD (2001) Neural fate of seen and unseen faces in visuospatial neglect: a combined event-related functional MRI and event-related potential study. Proc Natl Acad Sci U S A 98:3495–3500

Wang L, Uhrig L, Jarraya B, Dehaene S (2015) Representation of numerical and sequential patterns in macaque and human brains. Curr Biol 25:1966–1974

Warnell KR, Redcay E (2019) Minimal coherence among varied theory of mind measures in childhood and adulthood. Cognition 191:103997

Wässle H (2004) Parallel processing in the mammalian retina. Nat Rev Neurosci 5:747–757

Watson JD, Crick FH (1953) Molecular structure of nucleic acids; a structure for deoxyribose nucleic acid. Nature 171:737–738

White JA, Rubinstein JT, Kay AR (2000) Channel noise in neurons. Trends Neurosci 23:131–137

Wiese W, Metzinger T (2017) Vanilla PP for philosophers: a primer on predictive processing. In: Metzinger T, Wiese W (Hrsg) Philosophy and predictive processing. MIND Group, Frankfurt a. M.

Winkelmann A, Maggio N, Eller J, Caliskan G, Semtner M, Haussler U, Juttner R, Dugladze T, Smolinsky B, Kowalczyk S, Chronowska E, Schwarz G, Rathjen FG, Rechavi G, Haas CA, Kulik A, Gloveli T, Heinemann U, Meier JC (2014) Changes in neural network homeostasis trigger neuropsychiatric symptoms. J Clin Invest 124:696–711

Wondolowski J, Dickman D (2013) Emerging links between homeostatic synaptic plasticity and neurological disease. Front Cell Neurosci 7

Yang JW, Hanganu-Opatz IL, Sun JJ, Luhmann HJ (2009) Three patterns of oscillatory activity differentially synchronize developing neocortical networks *in vivo*. J Neurosci 29:9011–9025

Yarrow K, Brown P, Krakauer JW (2009) Inside the brain of an elite athlete: the neural processes that support high achievement in sports. Nat Rev Neurosci 10:585–596

Ylinen S, Bosseler A, Junttila K, Huotilainen M (2017) Predictive coding accelerates word recognition and learning in the early stages of language development. Dev Sci 20.

Youyou W, Kosinski M, Stillwell D (2015) Computer-based personality judgments are more accurate than those made by humans. Proc Natl Acad Sci U S A 112:1036–1040

Yu F, Jiang QJ, Sun XY, Zhang RW (2015) A new case of complete primary cerebellar agenesis: clinical and imaging findings in a living patient. Brain 138:e353

Zarrinpar A, Chaix A, Yooseph S, Panda S (2014) Diet and feeding pattern affect the diurnal dynamics of the gut microbiome. Cell Metab 20:1006–1017

Zucker RS, Regehr WG (2002) Short-term synaptic plasticity. Annu Rev Physiol 64:355–405

Stichwortverzeichnis

Printed in the United States
By Bookmasters